U0177565

普通高等教育新工科人才培养规划教材（虚拟现实技术方向）

Unity 应用开发与实战（微课版）

主　编　程永恒

副主编　段雪琦　黄林荃

中国水利水电出版社

www.waterpub.com.cn

·北京·

内 容 提 要

随着 Unity 的发展，Unity 已经从一个轻量级的游戏引擎变成一个成熟的综合性引擎，所涵盖的领域也越来越多，包括游戏、VR/AR、电影与动画、建筑工程等各个方面。本书从基础入手，结合案例开发，使读者掌握基础的游戏开发。本书共 8 章，第 1 章至第 4 章为基础知识部分，主要介绍 Unity 的基本操作、基本概念，物理系统和 UI 界面系统等。第 5 章是两个小案例游戏，一个是小球滚动，另一个是自行车控制，作为入门小游戏开发，并融合前面所学的知识。接下来第 6 章是一个 Unity 经典案例游戏——星际飞船射击游戏，综合了 Unity 的大部分功能，完整地介绍 Unity 游戏开发流程。第 7 章动画系统属于 Unity 高级开发技术内容，主要了解人物的动画控制。第 8 章是一个相对复杂的综合性游戏，结合了人物、寻路追踪、敌人设置等功能。本书案例的选择都具有较强的代表性，通过本书的知识、案例学习，能具备基本游戏项目开发的能力。为了方便师生使用，本教材配有电子课件（PPT）以及案例源文件，另外读者可扫描书中二维码来获得微课资源进行学习。

本书适合有一定 C#程序设计基础的初学者入门时使用，尤其适合作为高校数字媒体技术专业以及虚拟现实技术开发等专业的 Unity 入门教材。

本书配套资源可以从中国水利水电出版社网站（www.waterpub.com.cn）或万水书苑网站（www.wsbookshow.com）免费下载。

图书在版编目（C I P）数据

Unity应用开发与实战 ：微课版 / 程永恒主编. --
北京 ：中国水利水电出版社，2021.9
普通高等教育新工科人才培养规划教材. 虚拟现实技
术方向
ISBN 978-7-5170-9864-5

Ⅰ. ①U… Ⅱ. ①程… Ⅲ. ①游戏程序－程序设计－
高等学校－教材 Ⅳ. ①TP317.6

中国版本图书馆CIP数据核字(2021)第169910号

策划编辑：石永峰　　　责任编辑：石永峰　　　封面设计：梁　燕

书　　名	普通高等教育新工科人才培养规划教材（虚拟现实技术方向） Unity 应用开发与实战（微课版） Unity YINGYONG KAIFA YU SHIZHAN（WEIKE BAN）	
作　　者	主　编　程永恒 副主编　段雪琦　黄林荃	
出版发行	中国水利水电出版社 （北京市海淀区玉渊潭南路 1 号 D 座　100038） 网址：www.waterpub.com.cn E-mail: mchannel@263.net（万水） 　　　　sales@waterpub.com.cn 电话：（010）68367658（营销中心）、82562819（万水）	
经　　售	全国各地新华书店和相关出版物销售网点	
排　　版	北京万水电子信息有限公司	
印　　刷	三河市鑫金马印装有限公司	
规　　格	184mm×260mm　16 开本　19.5 印张　474 千字	
版　　次	2021 年 9 月第 1 版　2021 年 9 月第 1 次印刷	
印　　数	0001—3000 册	
定　　价	59.00 元	

凡购买我社图书，如有缺页、倒页、脱页的，本社营销中心负责调换
版权所有·侵权必究

前　　言

Unity 引擎自创建以来，取得了长足的发展，迄今为止，能够为开发者提供超过 20 个平台创作和优化内容，在同类型的引擎产品中市场占有率第一。尤其在 VR、AR 领域，Unity 能同时和各大厂商、各大合作伙伴一起更新迭代，确保在最新的版本和平台上提供优化支持服务。

Unity 在国内也受到了广大开发者的喜爱，在网上各大论坛都有关于 Unity 的技术交流，也出现了很多关于 Unity 的学习资料和教学视频。很多高校也逐渐开设了 Unity 的课程，越来越多的初学者想要接触 Unity，了解 Unity。

市面上也有很多 Unity 的书籍和教材，但大都不适合当前的职业教育。本教材主要针对职业教育的 Unity 基础课程来设计。第一，篇幅的选取。因为 Unity 涵盖的内容太丰富，如果是作为基础课程入门，结合课时量的考虑，讲授的内容要有一定的取舍。第二，案例的选取。结合职业教育的特点，在讲授了基本的概念性内容后，可以以案例为驱动进行案例教学，来融合之前的知识点，本教材的案例选取难度适中，循序渐进，在案例讲授中逐步提高学生的开发水平，从而达到 Unity 开发入门的阶段。第三，重难点突出。一个完整的 Unity 游戏项目，是艺术与技术的结合。在 Unity 引擎的各项技术中，虽然不包括建模功能，但有关于光照、渲染、粒子特效等计算机美术方面的内容。本教材的侧重点在于开发入门，计算机美术方面的内容没有过多介绍，读者在了解了基础开发后，可以自然地将计算机美术方面的内容融入到开发中去。

本书面向的是有一定 C#语言编程基础的同学，通过学习本教材，掌握基础的 Unity 项目开发技术，也可以为后续的基于 Unity 引擎的 VR、AR 开发打下基础。本教材中 Unity 引擎其他方面还未讲授到的内容，可以通过查看 Unity 的官方文档等内容自主学习。

本书的编者中既有高校教学经验丰富的"双师型教师"，也有企业一线工程师。本书由程永恒任主编，负责全书的统稿、修改、定稿工作，段雪琦、黄林荃任副主编。主要编写人员分工如下：程永恒编写了第 1、2、3、5、7、8 章，黄林荃编写了第 4 章，段雪琦编写了第 6 章。其中鲁娟、夏敏老师以及一线的 Unity 企业开发人员李晓明也参与了编写，并为本书的编写提供了不少帮助。

本书的案例部分有完整的程序和导出资源包，并配套有教学资源库，资源库中的内容主要由微课、案例文档，PPT 等内容组成，帮助读者在学习过程中更好地掌握知识，也可以为教学提供辅助。

由于编者的水平所限，书中难免有错误和疏漏的地方，恳请广大读者批评指正。

编　者
2021 年 6 月

目　　录

第 1 章　Unity 概述

本章导读

　　Unity 是实时 3D 互动内容创作和运营平台。包括游戏开发、美术、建筑、汽车设计、影视在内的所有创作者，借助 Unity 将创意变成现实。Unity 平台提供一整套完善的软件解决方案，可用于创作、运营和变现任何实时互动的 2D 和 3D 内容，支持平台包括手机、平板电脑、PC、游戏主机、增强现实（AR）和虚拟现实（VR）设备。本章主要介绍 Unity 的安装使用与界面。

本章要点

- 下载与安装
- 界面介绍
- 常用操作
- 常用快捷键

1.1　下载与安装

VR 引擎-Unity 的安装

　　本章将介绍 Unity 的安装和初步使用。学习完本章后，应当可以搭建好一个开发环境，并知道如何进行基本操作。

1.1.1　下载 Unity

　　在 Unity 官网上下载 Unity 个人版（网址：https://unity.cn），官网首页如图 1-1 所示。

图 1-1　Unity 官网

点击"下载 Unity"，弹出注册登录对话框，如图 1-2 所示。

图 1-2　注册用户

点击"立即注册"按钮，注册自己的账户密码（使用 Unity 需要账号密码）。
登录成功后，跳转到 Unity 下载页面，如图 1-3 所示。

图 1-3　Unity 版本

　　Unity 官网提供了各种版本的下载，我们一般使用 Unity 5.x 后的版本，Unity 2017.x 后的
版本则只能安装在 64 位的 Windows 操作系统中，并且使用的编程语言只能是 Visual C#。
　　Windows 系统选择"下载(Win)"，macOS 系统下默认下载 Mac 版本的安装程序。图 1-3
中的"下载 Unity Hub"是 Unity 推出的一个方便同时管理多个 Unity 版本共存的工具，对初
学者来说，可以不用关心 Unity Hub，直接用最新版本的 Unity 即可。而对于职业开发者来说，
则很有必要了解 Unity Hub。

1.1.2 安装 Unity

Unity 的安装可以直接选择相应版本的"下载(Win)"，也可以通过 Unity Hub 安装。点击"下载 Unity Hub"，安装好后，打开 Unity Hub，在左侧点击"安装"，进入安装界面，如图 1-4 所示。

图 1-4 Unity Hub

点击"安装"按钮，弹出安装界面，如图 1-5 所示。

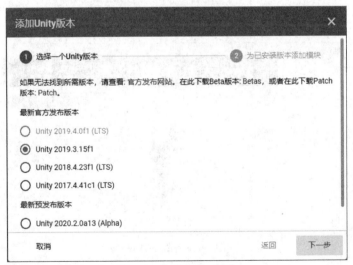

图 1-5 选择 Unity 版本

里面有各个版本的最终稳定版（版本号后有 f）。Beta 版为进阶开发版——新增的功能趋于稳定但还在持续修改中。Alpha 版为早期测试版——新增的功能仅为雏形或预览，很不稳定。

选择好要安装的版本后，点击"下一步"，如图 1-6 所示。

建议勾选 Microsoft Visual Studio Community 2019，目前 Visual Studio 2019 已经是大量 Unity 开发者的首选 IDE，且 Visual Studio 2019 已经有微软官方的 macOS 版本。

图 1-6　安装 Unity

按照提示完成 Unity 的安装。

1.1.3　多版本共存

Unity 支持同时安装多个版本，这在实际开发中有需求，因为某些旧的项目可能需要使用低版本的 Unity 进行开发。

如有多版本共存的需求，可以在 Unity Hub 的安装界面安装另外的版本，或选择"添加已安装版本"，将已安装的 Unity 版本添加到 Unity Hub 里统一管理，如图 1-7 所示。

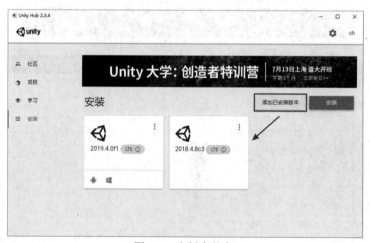

图 1-7　多版本共存

1.2　初次运行

1.2.1　新建工程

运行 Unity Hub 程序，在项目栏里选择"新建"，可以在已安装的版本里选择新建项目的版本，如图 1-8 所示。

图 1-8　选择版本

选择相应的版本后，弹出对话框，可以设置"项目名称"和"位置"。在左侧可选择新建 2D、3D 项目，如图 1-9 所示，也可以选择新建 3D with Extras（带附件功能的 3D 项目）。

图 1-9　新建项目

High Definition RP（High Definition Render Pipeline 高清晰渲染管线）和 Universal Render Pipeline（通用渲染管线）则为了移动设备、高端 PC、VR 等平台根据最佳实践提供预选设置。它所提供的模板还能无缝向新老用户介绍 Unity 的新特性。例如：可编程脚本渲染管线 SRP、着色器视图 Shader Graph 和后期处理特效包 Post-Processing Stack。

点击"创建"按钮，则创建一个新的 Unity 项目。

1.2.2　打开工程

在 Unity Hub 的"项目"选项卡里，可以添加现有项目，如图 1-10 所示。

图 1-10　Unity Hub 添加项目

点击"添加"按钮，在 Select a project to open...窗口中选择一个 Unity 工程项目，则"选择文件夹"按钮就会变为可用，单击它就可以选择该工程，如图 1-11 所示。

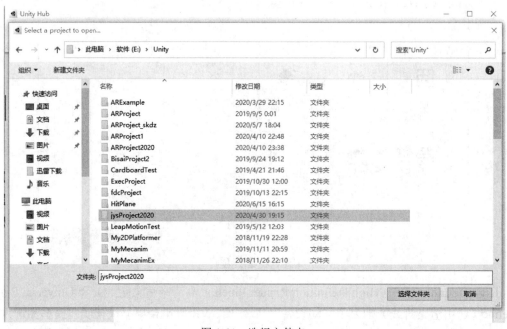

图 1-11　选择文件夹

单击"选择文件夹"按钮后，项目就会添加到 Unity Hub 里。选择要运行的 Unity 版本，如图 1-12 所示。

图 1-12　选择项目

点击项目名称，Unity 会开始加载项目。根据项目需要处理的资源量，打开会耗费一定的时间。

值得注意的是，Unity 工程并不是某个特定的文件，而是一个特定结构的目录。典型的 Unity 工程包含 Assets、Library、ProjectSettings 和 UnityPackageManager 四个目录。有时某些目录可能暂时缺失，但是 Assets 目录是一定存在的。

1.2.3　学习资料页面

Unity 很人性化地提供了学习资料页面，单击 Unity Hub 上的"学习"即可看到如图 1-13 所示页面，Unity 提供了工程案例和基本教程，其他资源则可以在 https://learn.unity.com 上浏览。工程案例可以下载学习；教程是一些图文信息和视频的文档，可在网页上阅读学习。

图 1-13　Unity Hub 学习面板

1.3　场景视图窗口

从本节开始，我们将逐一介绍 Unity 中最常用的一些组件，以及它们的详细用法。主要包括：

- 场景视图（Scene View）窗口；
- 工具栏（Toolbar）；

- 游戏视图（Game View）窗口；
- 层级（Hierarchy）窗口；
- 工程（Project）窗口；
- 检视（Inspector）窗口。

我们先从场景视图窗口开始介绍。

场景视图窗口是用来创造游戏世界的窗口。我们会用场景视图来选择和定位背景、角色、摄像机、灯光以及所有类型的游戏物体。在场景视图中选择和移动物体是大多数人学习 Unity 的第一步。场景视图如图 1-14 所示。

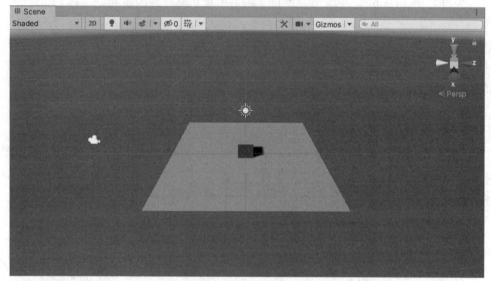

图 1-14　场景视图

1.3.1　场景辅助线框

场景辅助线框（Gizmo）位于场景视图的右上角。它显示了当前查看场景的视角方向，且可以通过单击它快速改变查看场景的视角，如图 1-15 所示。

图 1-15　场景视角

场景辅助线框图标的每个面都有一个柄，三种颜色的柄分别代表 X 轴、Y 轴、Z 轴。单击任意一个轴可以让视角立即旋转到该角度，所以可以分别得到顶视图、前侧视图和左侧视图。此外还可以用鼠标右键单击它选择一些其他的预置角度。

也可以在这里切换透视摄像机和正交摄像机。具体方法是单击场景辅助线框中间的立方体或者单击立方体下方的文字。正交视角适用于某些刻意不需要透视视角的游戏。另外，正交视角可以方便地从固定的视角查看场景的比例，图 1-16、图 1-17 是同一个场景的两个正交视角。

图 1-16 视角 1

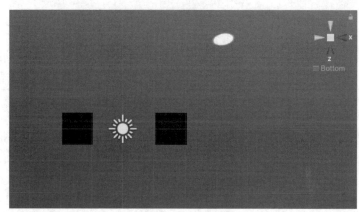

图 1-17 视角 2

在 2D 模式下场景辅助线框是不显示的，因为 2D 模式下沿 X 轴、Y 轴旋转视角是没有意义的。

1. 移动、旋转和缩放视角

移动、旋转和缩放视角是场景视图中最主要、最常用的功能。Unity 提供了多种方式来尽量提高操作的效率。

（1）按住方向键进行移动：可以使用 4 个方向键在场景中移动视角，就好像在场景中行走。按住 Shift 键可以加快速度。

（2）小手工具：当小手工具被选中时（快捷键：Q），以下鼠标操作会被启用。

用鼠标左键拖曳场景，可以在场景中移动视角。

按住 Alt 键并用鼠标左键拖曳场景，可以在场景中旋转视角。

按住 Alt 键并用鼠标右键拖曳场景，可以缩放视角（也可以看作前进和后退）。

以上操作都可以通过按住 Shift 键来加快速度。

2. 飞行浏览模式

飞行浏览模式可以让你在场景中以主视角自由地穿梭浏览，就像在很多第一人称视角游戏中一样。

使用飞行浏览模式首先需要按住鼠标右键，然后用 W、A、S、D 键来分别朝前、左、后、右移动，Q 和 E 键用来向下和向上移动。按住 Shift 键可以移动得更快。只能在透视摄像机下使用飞行模式，在正交摄像机下此功能的移动方式会不一样。

3. 一些快捷的浏览操作

为了提高效率，Unity 还提供了另外一些移动方法，这些方法的优点是无论当前选中哪一种小工具，都可以快速浏览，而不用切换工具。表 1.1 介绍了一些快捷操作。

表 1.1　快捷操作

动作	三键鼠标	Windows 系统下双键鼠标或触控板	macOS 系统下双键鼠标或触控板
移动	按住 Alt 键和鼠标中键并拖动	按住 Alt 键、Ctrl 键和鼠标左键并拖动	按住 Alt 键、Command 键和鼠标左键并拖动
环绕当前显示的中心旋转	按住 Alt 键和鼠标左键并拖动	按住 Alt 键和鼠标左键并拖动	按住 Alt 键和鼠标左键并拖动
前进后退	使用鼠标滚轮，或按住 Alt 键和鼠标右键并拖动	按住 Alt 键和鼠标右键并拖动	使用双指滑动的手势来操作，或者按住 Alt 键和鼠标右键并拖动

4. 将物体置于视野中心

具体观察一个物体时，我们需要将它置于视野范围的中间，我们可以这样操作：在层级窗口中选中该物体，然后将鼠标移动到场景视图中，最后按 F 键，这样视野就会以物体为中心了，有时物体正在运动，此时使用 Shift+F 组合键就可以一直跟踪物体。这两种功能分别对应菜单栏的 Edit→Frame Selected 和 Edit→Lock View to Selected 选项，如图 1-18 所示。

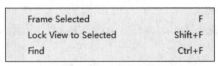

Frame Selected	F
Lock View to Selected	Shift+F
Find	Ctrl+F

图 1-18　追踪物体

1.3.2　修改物体的位置

选中一个游戏物体最常用的方法有两种，在场景视图中单击该物体或者在层级窗口中单击它的名称。要选择或者取消选择多个物体，只需按住 Shift 键不放，同时单击鼠标或者拖曳方框多选即可。

被选中的物体在场景视图中会被高亮显示，默认高亮的方式是对物体进行一个显眼的描边处理。可以通过选择菜单栏的 Edit→Preference→Colors 选项，修改 Selected Axis 和 Selected Outline 颜色来改变默认的表示，如图 1-19 所示。另外，选中的物体上会出现可以操作的小图标，具体的图标由当前选中的工具决定。

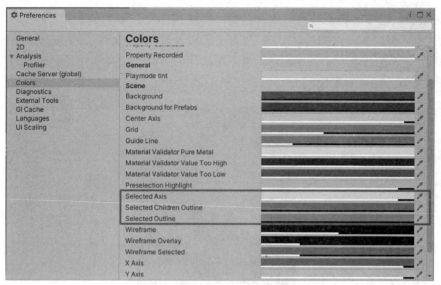

图 1-19 描边颜色

1. 场景工具

场景视图工具栏中的第一个工具（小手工具）已经在前面介绍过了。接下来分别介绍移动、旋转、缩放、矩形变换和自定义编辑工具，它们各有各的作用，我们可以借助它们来编辑游戏物体。编辑物体的 Transform 组件，可以对选中的物体进行旋转、位移或缩放操作，并在场景视图中拖动来修改物体的 Transform 属性，也可以直接在检视窗口修改物体的 Transform 组件的参数。

以上几种小工具的快捷键分别是 W、E、R、T、Y，顺序与按键在键盘的位置相对应，分别选中几种工具时，场景视图中有不同的表示方法。

（1）移动。可移动的图标在场景中以三个箭头表示，既可以分别拖动三个独立的箭头来修改物体在 X 轴、Y 轴、Z 轴的位置，也可以拖动三个箭头两两之间的小平面来让物体在该平面上移动。

还有一种有用的操作方法，按住 Shift 键时，图标会变成一个扁平的方块。这个扁平方块表示这时拖动物体会让物体在垂直于当前视线的平面上移动，如图 1-20 所示。

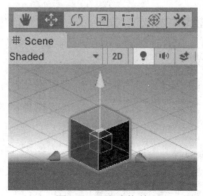

图 1-20 移动物体

（2）旋转。选中旋转工具后，就可以拖动物体中间表示旋转的图标。和移动一样，旋转轴也表示为红、绿、蓝三种颜色，X轴、Y轴、Z轴分别与之对应，表示以三个轴为中心进行旋转。最后，最外面还有一层大的圆球，可以用来让物体沿着从屏幕外到屏幕内的这根轴进行旋转，可以理解为当前屏幕空间的Z轴，如图1-21所示。

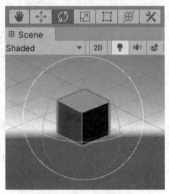

图1-21　物体旋转

（3）缩放。缩放工具用来改变物体的比例，可以同时沿X轴、Y轴、Z轴放大，也可以只缩放一个方向。具体的操作方法可以尝试拖动红、绿、蓝三个轴的方块，还有中间白色的方块。需要特别注意的是，由于 Unity 的物体具有层级关系，父物体的缩放会影响子物体的缩放。所以，不等比缩放可能会让子物体处于一个奇怪的状态，如图1-22所示。

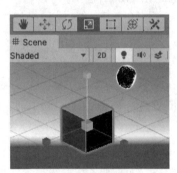

图1-22　物体缩放

（4）矩形变换。矩形变换通常用来给 2D 元素（比如精灵和 UI 元素）定位，但是在给3D 物体定位时，它也是有用的。它把旋转、位移、缩放的操作统一为一种图标。

- 在矩形范围内单击并拖动，可以让物体在该矩形的平面上移动。
- 单击并拖动矩形的一条边，可以沿一个轴缩放物体的大小。
- 单击并拖动矩形的一个角，可以沿两个轴缩放物体的大小。

当把鼠标光标放在靠近矩形的点的位置，但又不过于靠近时，鼠标指针会变成可旋转的标识，这时拖曳鼠标就可以沿着矩形的法线旋转物体，如图1-23所示。

注意：在 2D 模式下，无法改变物体沿 Z 轴方向的旋转、位移和缩放，这种限制其实是很有用的。矩形变换工具一次只能在一个平面上进行操作，将场景视图的当前视角转到另一个侧面，就可以看到矩形图标出现在另一个方向，这时就可以操作另一个平面。

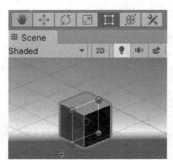

图 1-23　矩形变换

（5）移动、旋转或缩放工具。此工具选择后，则可以同时进行移动、旋转或缩放操作。适用于需要对目标物体同时调整这三种属性时旋转，如图 1-24 所示。

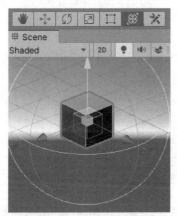

图 1-24　同时调整工具

（6）自定义编辑工具。此工具选择后，可以快捷地调整物体的其他属性。如图 1-25 所示为调整 Cube 的 Box Collider，选择该命令后，则按钮变成了调整 Cube 的盒状碰撞体按钮，如图 1-26 所示。

图 1-25　自定义调整

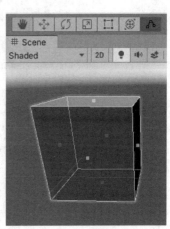

图 1-26　调整结果

2．操作说明

用户可以对场景中的任意物体使用移动、旋转、缩放工具。当你选中一个物体时，你就会看到图 1-27 所示的辅助线框，三种线框的表示方法不同，以后我们会经常用到。

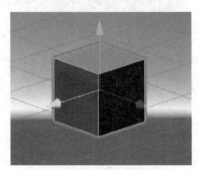

图 1-27　单轴变换

当你选中某一个轴并拖动时，你会发现该轴变成了黄色，而且旋转、缩放变换是类似的。另外只会修改和该轴有关的参数，而不会影响另外两个轴的参数。

3．一些高效的操作方法

除了只调整某一个轴上的参数，我们也可以同时改变多个轴上的参数，但是改变多个值时，三种工具（位移、旋转、缩放）的具体操作不太一样。对于移动操作来说，我们可以同时修改两个轴上的位置，也就是让物体沿着某个平面滑动，例如，沿着 XZ 平面移动。具体做法是拖曳两个轴之间的平行四边形辅助线框，一共有 XY、YZ、XZ 三个平面。如图 1-28 所示，拖曳图中圆圈所标注的区域即可同时修改 X 轴和 Z 轴的位置。

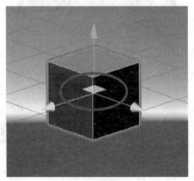

图 1-28　同时移动

对旋转操作来说，拖曳非轴线的位置就可以自由旋转物体。但是在实际操作中，建议还是尽可能沿一个轴线进行旋转，否则会给自己带来混乱。

缩放工具也不太一样，因为等比例缩放可能比沿某一个轴缩放更为常用，所以缩放工具的辅助线框提供了四个点的位置，分别是周围的红色、绿色、蓝色方块以及中央的白色方块。拖动某个轴上的方块可以让物体只沿一个轴缩放，这个缩放实际上会产生拉长和压扁的结果。如果要等比例缩放物体，那么就可以拖动中央白色的方块，让物体在 X 轴、Y 轴、Z 轴三个轴上等比例放大或缩小，如图 1-29 所示。

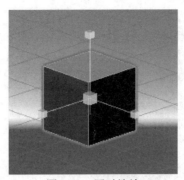

图 1-29 同时缩放

4. 局部/世界坐标系切换，中心/基准点切换

坐标的切换如图 1-30 所示。

图 1-30 编辑栏

3D 世界中物体的定位还有两个复杂的问题，它会影响到前面讲到的旋转、位移、缩放等工具的行为。单击图 1-31 中的 Center 和 Global 按钮，可以分别切换到另外两种模式：Pivot 和 Local。

图 1-31 两个按钮

- Pivot（基准点）：将用来操作的小图标显示在物体三维网格的基准点上。
- Center（中心）：将用来操作的小图标显示到物体外形边界的中心。
- Local（局部坐标系）：用来操作小图标的旋转角度，使其和当前物体保持一致。
- Global（世界坐标系）：用来操作小图标的旋转角度，使其和世界坐标系保持一致。

在给物体定位时，局部坐标系和世界坐标系的切换会经常用到。比如，在一个常见的俯视角游戏中，摄像机会沿 X 轴向下旋转 45°～90°，以形成俯视的效果。这时，在 Local 模式下，移动摄像机的 Z 轴，摄像机会有拉近、拉远的效果；而在 Global 模式下，摄像机沿 Z 轴移动会和游戏场景的地面平行移动。

5. 按照单位坐标移动

当移动物体时按住 Ctrl 键（macOS 系统下是 Command 键），物体会以指定的单位长度移动，这样可以很方便地在某些游戏中调整位置。这个单位坐标用默认的设定，也可以在菜单的 Edit→Grid and Snap Settings 里进行修改，如图 1-32 所示。

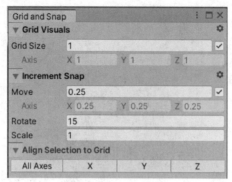

图 1-32　单位坐标

（1）吸附到平面。当使用移动工具时，同时按住 Shift 键和 Ctrl 键（macOS 系统下是 Command 键），可以让物体快速吸附到碰撞体（Collider）的表面，这个功能在布置场景时十分有用。

（2）吸附到顶点。吸附到顶点功能在搭建某些场景时特别有用，它可以将一个物体模型的某个顶点放在另一个物体模型的某个顶点上。例如，我们可以将赛车游戏的道路精确地放置在背景上，或是将一个道具精确地放置在某个模型上面。

操作步骤如下：

（1）选择你要移动的物体并选择移动工具。

（2）一直按住 V 键进入吸附顶点模式。

（3）将鼠标光标指向要移动的物体的某个顶点，会出现提示的白框指定以哪个顶点为准。

（4）拖曳该顶点到另一个物体上，就可以让拖曳的物体在目标物体的多个顶点之间进行移动。无论如何移动，编辑器都会保证要移动的物体的顶点和目标物体的顶点是重合的。

（5）松开 V 键和鼠标左键，移动完毕。另外，还可以同时按下 Shift+V 组合键持续开启或关闭这个功能，这样就不需要一直按住 V 键了。

注意：不仅可以让顶点和顶点对齐，还可以让顶点和平面对齐、顶点和模型基准点对齐。

1.3.3　场景视图工具条

场景视图工具条有多个选项来调整、查看场景的显示方式，如图 1-33 所示，包括是否显示光照、是否开启声音等。这些选项只对当前场景视图起作用，与最终的游戏效果无关。

图 1-33　视图工具条

1.　渲染模式

工具条最左侧的下拉菜单用于选择要使用哪种渲染模式（DrawMode）来绘制场景，选项包含如下内容。

（1）Shading Mode。

- Shaded：显示物体的表面材质。
- Wireframe：以线框图的形式显示物体的模型网格。
- Shaded Wireframe：显示物体的表面材质并叠加网格线框。

（2）Miscellaneous。

- Shadow Cascades：显示方向光源的 Shadow Cascades。

- Render Paths：渲染路径，用每种颜色对应一种渲染路径。蓝色代表 deferred shading，绿色代表 deferred lighting，黄色表示 forward rendering，红色表示 vertex lit。

- Alpha Channel：显示透明通道。

- Overdraw：将物体显示为半透明的剪影，不透明度会叠加，用来展示各种物体交叠的情况。

- Mipmaps：展示纹理尺寸是否合适，以不同的颜色显示。红色表示纹理贴图比必要的大，蓝色表示纹理尺寸不太够。通常，需要的纹理尺寸的大小与分辨率以及镜头的远近有关系。

（3）Deferred：包含几种模式，用来查看 G-buffer（Albedo、Specular、Smoothness、Normal），具体的含义需要查看 Deferred Shading 的相关文档。

（4）Global：与全局光照有关。

2. 2D 模式、光照和声音的开关

渲染模式右边还有几个按钮，是一些开关，它们只在场景视图中发挥作用。

- 2D：在 2D 和 3D 视图之间切换。在 2D 模式下，摄像机会保持指向 Z 轴，且 X 轴在右侧、Y 轴指向上方。

- Lighting：开启和关闭光照，包括环境光和物体的着色器。

- Audio：开启和关闭音频。

3. 渲染效果开关

小喇叭（音频）开关的右侧还有一个带星星的按钮，是渲染效果开关。它里面有一些选项，用来开启和关闭一些渲染效果，如图 1-34 所示。

图 1-34　渲染效果

- Skybox：开启和关闭天空盒的显示。

- Fog：开启和关闭雾。

- Flares：灯光光晕的开关。

- Animated Materials：设置动态材质是否以动画方式显示。

- Post Processings：后期处理（2018 后的版本才有），可以对 3D 场景进行一些抗锯齿等的后期处理。

- Particle Systems：粒子系统的显示。

另外，这个渲染开关本身可以一起改变以上六个子项的开启和关闭。

4. 显示与隐藏对象的数量和网格显示按钮

眼睛按钮的作用是单击可以切换场景里显示与隐藏对象的数量。后面的按钮用来控制是否在场景中显示辅助网格。

要改变网格的颜色，可以在主菜单的 Edit→Preferences→Colors 中改变 Grid 的颜色。

5. 辅助线框

辅助线框菜单控制一系列的图标显示，辅助线框菜单的入口在场景视图和游戏视图中都可以看到，接下来的章节会详细介绍辅助线框菜单的具体用法。

6. 搜索框

场景工具栏最右侧是一个搜索框，它主要是起到一个过滤器的作用。它以搜索框内的信息作为关键字，过滤场景中的内容。被过滤掉的物体会以减弱对比度的方式显得不明显，且会变成半透明，相对来说，要搜索的物体就很明显了，且这时层级窗口中也会只显示搜索到的物体。下面是搜索前（图 1-35）和搜索 Sphere 的效果（图 1-36）。

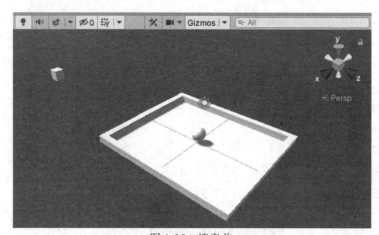

图 1-35　搜索前

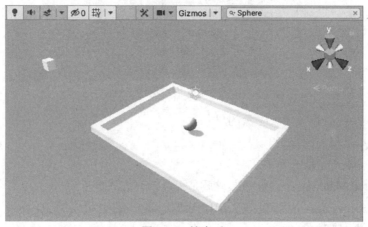

图 1-36　搜索后

另外，搜索物体还可以指定几种模式：指定搜索物体的名称、指定搜索物体的类型、二者都包括。可以单击搜索框左侧的放大镜小图标进行选择，如图 1-37 所示。

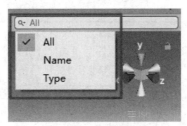

图 1-37 搜索选择

1.4 辅助线框菜单

场景视图和游戏视图都拥有各自的辅助线框（Gizmos）菜单。在工具条中单击辅助线框按钮就可以设置辅助线框。再次提示：辅助线框和图标只在编辑器中，开发时可以看到，它们不会出现在最终发布的版本中。

图 1-38 是场景视图中的辅助线框菜单。

图 1-38 辅助线框菜单

图 1-39 是辅助线框列表中的具体设置（部分截图）。

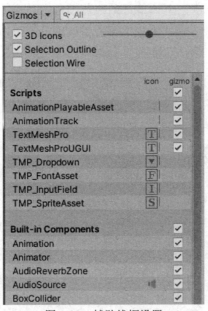

图 1-39 辅助线框设置

辅助线框的介绍见表 1.2。

表 1.2 选项功能说明

选项	功能
3D Icons	3D 图标的复选框，控制图标是否以 3D 方式显示。3D 方式和 2D 方式的区别在于：3D 图标会有近大远小的透视性，且会被遮挡；而 2D 图标会一直显示在界面最上层，且不会因距离远近而变化 当 3D 图标复选框被选中时，右侧的滑动条可以调节图标的整体大小
Selection Outline	被选中的物体是否边缘高亮，默认是开启的 这个选项是场景视图窗口特有的
Selection Wire	是否显示选中物体的线框，默认是关闭的 这个选项是场景视图窗口特有的
Scripts	自定义组件的列表，也包含一些预制的组件。下面的几个自定义组件都可以单独开启和关闭它们的图标、辅助线框显示
Built-in Components	内置组件列表，下面的内置组件都可以单独开启和关闭它们的图标、辅助线框显示

1.4.1 辅助线框

辅助线框与场景中的游戏物体有关，某些辅助线框只在物体被选中时显示，某些辅助线框会一直显示。这些辅助线框通常都是程序生成的射线和线段，会根据当前视角实时变化，最常用最有用的线框是灯光和摄像机的，自定义的脚本也可以拥有定制的线框，用来直观展示某些参数，但是那属于比较高级的应用了。

某些辅助线框只能单纯查看，但是某些辅助框线还能用来操作，比如，音源（Audio Source）范围的框线，就可以单击和拖曳，以调节音源的范围。

常用工具中，移动、旋转、缩放工具都有各自的辅助线框，可以进行交互操作。图 1-40 所示是摄像机和光源的辅助线框，它们都只在物体被选中时才显示出来。

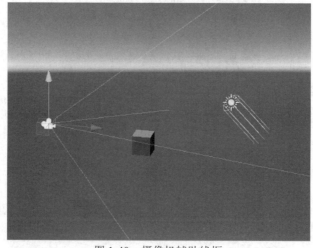

图 1-40 摄像机辅助线框

在脚本中可以通过实现 OnDrawGizmos 方法来自定义辅助线框的展示,详细方法这里先略过。

1.4.2 辅助图标

除了辅助线框,游戏视图窗口和场景视图窗口中还会显示辅助图标。它们从外观上看是扁平的、广告牌风格的图标,覆盖在界面的最上面一层,通过它们可以方便地看到一些没有外形的物体(比如摄像机和灯光本身是没有模型的)的大致位置。最常见的图标就是摄像机和灯光。和辅助线框一样,用户也可以在脚本中自定义辅助图标的外观。

图 1-41 所示是默认的摄像机和灯光的辅助图标,是调整了大小的 3D 图标。

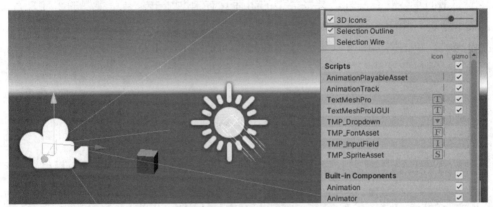

图 1-41 辅助图标

1.4.3 高亮和显示线框

当 Selection Outline(选中时高亮)被勾选时,被选中的物体会在边缘处出现橘色的描边。

当 Selection Wire(选中时显示线框)被勾选时,在场景中或者层级窗口中选中物体以后,就会在物体上显示模型的线框,如图 1-42 所示。

图 1-42 选中时显示线框

1.4.4　内置组件的显示

在辅助线框菜单中选中和取消内置组件的选择框或小图标，就可以控制辅助线框或辅助图标是否显示。

某些内置组件没有图标（比如刚体组件），所以在辅助线框菜单中也找不到它。

除了内置组件，还有一些自定义脚本组件也会出现在菜单中，其中包含：

- 指定了图标的脚本。
- 实现了 OnDrawGizmos 方法的脚本。
- 实现了 OnDrawGizmosSelected 方法的脚本。

某些类型的组件具有图标，某些类型的组件具有辅助线框，某些类型的组件二者都有。它们在菜单中会有相应的显示效果。

简单地说，单击图标就可以显示/隐藏该组件的图标，单击复选框就可以显示/隐藏该组件的线框。只要简单尝试就可以理解该菜单的使用方法。

1.5　工具栏

图 1-43 是工具栏所在的位置，每个按钮控制的是不同的模块，但都是比较常用的操作。

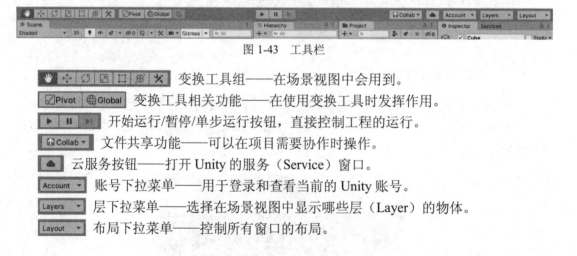

图 1-43　工具栏

变换工具组——在场景视图中会用到。

变换工具相关功能——在使用变换工具时发挥作用。

开始运行/暂停/单步运行按钮，直接控制工程的运行。

文件共享功能——可以在项目需要协作时操作。

云服务按钮——打开 Unity 的服务（Service）窗口。

账号下拉菜单——用于登录和查看当前的 Unity 账号。

层下拉菜单——选择在场景视图中显示哪些层（Layer）的物体。

布局下拉菜单——控制所有窗口的布局。

1.6　游戏视图窗口

游戏视图显示的是实际游戏中看到的画面。对初学者来说，关键是要知道它所渲染的内容是从场景中的摄像机获得的。初始场景中只有一个 Main Camera 摄像机，所以游戏视图中显示的就是 Main Camera 所看到的画面。许多时候我们会用到多个摄像机，它们的切换、叠加关系是摄像机组件的章节所要讨论的内容，图 1-44 所示为 Game 视图。

图 1-44　Game 视图

1.6.1　播放和暂停

图 1-45 所示的三个按钮分别是工具栏中的播放、暂停和单步执行按钮，它直接控制了游戏的运行状态，所以和游戏视图是密切相关的。我们在开发中每天都需要用到很多次播放、暂停功能，所以下面展开探讨一下。

1. 运行状态

当按下播放按钮以后，如图 1-46 所示，Unity 进入运行状态。游戏视图中所显示的画面大致就是最终发布用户看到的画面（细节不完全一致）。这里有几个要点。

（1）工具栏中的播放按钮的外观会改变，且编辑器窗口整体会变暗，以提示我们 Unity 正处于运行状态。

（2）在播放状态下，我们依然可以进行绝大部分编辑操作，比如在场景视图中移动物体的位置，在检视窗口中添加、删除物体的组件等。但是，务必注意：播放过程中所有的改动，在退出运行模式之后，都会回到原始状态。

（3）再次按下播放按钮就停止播放，回到正常编辑模式。

2. 暂停状态

在播放模式下按下暂停键，如图 1-47 所示，就可以进入暂停状态。暂停状态的本质依然是运行状态，只是游戏的时间被暂停，并不会触发事件，所以暂停状态下的修改也不会被保存。在这个状态下，可以方便地查看游戏瞬间的状态，比如物体的位置、当时的参数信息等。以下是一些需要注意的内容。

图 1-45　播放与暂停按钮　　　图 1-46　按下播放键　　　图 1-47　按下暂停键

（1）除了在播放状态下按下暂停按钮，还可以先按暂停按钮，再按播放按钮，这可以帮助我们在游戏开始的一瞬间就暂停，这个操作专门调试游戏一开始运行就产生的问题。

（2）可以随时再次按下暂停按钮，使得系统在暂停和播放之间切换。

（3）在暂停状态下，按下暂停按钮右边的单步调试按钮，就可以让游戏前进一帧，然后再停，这专门用来调试一些时间点要求非常精确的问题。

（4）暂停只在游戏逻辑帧的间歇起作用，如果由于脚本原因，出现游戏逻辑进入死循环等情况，按暂停按钮会无效。这种方法也可以用来判断游戏是否会出现"卡住"等严重问题。

1.6.2　游戏视图的工具条

图 1-48 是游戏视图的工具条。

图 1-48　游戏视图工具条

表 1.3 是对工具条中每个选项功能的具体介绍。

表 1.3　游戏视图按钮功能

按钮	功能
Display	如果当前有多于一个摄像机，这个选项可以选择用具体哪一个摄像机做渲染。在摄像机组件中可以选择摄像机对应的显示序号，也就是目标显示对象（Target Display）
Aspect	显示器的大小和比例，不同的显示设备差异很大（小屏手机、大屏手机、平板、桌面显示器等），所以这个选项有助于测试各种情况下的显示效果。默认的 Free Aspect 是自由模式，自动根据窗口大小调整显示器参数 除了 Free Aspect，Unity 还内置了许多标准分辨率的设置（比如 WVGA 等）。另外，还可以自定义分辨率的大小，甚至还能只定义比例，不定义具体分辨率（例如，许多安卓设备都是 16:9 的比例，但是分辨率不同）
Scale	缩放滑动条，该滑动条只是在游戏视图中执行缩放操作，以方便用户查看细节或整体，并不影响实际的屏幕分辨率
Maximize on Play	该按钮为两态按钮，当处于按下状态时，一开始播放，游戏视图就会最大化，以方便用户预览游戏效果；当按钮处于弹起状态时不起作用
Mute Audio	该按钮为两态按钮，控制是否屏蔽音频
Stats	该按钮为两态按钮，开启时，会在游戏视图上叠加一层统计信息。这个功能在监控游戏性能时非常有用，可以帮助开发者及早发现潜在的性能问题
Gizmos	显示或隐藏辅助线框，内含详细的辅助线框设置。辅助线框只能在开发时看到，并不会出现在游戏最终的发行版中

关于辅助线框菜单：和场景视图一样，游戏视图也包含完整的辅助线框菜单。它在游戏视图中的用法和功能与其在场景视图中的用法和功能类似，这里不再赘述。

1.6.3 自定义 Unity 的开发环境

我们可以自定义 Unity 编辑器的窗口布局，让它更符合自己的操作习惯。首先，可以拖动任意一个窗口左上角的标签到任意位置。其次，当拖到另一个窗口的标签处时，可以和目标窗口共用一个区域，形成多标签页的形式。最后，当拖动窗口到可停靠（Dock）的位置时，编辑器就会划出一片区域专门放置该窗口，原来占据位置的窗口就会相应缩小。

窗口可以浮动移动，也可以停靠在现有窗口的侧面、顶部或底部，还可以以标签页的形式和另一个窗口共用一块位置。Unity 的窗口布局非常灵活，不同的人有不同的设置方法。总体来说只要自己看着舒服、方便个人使用，就可以任意布局。在使用超宽屏显示器或多显示器时，可以采用的布局方式就更灵活了，图 1-49 为调整窗口后的位置。

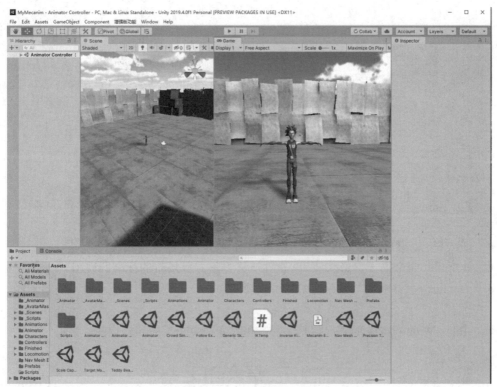

图 1-49 调整后的视图

当我们将布局调整到合适的位置以后，就可以选择保存当前布局，未来可以随时将它还原。保存的方法是在主工具栏（Unity 上方）的右侧单击 Layout 下拉菜单，选择其中的 Save Lay即可。只需要为当前布局取一个名字，之后就可以随时从 Layout 下拉菜单中还原它。

在大部分窗口中，都可以右击窗口标签，然后选择 Add Tab 来添加一个选项卡，如图 1-50所示。用这个方式也可以打开、关闭窗口，比如之前将场景视图窗口关闭了，可以在这里重新打开。

Unity 还提供了几种默认布局，适用于某些典型的应用场景，可供参考。要使用预置布局，请在菜单 Window→Layouts 里查找，如图 1-51 所示典型的布局有如下几种。

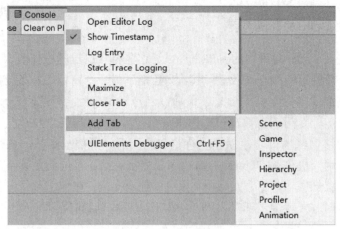

图 1-50　添加选项卡

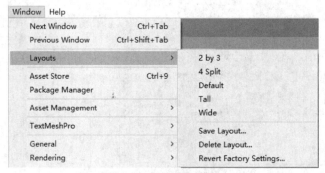

图 1-51　选取布局模式

- 2 by 3：很好用的常规布局，可以同时看到场景视图和游戏视图。
- 4 Split：四个场景窗口，和 3D 软件一样方便看到场景的标准四视图。
- Default：默认布局，场景视图和游戏视图在同一个窗口内，适合较小的显示器，也很常用。
- Tall、Wide：在这两种布局下，场景视图分别是较高的和较宽的。

1.7　层级窗口

图 1-52 是默认的层级窗口的外观。

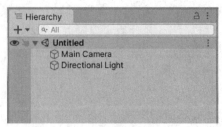

图 1-52　层级窗口

层级窗口包含当前场景中所有游戏物体的列表。其中某些游戏物体是独立的物体，而某些则是预制体（Prefab）。任何新建或者删除物体的操作都会在层级窗口中反映出来。

默认情况下，层级窗口中的顺序是物体被创建的顺序，但是这个顺序是可以任意改变的，只需要通过拖曳操作即可实现。层级窗口可以表示物体的父子（Parent 和 Child）关系，这也是层级窗口名称的由来。

1.7.1　父子关系

Unity 具有一个非常重要的概念——父子关系（Parenting）。举例来说，先创建一个对象，然后创建一系列对象，将后面这些对象置于第一个对象下级，这样第一个对象就被称为这一组对象的父物体（Parent Object），而其他的对象可以被称为父物体的子物体（Child Object 或 Children）。可以创建嵌套的父子关系，也就是说，任何一个节点都可以拥有下一级子节点。

在图 1-53 中，Child 和 Child2 都是 Parent 物体的子物体。Child3 是 Child2 的子物体，也是 Parent 的间接子物体（或者说孙物体）。

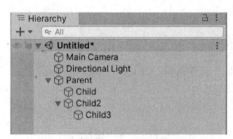

图 1-53　父子关系

单击 Parent 物体左侧的三角形，就可以显示或隐藏它的子节点，这和资源管理器中操作类似。单击三角形只改变第一层的显示或隐藏状态，按住 Alt 键再单击可以递归显示或隐藏该物体所有层级的子节点。

1.7.2　将物体设置为子物体

要让一个物体成为另一个物体的子物体，只需要先选中它，然后将它拖曳到另一个物体上即可，拖曳时会有明显的指示。

在图 1-54 中，Child3 是要拖曳的物体，将它拖曳到 Parent 上即可。

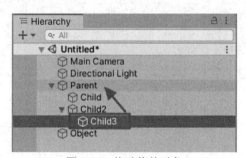

图 1-54　拖动物体对象

还有一种操作方法，可以让图 1-54 中的 Object 直接插入到 Child 和 Child2 之间，同时成为 Parent 的子物体。只需要选中 Object，拖曳它到 Child 和 Child2 之间即可。在图 1-55 中，Object 被拖动到 Child 和 Child2 之间，目的地用一个蓝色的横线表示插入。

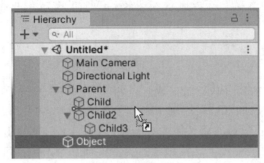

图 1-55　拖动位置

父子关系是一个很大的话题，比如，父物体的移动、旋转、缩放会直接影响子物体，这个话题将在后面章节继续讨论。

1.7.3　同时编辑多个场景

直接拖曳另一个场景到当前的层级窗口中，就可以启动多场景同时编辑模式。这种做法在同时处理两个场景时会比较有用，比如，复制一个物体到另一个场景里面。

1.8　工程窗口

1.8.1　基本功能

在工程窗口中，可以访问和管理属于这个工程的所有资源，如图 1-56 所示。

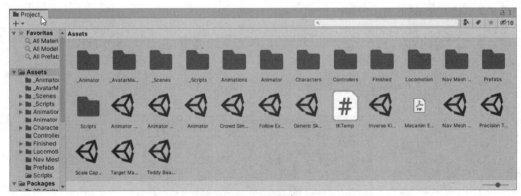

图 1-56　工程窗口

图中左侧的区域以树状结构展示了文件夹的结构。当选中左边的任何一个文件夹以后，右侧的窗口就会显示它的内容。可以单击文件夹左边的小三角形来展开或隐藏下一级文件夹，还可以按住 Alt 键来递归展开或隐藏所有的子文件夹。

右侧的每一项资源都以图标的形式展示出来，图标通常代表资源的类型（脚本、材质、子文件夹等）。右下角的滑动条可以用来调整图标的大小，当滑动条滑到最左边的时候，就会换成另一种形式的展示。当选中某个资源的时候，滑动条左侧还会显示出资源的完整路径和名称，这在搜索资源时很有用。

文件夹结构的上方还有收藏夹（Favorites），可以将经常用到的资源放在这里，以便快速找到。只需要直接将资源文件或文件夹拖到这里即可，此外，还可以保存查询条件，下面会详细说明。

在右侧资源的上方还可以看到一个路径指示，如图 1-57 所示。

图 1-57　路径指示

它展示了当前所看到的文件夹的具体路径。在上面进行单击可以在文件夹之间进行跳转。当使用搜索功能时，它又会变成显示搜索区域（比如工程的 Assets 目录、选中的文件夹或是资源商店）。

整个工程窗口的上方还有一个工具栏，如图 1-58 所示。

图 1-58　工程工具栏

工具栏最左边有一个 + 号按钮，可以用它在当前文件夹内新建资源或者子文件夹。它的右侧则是一系列搜索相关的工具。

1.8.2　搜索功能

工程窗口有着强大的搜索功能，特别适合在大型工程中使用，或者当用户不太熟悉工程结构的时候使用。它的基本用法很简单，就是可以过滤符合搜索条件的资源并显示到窗口中。图 1-59 所示为在工程视图搜索游戏对象。

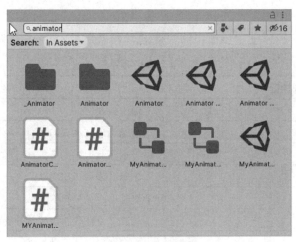

图 1-59　资源搜索

如果你多输入一个关键字，则搜索结果会进一步缩小。例如，如果输入 my animator，则会搜索名称中同时包含这两个单词的资源。

搜索栏的右侧有三个按钮，第一个按钮用来限定搜索的资源类型，如图 1-60 所示。

第二个按钮用来限定资源的标签（Label）。标签的概念会在后面讲解检视窗口时说明。由于标签可能会很多，标签按钮还带有一个微型搜索框，如图 1-61 所示。

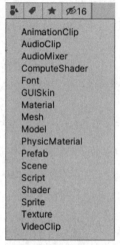

图 1-60　限定搜索

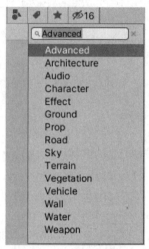

图 1-61　微型搜索框

使用更多关键字会进一步缩小搜索的范围。还有一些高级的搜索技巧可以使用。比如，使用 "t+资源类型名称" 就可以指定资源类型；使用 "l:+标签名称" 就可以指定搜索的标签。资源和标签也可以有多个，需要特别指出的是，指定多个类型可以同时搜索多种类型的资源，多个类型之间是 "或" 的关系。而相比之下多个标签和关键字之间是 "且" 的关系。例如，搜索：

flash t: Material t: Texture 1: Weapon

表示搜索名称为 flash，类型为材质或贴图，且标签为 Weapon 的资源。

第三个按钮用来将搜索的条件添加到书签中。

1.8.3　快捷键

当窗口被激活时，可以使用该窗口的快捷键。表 1.4 是工程窗口的快捷键列表。

表 1.4　快捷键列表

快捷键	功能
Ctrl/Cmd+F	选中搜索框
Ctrl/Cmd+A	全选当前文件夹的所有资源
Ctrl/Cmd+D	直接复制选中的资源（复制并粘贴）
Delete	删除（需要二次确认）
Shift+Delete	删除（不需要再次确认）
Cmd+Backspace	删除（不需要再次确认）（macOS 系统）
Enter	重命名资源或文件夹（macOS 系统）

续表

快捷键	功能
Cmd+下箭头	打开选中的资源（macOS 系统）
Cmd+上箭头	回到上级文件夹（macOS 系统）
F2	重命名资源或文件夹（Windows 系统）
Enter	打开选中的资源（Windows 系统）
Backspace	回到上级文件夹（Windows 系统）
右箭头	展开选中的文件夹或者右移
左箭头	折叠选中的文件夹或者左移
Alt+右箭头	展开带有子资源的对象
Alt+左箭头	折叠带有子资源的对象

1.9　检视窗口

Unity 的场景通常是由很多 GameObject 组成的，每个 GameObject 可能包含脚本、声音、模型等多个组件。检视窗口显示了当前选中物体的细节信息，包括 GameObject 所挂载的所有组件，而且还能在检视窗口中修改这些信息。图 1-62 是默认的检视窗口。

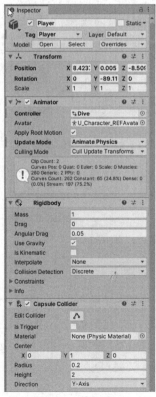

图 1-62　检视窗口

1.9.1 检视物体和选项

检视窗口可以查看和修改 Unity 编辑器中几乎所有东西的属性和设置，不仅对实体的物体（比如 GameObject、资源、材质）有效，修改编辑器设置和预设选项的时候，也会用到 Inspector。

图 1-63 是一个典型的例子，用检视窗口查看带有摄像机组件的物体。

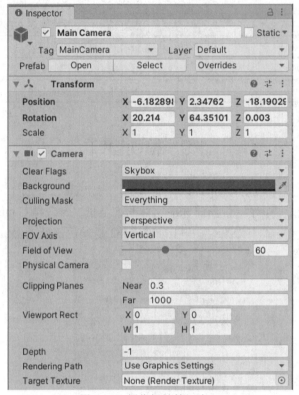

图 1-63　摄像机的检视窗口

在层级窗口或场景视图中选中物体以后，检视窗口就会显示当前物体中所有组件的信息。使用检视窗口可以编辑这些信息和设置。

在图 1-63 的例子中，我们选中的是 Main Camera 物体，不仅包含物体的位置、旋转和缩放信息，很多其他信息也被显示并可以被编辑。

1.9.2 添加、删除组件

单击检视窗口下方的 Add Component 按钮，可以添加组件。单击后会显示一个各种组件的选择框。Unity 包含的组件非常多，并已经被分为很多组，可以分两步依次选择，也可以用附带的小搜索工具进行快速筛选，图 1-64 是为物体添加 Rigidbody 组件。

删除组件更为简单，只需要在组件标题处右击，即可打开组件快捷菜单，选择 Remove Component 即可删除，如图 1-65 所示。

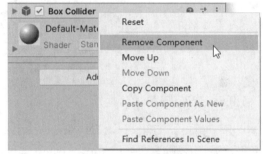

图 1-64　添加组件　　　　　　　　　　　图 1-65　删除组件

1.9.3　复制组件或组件参数

有时我们创建的组件需要复用另一个组件的参数，而某些组件参数较多，一个个手工填写参数比较费时且容易填写错误。这时，我们可以在组件标题上右击打开菜单，选择 Copy Component 选项来复制组件的参数。

复制组件参数之后，选中要操作的目标物体，有两种方法来复制组件属性。

（1）打开目标物体的任意一个组件菜单，选择 Paste Component As New，这样就新建了一个组件且参数和复制的组件一致。

（2）打开目标物体的同类组件的菜单，选择 Paste Component Values，这样不会新建组件，而是将原始组件的参数复制到同类型的目标组件上。

由于某些组件只允许存在一个，比如刚体组件，所以某些选项会是禁用状态。

1.9.4　查看脚本参数

图 1-66 是脚本组件，可以修改其中一些字段的值。

当游戏物体挂载了自定义脚本时，该脚本组件的部分字段（比如公共字段）是可以显示和被编辑的。编辑它们的方法和编辑常规组件一样。这意味着可以方便地修改自定义组件的参数和属性，而不需要去修改脚本代码。

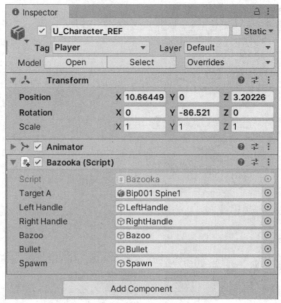

图 1-66　脚本参数

1.9.5　查看素材

当在工程窗口中选中一个资源时，检视窗口也会显示该资源的设置和参数，这些设置影响了该资源如何被导入，以及在运行时会产生什么具体效果。

每一种类型的资源的参数和设置都不相同。比如，下面的查看材质与查看音频资源的参数和设置就完全不同。

图 1-67 是在检视窗口中查看一个材质。

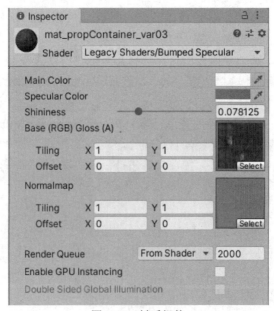

图 1-67　材质组件

图 1-68 是在检视窗口中查看一份音频文件的设置。

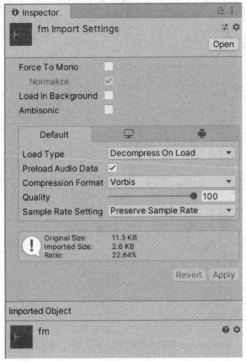

图 1-68　音频组件

1.9.6　工程设置

图 1-69 是在检视窗口中查看 Tags & Layers 的设置。

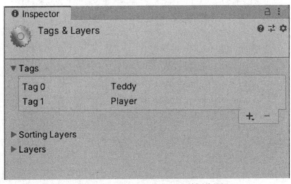

图 1-69　Tags & Layers 的设置

　　查看和修改工程设置也会用到检视窗口，比如在菜单中选择 Edit→Project Settings 下面的多个选项，就会在检视窗口中显示相应的工程设置。

　　如图 1-70 所示，有许多改变工程基本参数的设置，例如输入设置、音频设置、时间设置、物理设置等。时间设置可以改变游戏运行的帧率，物理设置可以改变重力加速的数值，这些工程设置会对整个工程中的所有相关功能造成影响。

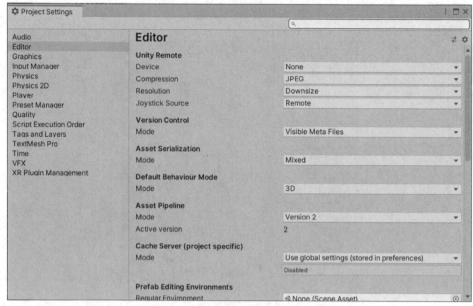

图 1-70　参数设置

1.9.7　修改组件的顺序

要改变检视窗口中组件的顺序，只需要拖曳要改变的组件名称到目的地即可。操作过程中有明显的蓝色标记提示，可以很清楚地看到组件从哪里移动到哪里。

图 1-71 所示是通过拖曳操作修改脚本组件的顺序。

图 1-71　修改组件顺序

有几点值得说明：

（1）只能修改一个游戏物体中组件的顺序，不能直接将组件从一个物体拖曳到另一个物体。

（2）可以将脚本文件直接拖曳到检视窗口中，自动新建一个脚本组件。

（3）当同时选中多个游戏物体时，检视窗口中会显示所有物体共有的组件。这时改变这些物体中组件的顺序也是可行的。

（4）物体上挂载组件的顺序是真实存在的，比如在脚本中获取组件的时候，这些组件就会以这个顺序获取到。典型的情况是在物体上同时挂载多个同类型组件的时候。

1.10　Unity 的常用快捷键

下面将总体介绍 Unity 中的快捷键，见表 1.5～表 1.11，完整的文档请参考 Unity 网站上的官方文档。

表 1.5　工具栏快捷键

工具栏的快捷键	功能
Q	小手工具
W	移动工具
E	旋转工具
R	缩放工具
T	矩形变换工具
Z	基准点模式切换
X	切换世界坐标系/局部坐标系
V	顶点吸附模式
Ctrl/Cmd+鼠标左键	单位吸附模式

表 1.6　游戏物体快捷键

游戏物体的快捷键	功能
Ctrl/Cmd+Shift+N	新建物体
Alt+Shift+N	新建物体，作为当前选中物体的子物体
Ctrl/Cmd+Alt+F	让场景视图移动到该物体上
Shift+F 或双击 F	让场景视图移动到该物体上并一直保持查看该物体

表 1.7　选择窗口快捷键

选择窗口的快捷键	功能
Ctrl/Cmd+1	场景视图窗口
Ctrl/Cmd+2	游戏视图窗口
Ctrl/Cmd+3	检视窗口
Ctrl/Cmd+4	层级窗口
Ctrl/Cmd+5	工程窗口
Ctrl/Cmd+6	动画窗口
Ctrl/Cmd+7	性能分析窗口
Ctrl/Cmd+8	粒子效果窗口
Ctrl/Cmd+9	资源商店窗口
Ctrl/Cmd+0	资源服务器窗口
Ctrl/Cmd+Shift+C	控制台窗口

表 1.8 编辑的快捷键

编辑的快捷键	功能
Ctrl/Cmd+Z	回退到上一步
Ctrl+Y（Window only）	Windows 系统下的重复操作（与回退操作相反）
Cmd+Shift+Z（Mac only）	macOS 系统下的重复操作（与回退操作相反）
Ctrl/Cmd+X	剪切
Ctrl/Cmd+C	复制
Ctrl/Cmd+V	粘贴
Ctrl/Cmd+D	直接复制，相当于复制并粘贴
Shift+Del	删除
Ctrl/Cmd+F	查找
Ctrl/Cmd+A	全选
Ctrl/Cmd+P	开始/停止运行游戏
Ctrl/Cmd+Shift+P	暂停游戏
Ctrl/Cmd+Alt+P	单步调试游戏

表 1.9 选择的快捷键

选择的快捷键	功能
Ctrl/Cmd+Shift+1	读取选择范围 1。数字可以是从 1 到 9，分别代表 9 个栏位
Ctrl/Cmd+Alt+1	保持选择范围 1。数字可以是从 1 到 9，分别代表 9 个栏位

表 1.10 资源操作快捷键

资源操作的快捷键	功能
Ctrl/Cmd+R	刷新

表 1.11 动画的快捷键

动画的快捷键	功能
Shift+逗号	第一个关键帧
Shift+K	修改当前关键帧
K	设置或添加关键帧
Shift+句号	最后一个关键帧
句号	下一帧
Alt+句号	下一个关键帧
空格	播放动画
逗号	前一帧
Alt+逗号	上一个关键帧

1.11 动手搭建游戏场景

接下来，我们搭建一个最简单的游戏场景，一方面可以熟悉 Unity 的基本操作，另一方面，也为之后的学习做准备。我们要做的场景非常简单，如图 1-72 所示。

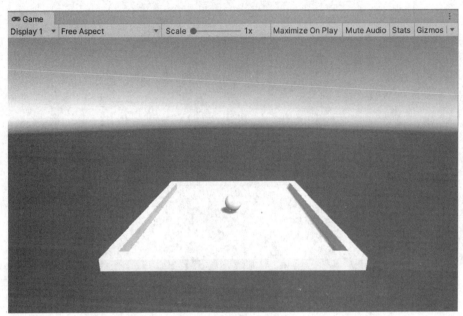

图 1-72 Game 视图

1. 创建工程

打开 Unity 并创建一个工程 HelloUnity，如图 1-73 所示。

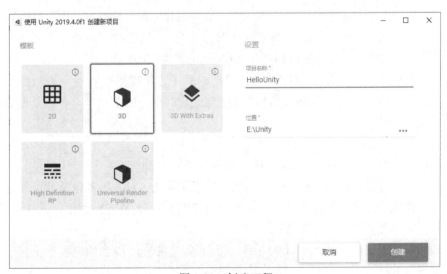

图 1-73 创建工程

2. 添加地板

在层级窗口中右击，选择 3D Object→Plane，就可以新建一个平面，如图 1-74 所示。平面适合作为简单游戏的地板。

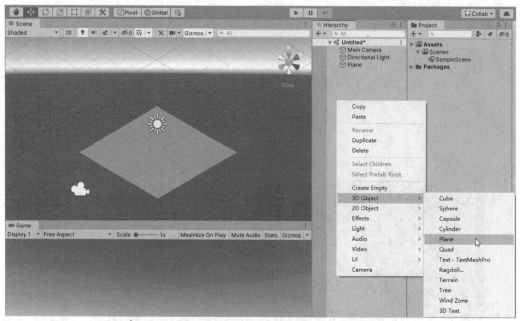

图 1-74　添加地板

注意：

● 如果在创建之前选中了某个物体，则创建的物体会成为子物体。如果出现这种情况，只需要在层级窗口中拖动物体重新调整父子关系即可。

● 新创建的物体名为 Plane，将其改名为 Ground 是一种很好的习惯，否则物体多了不利于查看和查找，重命名物体类似于重命名文件，有多种操作，比如可以在右键菜单中选择 Rename（重命名），或者选中物体之后按下 F2 键，还可以再次单击名称。

确保平面层次正确之后，在检视窗口中设置其位置为（0,0,0）。

将地板放在坐标原点有助于我们以后计算坐标。在这步操作以及接下来的操作中，读者会发现实际上经常需要调整查看场景的角度。也就是说，无论要制作什么样的场景，浏览场景的操作是最频繁出现的。

3. 添加第一道围墙

与添加地板类似，添加 4 道围墙，用 Cube（立方体）即可。

为方便起见，可以先只制作一个，之后可以再复制，将 Cube 命名为 Wall。通过设置正方体缩放的某个维度，可以拉伸正方体成长条状，这里我们拉伸 X 方向为原来的 10 倍左右。然后摆放正方体的位置到平面的一侧作为围墙。

正方体的参考位置和缩放如图 1-75 所示，用鼠标直接拖动得到的位置很不精确，可以在检视窗口中调节数值。

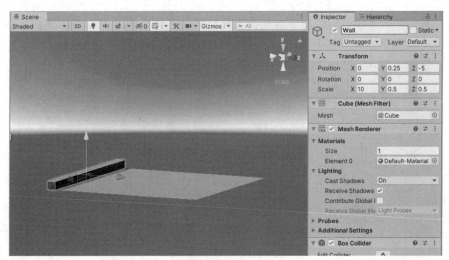

图 1-75　参数配置

4. 添加其他三道围墙

有了第一道围墙以后，其他三道围墙也是同样的操作。在实际工作中有很多方法可以快速搭建这个场景。首先，制作和第一道围墙相对的围墙时，可以选中第一道墙后按 Ctrl+D 组合键进行复制（Duplicate），然后设定位置，改名为 Wall 即可。制作其他两道围墙有两种做法，一是将第一道围墙沿 Y 轴旋转 90°；二是重新创建一个块并拉伸 Z 轴。这两种方法都可以达到目的。对于简单游戏来说，一般选择不旋转的方法，因为一旦加入了旋转，坐标系就变化了，问题变得更复杂。但是在这个简单的例子中没有太多问题，根据个人喜好来制作即可，如果以后想要改变方法，重新制作也不难。四道墙搭建好之后的效果如图 1-76 所示。可以通过改变围墙的长度或位置让四个角更好看一些。

图 1-76　四道墙

5. 修改物体的颜色

物体的默认材质是白色的基础材质，要改变默认材质时，不能直接修改颜色，而要先替换为新的材质，然后才能进行修改。首先在工程窗口的任意目录（也可以新建一个存放材质的 Materials 的文件夹）新建一个材质文件，在某个资源目录下右击，选择 Create→Material 即可新建材质，如图 1-77 所示。

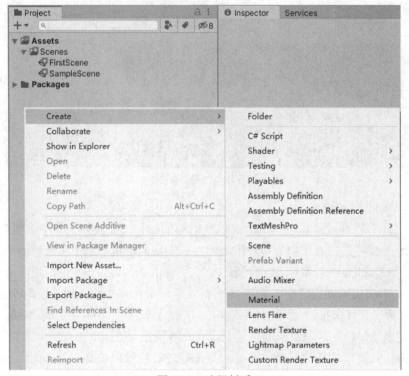

图 1-77　选择材质

同理，一共需要两个材质，分别将材质文件命名为 Ground 和 Wall，表示地面和墙体的材质。

修改材质颜色，只要选中材质文件后，修改检视窗口中 Albedo（固有色）的颜色即可。

这里甚至可以为 Albedo 指定一张贴图，实现带有图案的地板和墙面的效果，如图 1-78 所示。

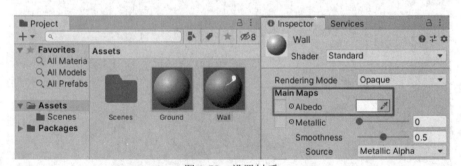

图 1-78　设置材质

用这两个材质替换墙和地板的材质，最简单的方法是将材质拖曳到场景视图中的物体上。另外，也可以先选中物体，将材质拖动到物体的检视窗口里（要拖到最下面空白部分才可以）这两种方法都会把默认材质替换为独立的材质文件，且不会添加新的组件。顺便说一句：材质是网格渲染器（Mesh Renderer）组件的参数。

6. 调整摄像机

虽然目前在场景视图中的效果看起来很美好，但在游戏视图中看到的可能是图 1-79 这样的效果。

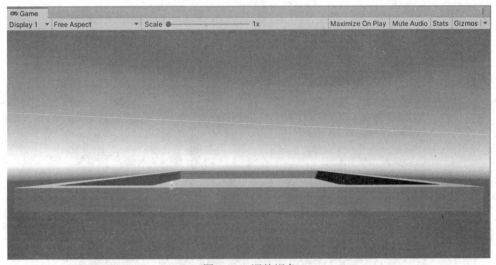

图 1-79　调整视角

这是因为默认的摄像机是沿 Z 轴方向平视的，而不是向下的。接下来调整摄像机到一个合适的位置。

首先，用旋转工具将摄像机向下旋转 45°左右。然后调节它的位置，先向上移动，再适当前进，让地板出现在游戏窗口的视野中。这里使用默认的 2 by 3 布局，可以同时看到场景视图和游戏视图，边看效果边调节摄像机，如图 1-80 所示。

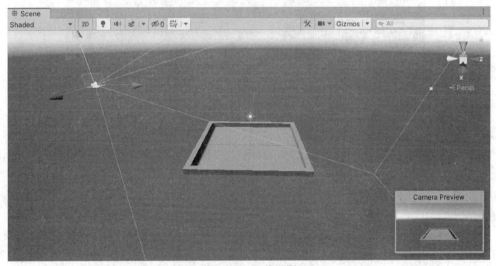

图 1-80　调节视图

默认的工具坐标是世界坐标系，调节摄像机位置是沿着世界坐标系的 Y 轴和 Z 轴移动的。实际上，有一种更合适的方式，就是将工具坐标系切换为本地坐标系，如图 1-81 所示。

图 1-81　切换坐标系

7. 添加一个小球

创建一个球体并放在合适的位置上，步骤不再赘述，添加后如图 1-82 所示。

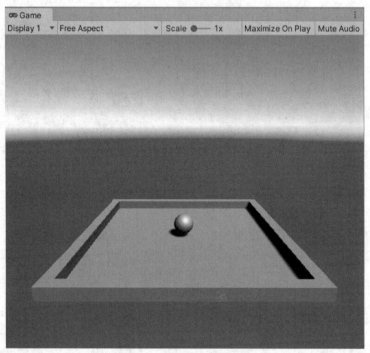

图 1-82　添加小球后的样子

1.12　小结

本章的主题是"初识 Unity"。我们从 Unity 的安装开始，初步介绍了 Unity 的主要组成部分，包括场景视图窗口、工程窗口、检视窗口等几大窗口。其中场景视图窗口的基本使用方法是学习的重点。相信学习完本章后，大家已经对 Unity 引擎有了基本的了解，并可以开始安装使用它了。

本章的最后搭建了一个简单场景的例子，这个例子本身用到的知识点不多，但是也涵盖了 Unity 基本的场景、模型物体等内容，可以让读者开始进入 Unity 的开发了。下一章，我们继续深入地讲解 Unity 的 3D 游戏开发。

第2章　开始 Unity 开发

本章导读

　　Unity 让游戏开发变得简单。使用 Unity 时，不需要你有多年的技术积累，也不需要你有任何艺术方面的技能，只需要学习和掌握一些基本的概念和工作流程，就可以使用 Unity 开发游戏了。当然，学习的过程少不了实践和练习，要想用好 Unity，需要花费时间对引擎功能和相关技术有深入的理解。而 Unity 作为一种游戏引擎，很多功能的使用还是离不开编写脚本的，所以本章也会介绍脚本开发的相关内容。

　　学习 Unity 最大的好处是，不需要等完全学会了所有功能以后再尝试开发自己的游戏。可以在掌握了最基本的概念和使用方法之后，就试着制作自己的游戏原型。刚开始制作的原型可能会比较简陋，但随着学习的进展，会发现游戏的功能和效果越来越丰富，可以解决的问题也越来越多。随着时间的推移和经验的积累，你的开发技术也会越来越成熟。

本章要点

- 场景
- 游戏物体与组件
- 脚本与组件操作
- 输入
- 灯光与摄像机

2.1　场景

　　场景包含了游戏环境、角色和 UI 元素。可以将每个场景看作一个独立的关卡。在每个场景中，都可以放置环境、障碍物和装饰（比如花、草、树木），在设计游戏时，可以将游戏划分为多个场景来分别实现。

　　在创建新的 Unity 工程时，默认场景视图已经打开了一个新的场景，这个场景没有名称，也没有保存。若要保存当前制作的场景，在主菜单中选择 File→Save Scene，或者按下 Ctrl+S 组合键即可（在 macOS 系统下为 Cmd+S 组合键）。Unity 的场景会以.unity 的后缀保存在 Assets 文件夹内，可以在工程窗口中看到保存的场景文件。如图 2-1 所示。

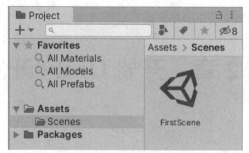

图 2-1　场景文件

2.2　内置的游戏物体

游戏物体是 Unity 中最基本的元素之一。游戏物体本身并不直接实现具体的功能，它们的核心功能是作为组件（Component）的容器。也就是说，游戏物体包含一个或多个组件，由组件完成具体的功能。例如，要制作一个点光源，就创建一个带有灯光（Light）组件的物体，图 2-2 所示是一个典型的光源，带有一个灯光组件。

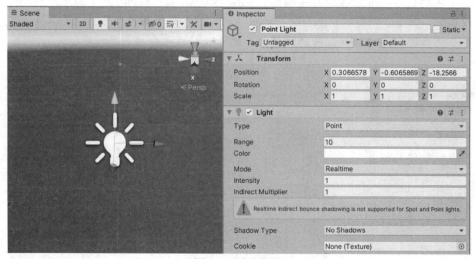

图 2-2　游戏物体

每个游戏物体总是有一个变换（Transform）组件，变换组件表示了物体的位置、旋转、缩放信息，所以 Unity 规定所有的游戏物体都必须包含变换组件且不可删除。变换组件与物体的父子关系有紧密的联系。变换组件必须有且只能有一个。

其他组件通常都可以添加或删除，可以在编辑器中操作，也可以在游戏运行中通过脚本随时修改。有一些常用的基本游戏物体已经配置好了相关组件，比如方块、球体等。

下面，我们介绍 Unity 内置的几个基础物体。

Unity 有许多自带的可直接生成的原始物体，如立方体、球体、胶囊体、圆柱体、平面和四边形。这些物体自身通常很常用，但是它们也可以用来当成替代品和做出原型来提供测试。可以通过 GameObject→3D Object 选择相应物体并添加到场景中。或者直接在层级窗口中右击选择 3D Object 下的子选项，如图 2-3 所示。

图 2-3　选取对象

2.2.1　立方体

图 2-4 所示是一个边长为 1 单位的简单立方体。一个标准的立方体在许多游戏中并不会经常被使用。但是只要改变它的大小，它可以变成墙壁、柱子、箱子、台阶和其他类似的物体。当成品模型还没被制作出来时，它也会在开发时被程序员当成一个便捷的替代品。例如，一辆汽车就可以用尺度大致相似的细长的立方体代替。尽管这不适合最终的游戏，但是作为测试车辆控制代码的替代品已经很合适了。标准立方体的边长是 1 单位，可以添加立方体到场景中去，用它来检验导入场景的模型或网格的比例是否正确。

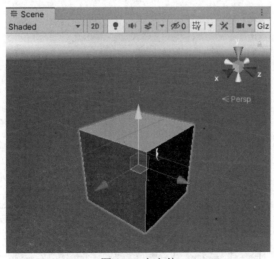

图 2-4　立方体

2.2.2 球体

图 2-5 所示是直径为 1 单位的球体（半径为 0.5 单位），如果贴图的话，整个贴图纹理会依据上下两个极点环绕包裹整个球体表面。球体可以作为各种球、行星、炮弹。半透明的球体也可以制作为不同半径的、很漂亮的 GUI 设备。

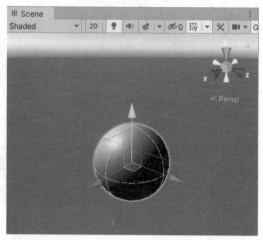

图 2-5 球体

2.2.3 胶囊体

一个胶囊体是中间一个柱体和两端两个半球体的组合，如图 2-6 所示，整个物体的直径为 1 单位长度、高度为 2 单位长度（中间柱体的高是 1 单位长度，两个半球的半径为 0.5 单位长度）。它被贴图的话，贴图纹理会依据上下两端，即半球的顶端，收缩包裹整个胶囊体。现实中这个形状的物体并不多见，但胶囊体在原型中却是一个很实用的替代品，特别是对一些替代工作来说，使用了胶囊体的物理效果表现要比使用立方体的效果更好。

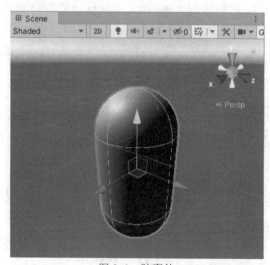

图 2-6 胶囊体

2.2.4 柱体

图 2-7 所示是一个直径为 1 单位长度、高度为 2 单位长度的简单柱体，被贴图的话，贴图纹理会覆盖到柱体的表面，包括上下两个底面。用柱体创建柱子、杆、轮子这些物体十分方便，但是需要注意，碰撞盒子的形状要选择胶囊体（Unity 并没有柱体形状的碰撞盒子）。如果在一些物理实验中需要柱体准确地碰撞盒子，则需要在建模工具中创建一个合适形状的网格，并把它导入网格碰撞体中。

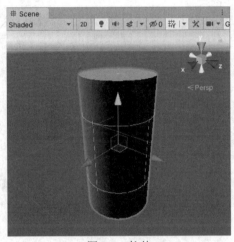

图 2-7 柱体

2.2.5 平面

图 2-8 所示是一个边长为 10 单位长度，且只能在本地坐标空间 XY 平面中调整的平面正方形。被贴图的话，整张贴图纹理都会出现在这个正方形上。平面适用于很多类型的扁平表面，比如地板、墙壁。一个处在 GUI 中的表面，在某些时候还需要显示一些图片和视频画面等特殊效果。尽管一个平面可以实现这些效果，但更简单的四边形更适合解决这些问题。

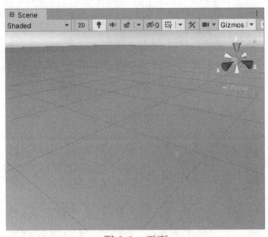

图 2-8 平面

2.2.6 四边形

四边形（如图 2-9 所示）这个基础物体类似上文介绍的平面，但是四边形的边长只有 1 单位长度，并且表面能在局部坐标系的 XY 平面调整。此外，一个四边形只可以被分成两个三角形，但是一个平面可以被分成两百个三角形。当场景中的物体必须要显示图片和视频时，四边形就很合适了。简单的 GUI 和信息显示都可以用四边形实现，在远处显示粒子、图片精灵、伪图片等也都可以使用四边形来实现。

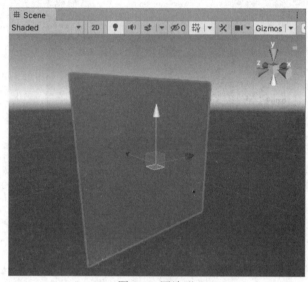

图 2-9　四边形

2.3　组件

一个游戏物体可以包含多个组件。之前说到过，变换组件是最基本、最重要的一种组件，它与游戏物体一一对应。创建一个新的游戏物体，就可以在检视窗口中查看它的变换组件，如图 2-10 所示。

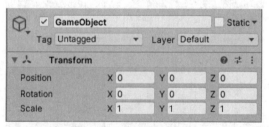

图 2-10　Transform 组件

从图中可以看到，最简单的游戏物体具有名称（图中为 GameObject）、标签（Tag，图中为 Untagged）、层级（Layer，图中为 Default），以及变换组件（Transform）。

2.3.1 变换组件

变换组件定义了物体在游戏世界中的位置、旋转角度以及缩放比例，不可能创建一个不带有变换组件的物体。另外，变换组件实现了游戏物体的父子关系功能，父子关系也是使用 Unity 的重点，在之后会详细介绍。

2.3.2 其他组件

游戏物体还可以包含其他组件，每种组件具有不同的功能，可以在使用中慢慢学习。某些类型的组件和变换组件一样，每个物体只能有一个，而另一些组件可以同时包含多个。

比如，选中默认的游戏物体 Main Camera，可以在检视窗口中看到新建的场景默认有一个游戏物体 Main Camera，它已经预先添加了多个组件。

如图 2-11 所示，主摄像机（Main Camera）已经包含了摄像机组件（Camera）、耀斑层组件（Flare Layer）以及音频侦听器组件（Audio Listener）。以上每种组件都实现一种特定的功能，它们共同实现了一个完整的主摄像机功能。

还有一些其他常用组件，比如刚体组件（Rigidbody）、碰撞体组件（Collider）、粒子系统组件（Particle System）以及音频组件（Audio），可以试着将它们添加到游戏物体上。

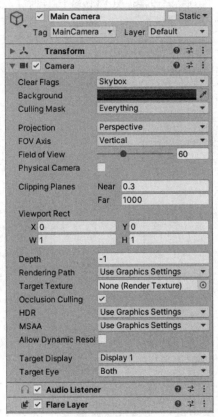

图 2-11　其他组件

2.4　使用组件

组件是实现具体游戏功能的基石，多个组件共同发挥作用，组成了具有特定功能的游戏物体。将本节内容与之前关于游戏物体的介绍联系在一起，就可以更好地理解游戏物体与组件的关系。

从功能角度看，游戏物体只是一个容器（可以类比为现实中的容器，如锅、碗、盆子）。容器本身在功能性上讲是空白的，只有当容器内装载了具有具体功能的实体时，才有了具体的功能，这种功能性的实体就是组件。所有的游戏物体默认至少具有变换组件，因为物体至少要具有位置和方向信息。

2.4.1　添加组件

选中一个游戏物体（比如一个方块或者球体），在检视窗口中单击 Add Component 按钮，之后选择 Physics→Rigidbody，就为这个物体添加了刚体组件。这时播放游戏，就会发现在游戏运行时，这个物体的 Y 坐标一直在减小。这是因为刚体组件是一种物理组件，默认会受到重力影响，所以物体由于受重力影响而下落。

另外，从这个例子中也可以体会到在游戏停止或运行时，选中和查看物体的方法是类似的，但是在游戏运行时，参数会有动态的变化。如图 2-12 所示，是一个添加了刚体组件的游戏物体。

刚才在添加组件时，我们点击了一个选择组件的菜单，可以称其为组件浏览器，如图 2-13 所示。

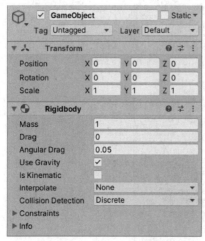

图 2-12　添加刚体组件

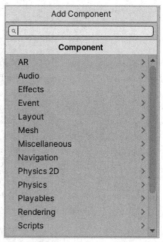

图 2-13　选择组件菜单

利用组件浏览器，我们可以分组查看所有组件的名称。此外，为了加快操作效率，组件浏览器还具有一个内置的搜索框，可以直接搜索组件名称的任何一部分以快速查找到该组件。

理论上，一个游戏物体可以挂载任意数量的组件，特别是某些组件往往需要和别的组件配合才能发挥作用，比如刚体组件要想模拟一个现实世界中的物体，往往就需要配合碰撞体组件，因为现实中的物体都具有一个物理外形。刚体组件内部利用了 NVIDIA PhysX 物理引擎来计算并更新物体的变换组件的信息（也就是位置、旋转和缩放），碰撞体组件赋予了这个物体与别的物体发生碰撞的能力。

2.4.2　编辑组件

组件可以随时编辑，甚至可以在游戏运行时编辑，但这样做不会被保存。此外，在游戏运行时，由脚本来动态修改组件的参数，是脚本发挥作用的重要途径。比如，在游戏运行时，脚本一直慢慢增加变换组件在 X 轴的位置的值，就会发现物体在慢慢地移动。

有两种基本的属性类型：值属性和引用属性。

图 2-14 所示是音源（Audio Source）组件默认的设置。

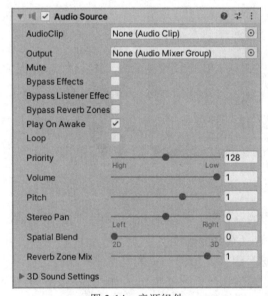

图 2-14　音源组件

这个组件包含两个引用属性——音频剪辑（AudioClip）和输出（Output），其他能够看到的属性都是值属性。音频剪辑可以引用一个文件，当声音开始播放时，这个组件会尝试播放音频剪辑属性中所指定的文件。如果没有指定或在运行时没有正确找到该剪辑，就会发生错误。想要正确引用某个音频文件，只需要用拖曳的方式将音频文件拖到音频剪辑的编辑框中即可。也可以单击右边的圆形小按钮，用对象选择器来指定具体文件，图 2-15 中指定了引用的声音文件为 FlightWind。

图 2-15　引用声音文件

引用属性所引用的参数类型，根据属性本身的类型有所不同，可能性有很多，比如引用组件游戏物体、某种素材文件。

该组件其他的属性都是值类型的属性。值类型的属性很简单，就是该属性由具体的数（一个或多个具体的值）指定，这个数值直接在界面上调节或选择即可。值类型可以是勾选的（代表是或否，即布尔类型）、数值型的、下拉列表的（从多个选项中选择一个），也可以通过输入文本、颜色、曲线或其他方式来指定。

2.4.3　组件选项菜单

右击组件名称，就打开了组件常用菜单，里面有几项常用的命令，如图 2-16 所示。

单击组件右上角的三点图标，也可以打开同样的菜单，如图 2-17 所示。

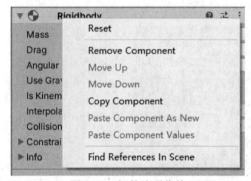

图 2-16　组件选项菜单

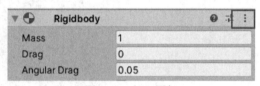

图 2-17　打开图标

1. 复位（Reset）

将组件参数设置还原为默认的，也就是新添加组件时的默认值。

2. 删除组件（Remove Component）

从游戏物体上删除这个组件。值得一提的是，某些组件之间具有依赖关系，比如物理关节组件（Joint）要求必须有刚体组件才能工作，当删除被依赖的组件时，会弹出警告。

3. 上移下移（Move Up/Down）

将组件向上或向下移动。这个功能不仅仅影响界面上的外观，也会影响组件挂载的顺序，这个顺序在某些情况下对运行结果有影响。

4. 复制粘贴组件（Copy/Paste Component）

复制组件会将组件当前的参数暂存下来。之后有两种粘贴方式：一种是粘贴为一个新的组件，即新建并粘贴参数（Paste Component As New）；另一种是将这些参数粘贴到另一个同类型的组件上，而不新建组件（Paste Component Values）。

2.4.4　测试组件参数

当游戏进入运行模式后，依然可以随意修改组件的参数。例如，开发游戏时需要反复测试并调整跳跃的高度。如果在某个脚本组件中有一个公开的跳跃参数，那么就可以直接运行游戏，一边测试跳跃，一边修改参数的值。在游戏运行中，可以反复修改这个参数以最终确定合适的值。

注意：在得到合适的值以后，一旦退出播放模式，所有的参数就会重置到播放之前的状态，这个设计的好处是如果在播放模式下改乱了多个参数，停止运行就会回到最初的状态。当然反过来说，这要求我们在找到合适的参数以后，务必记录参数或者复制参数的值，停止运行后，将参数修改为记录的值。

在运行模式下实时修改参数并测试是一个非常强大的功能，不仅多年以前的游戏引擎不具备这种特性，甚至今天的某些游戏引擎也没有实现这一功能。

2.5　最基本的组件——变换组件

2.5.1　属性列表

位置、旋转和缩放三个属性（见表 2.1）指的都是相对父物体的位置，而不一定是世界坐标系中的位置。当一个物体没有父物体时，它的局部坐标系与世界坐标系是一致的。

表 2.1　变换组件属性列表

属性	功能
Position	位置，以 X、Y、Z 的方式表示的物体坐标
Rotation	旋转（朝向），是以绕 X 轴、Y 轴、Z 轴旋转的角度表示的，这种旋转的表示方式也被称为欧拉角
Scale	缩放，表示物体沿 X 轴、Y 轴、Z 轴的缩放比例，1 表示原始比例，0.1 表示缩小为原来的 10%，10 表示放大 10 倍。这个值甚至允许是负数，代表沿着该轴翻转

2.5.2　编辑变换组件

在 3D 空间中，变换组件具有 X 轴、Y 轴、Z 轴三个轴的参数，而 2D 空间中只有 X 轴和 Y 轴的参数。在 Unity 中约定 X 轴、Y 轴、Z 轴分别以红色、绿色和蓝色表示，无论表示旋转还是表示位置，都尽可能用同样的颜色来展示，用户在熟悉之后就会觉得很方便。图 2-18 为移动物体时的图示，三个轴的颜色为红色、绿色、蓝色。

图 2-18　XYZ 轴

修改物体位置、旋转、缩放的操作，实际上就是修改变换组件的参数。具体的操作方法可以参考第 1 章，里面已详细讲解。

2.5.3 父子关系

父子关系是 Unity 中重要的基本概念之一。当一个物体是另一个物体的父物体时，子物体会严格地随着父物体一起移动、旋转、缩放。可以将父子关系理解为你的手臂与身体的关系，当身体移动时，手臂也一定会跟着一起移动，且手臂还可以有自己下一级的子物体，比如手掌就是手臂的子物体、手指是手掌的子物体等。任何物体都可以有多个子物体，但是每个物体都只能有一个父物体。这种父子关系组成一个树状的层级结构，最基层的那个物体是唯一不具有父物体的物体，它被称为根节点。

由于物体的移动、旋转、缩放与父子关系密切相关，所以在 Unity 中，游戏物体的层级结构完全可以理解为变换组件的层级结构。由于游戏物体和变换组件是一一对应的，所以这两种理解方式是等价的，在后面学习编写脚本时，你会发现父子关系的操作在脚本中确实是在变换组件上进行的。

第 1 章中曾介绍过，可以在层级窗口中将一个物体拖曳到另一个物体上创建父子关系，图 2-19 是父子关系的例子。

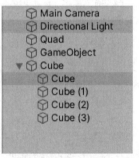

图 2-19 父子关系

子物体的变换组件的参数其实是相对父物体的值，再次考虑之前身体和手臂的例子，无论身体如何移动，手臂和身体的连接处是固定不变的。

在处理不同的问题时，有时使用局部坐标系更方便，而有时使用世界坐标系更方便。例如，在搭建场景时，我们更喜欢使用局部坐标系，比如移动一个房屋时，屋子里所有的东西都会跟着一起移动；而在编写游戏逻辑时，更多的时候需要获得物体在空间中的实际位置，比如，我们要将摄像机对准人物的眼睛，这时候眼睛和人物的相对坐标就没有太大价值，而应当让摄像机对准眼睛在世界坐标系中的位置。所以，在脚本系统中，变换组件的大部分操作都提供了两类操作方式，分别是世界坐标系的和局部坐标系的，我们可以根据需求进行使用。

2.5.4 非等比缩放的问题

非等比缩放即变换组件的 X 轴、Y 轴、Z 轴的缩放值不相等，比如分别是 2、4、1 的情况。非等比缩放在某些情景下也是有用的，但是它会带来一些奇怪的问题，比如某些组件不完全支持非等比缩放，也就是说，在非等比缩放的情况下可能会出现意想不到的情况，所以这里要特别说明一下。

例如，碰撞体、角色控制器这些组件，具有一个球体或者胶囊体的外壳，这些外壳的大小是通过一个半径参数指定的，灯光、音源也有类似的情况。在物体或者父物体被拉伸或压扁的时候，这些组件的球体范围并不会跟着压扁成椭球体，它们实际上仍然是球体或胶囊体。所以当物体中具有这类组件时，由于组件形状和物体形状不一致，可能会导致穿透模型被意外阻挡等情况发生。这些问题看起来很小，但是会引起奇怪的错误。

之前说过，子物体的旋转、缩放、位移会严格跟着父物体变化，但在父物体进行等比缩放时，这会带来一个很麻烦的问题。当父物体沿 X 轴和 Z 轴的缩放不一样时，子物体同样也会被拉伸，这时如果旋转父物体，那么子物体的缩放与旋转参数就会难以计算。由于性能原因，这种情况下 Unity 引擎不会立即更新子物体的实际缩放情况，所以这时可能会导致子物体信息没有及时改变，而在稍后又突然发生变化。这种情况在编写脚本时会更容易察觉到，就好像是子物体脱离了父物体一样。

2.5.5　关于缩放和物体大小的问题

变换组件的缩放参数决定了 Unity 场景中模型的大小相对于原始模型大小的倍数。在 Unity 中，物体的大小非常重要，特别是在物理系统中，物体的大小是至关重要的。默认情况下，物理引擎规定所有场景中的单位都对应国际标准单位，比如空间中的 1 个单位就代表 1 米。如果一个物体的模型非常巨大，那么它的运动就显得非常缓慢，这在物理上是非常严谨的。举个例子，一个半米高的大楼模型，模型顶部的零件掉落到模型底部，只需要一瞬间；而一个真正的摩天大楼，楼顶上的一个石块掉落到底部可能需要数秒时间。将这个原理放在 Unity 中，就可以明白为什么比例特别大的物体在物理运动中会显得非常缓慢。

有三个因素会影响物体的实际大小：

（1）在三维软件中制作的模型的大小（一般三维软件导出模型文件时可以设置比例）。

（2）在导入模型时，可以设置模型的大小。详见讨论导入资源的章节。

（3）变换组件的缩放参数。

从理论上说，为了减少潜在的问题，不应当通过调节变换组件的缩放参数来调整模型的大小。最佳方案是在制作模型、导出模型时，就选择符合真实比例的大小，这样在后续工作中更方便，更不容易带来麻烦。其次的方案是在导入模型时，可以在导入设置中改变模型的比例。在改变模型比例时，引擎会根据模型大小做特定的优化，且在创建一个改变了比例的模型到场景中时，由于引擎会自动调整模型，所以会带来性能上的影响。

2.5.6　变换组件的其他注意事项

（1）当为一个物体添加子物体时，可以考虑先将父物体的位置设置为原点，这样子物体的局部坐标系就和世界坐标系重合，方便我们指定子物体的准确位置。

（2）粒子系统不会受变换组件的缩放系数的影响。要改变一个粒子的整体比例，还需要在粒子系统中适当改变相关参数。

（3）在讲解物理系统的刚体组件的相关章节中，会提到刚体组件与缩放系数的问题。该问题在 Unity 官方文档中有更详细的描述，可以在 Unity 官方文档的刚体组件相关页面中查找。

（4）本书中有一些描述编辑器中的颜色的地方，比如坐标轴的默认颜色为红色、绿色、蓝色。这些颜色均可以在选项中修改。一般不推荐修改默认颜色，因为默认颜色是统一的，比较方便开发者之间互相交流。但是如果你的场景颜色比较特别，导致默认颜色看不清楚，也可以考虑修改默认的颜色。

（5）修改物体缩放比例时不仅会直接影响子物体的比例，还会影响子物体的实际位置（因为要保证相对位置不变）。

2.6　脚本与组件操作

本节将介绍创建并编写一个脚本，用脚本调用 Unity 提供的功能，并将脚本作为组件挂载到游戏物体上发挥作用。

当我们将创建的脚本文件挂载到游戏物体上面时，脚本组件就会出现在检视窗口中，和内置组件完全一样。Unity 就是以这种组件化的方式来扩展多种功能的。从技术角度说，每一个新的脚本都定义了一种新的组件类型，而不是说所有的脚本都是同种类型的组件。所以，每添加一个新的脚本都像是为 Unity 定制了一种新的组件。脚本中的公共成员也会显示在编辑器中，就像其他内置组件一样可以方便地修改。

2.6.1　创建和使用脚本

游戏物体的实际功能是由组件实现的。虽然 Unity 的内置组件已经能完成各种各样的功能，但是在开发游戏时，你很快就会发现还是需要自己定制和游戏相关的具体功能。Unity 扩展新的功能性组件的主要方法就是依靠脚本。脚本可以用来处理游戏事件、修改组件属性或是接受输入等，可以实现所有必要的功能。

C#语法简介

在 Unity 2017 以后的版本中，官方推荐使用的脚本语言为 C#。Unity 的历史版本中支持 JavaScript，但是，由于用户较少，不再推荐使用。

除 C#以外，.Net 平台支持的语言（如 F#、C++/CLI、VB.net 等）都可以编译为通用的 DLL 库。关于.Net 的详细讨论超出了本书的范围，这里不再详述。

接下来逐步讲解脚本的相关知识。

脚本文件通常在 Unity 编辑器中直接创建即可。通常可以在工程窗口的某个目录中操作，在右键菜单中选择 Create→C# Script 即可。

之后要为新建的文件指定名称，这个初始名称非常重要，但常常被初学者忽略而带来问题。

因为 Unity 规定脚本中的类名称必须与文件名完全一致，例如，如果脚本名称为 Player.cs，那么在脚本内容中就必须写着 class Player 大小写也要完全一致才可以，否则 Unity 就不允许将这个脚本挂载到游戏物体上。也就是说，如果修改了脚本文件名，那么类名称也要跟着改变。如图 2-20 所示。

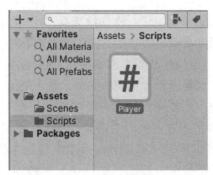

图 2-20　创建脚本

2.6.2　初识脚本

双击脚本文件，就会打开 Visual Studio 开发环境（在第 1 章安装 Unity 时安装的 Visual Studio 2019 社区版）。可以在 Edit→Preferences 中修改默认的脚本编辑器，但是建议使用 VS 开发环境。如图 2-21 所示。

图 2-21　脚本编辑器设置

新建的脚本内容如下：

```
using System.Collections;
using System.Collections.Generic;
using UnityEngine;

public class Player : MonoBehaviour
{
    // Start is called before the first frame update
    void Start()
    {

    }
    // Update is called once per frame
    void Update()
    {

    }
}
```

自定义的脚本组件会和 Unity 引擎进行密切地交互，Unity 规定脚本中必须包含一个类，且该类继承了 Unity 内置的 MonoBehaviour 类。只有符合这个规范的脚本才会被看作是一个组件，且可以被挂载到游戏物体上。当你挂载脚本到物体上时，实际上是创建了该脚本类的实例。此外，前面说过，脚本文件的名称也必须和类的名称一致，例如，对上面的脚本来说，文件名也必须是 Player.cs，这样的脚本才能成为合法的组件。

接下来是两个重点——脚本中定义的两个函数：Update 函数和 Start 函数。

Update 函数会在每一帧被调用，所以 Update 函数可以用来实现用户输入、角色移动和角色行动等功能，基本上大部分游戏逻辑都离不开 Update 函数。Unity 提供了非常多的基本方法来读取输入、查找某个游戏物体、查找组件、修改组件信息等，这些方法都可以在 Update 函数中使用，用来完成实际的游戏功能。

Start 函数在物体刚刚被创建时调用，也就是说，在第一个 Update 之前，只调用一次。Start 函数适合用来做一些初始化工作。

对有经验的程序编写者来说，要注意脚本组件通常不使用构造函数来做初始化，因为构造函数可控制性较差，会导致调用时机和预想的不一致。所以最好的方式是遵循 Unity 的设计惯例。

2.6.3 用脚本控制游戏物体

要让脚本被调用执行，就一定要将它挂载到物体上。要挂载脚本到某个物体上，只需要选中某个游戏物体，然后将脚本文件拖曳到检视窗口下方的空白区域即可。成功的话可以看到新添了一个名称和类名一致的组件，新组件和其他组件非常相似。

挂载好之后，单击运行游戏的按钮，游戏开始执行，脚本函数也会被调用。要检查脚本是否运行，可以修改 Start 函数如下：

```
void Start()
    {
        Debug.Log("I am Adam.");
    }
```

Debug.Log 是我们学的第一个简单命令，它的效果是打印一段信息到 Unity 的控制台窗口。如果在修改脚本后运行游戏，就可以在控制台窗口看到"I am Adam."的信息。如果找不到控制台窗口，可以通过主菜单的 Window→Console 选项打开控制台菜单。

2.6.4 变量与检视窗口

上面说到，自定义脚本就是定义了一种新的组件。内置的组件往往有很多参数可以调整，其实脚本也可以在编辑器中修改参数，关键是使用公共变量，如下面的脚本所示。

```
using System.Collections;
using System.Collections.Generic;
using UnityEngine;

public class Player : MonoBehaviour
{
    public string name;
```

```
    void Start()
    {
        Debug.Log("My name is "+name);
    }
    // Update is called once per frame
    void Update()
    {

    }
}
```

以上脚本定义了一个公共变量 name，于是在检视窗口的脚本组件上可以看到多了一个可编辑参数 Name，如图 2-22 所示。

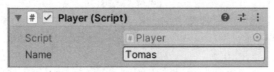

图 2-22　脚本参数

可以发现，从变量名称到参数名称有一种简单的转换规则。变量名称以小写字母开头，下个单词的开头字母要大写，在转换为参数时，Unity 会在两个单词之间加入空格，这样在编辑器中查看这个变量就非常清晰、标准了。给变量命名时务必要遵守这种规则，这样才能编写出好用易懂的脚本。

加入 name 变量以后，在编辑器中将 Name 修改为不同的值，就可以在游戏运行之后看到不同的打印信息，如图 2-23 所示。

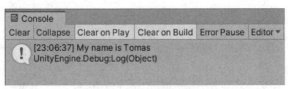

图 2-23　控制台信息

Unity 甚至可以让你在游戏运行过程中修改变量的值。这种方法对于调试参数、查看参数对游戏的影响非常有用，且不需要反复停止和启动游戏。但是和其他参数一样，游戏停止运行时参数都会回到开始运行之前的值。

2.6.5　通过组件控制游戏物体

虽然在检视窗口中可以随时修改组件的参数，但在脚本中修改组件的参数更为普遍。因为脚本可以自动化运行，所以可以实现持续地修改参数的值，比如，可以每帧都改变一点变换组件的坐标位置，这样就能让物体"连续"移动起来。

绝大部分组件参数都可以在脚本或编辑器中修改，例如，刚体的质量、渲染器的材质，包括组件的开启或关闭都可以被控制。通过巧妙设计逻辑条件，我们可以通过这些基本组件操作实现复杂的游戏机制。

最简单也最常用的一个情景是在脚本中访问同一个游戏物体上的某个组件。上面说过，游戏物体上挂载的组件就是一个组件实例（Component Instance）或者叫作组件对象（Component Object）。所以我们要做的就是获取另一个组件的实例。内置的 GetComponent 函数专门用来实现这个功能。通常把获得的组件保存到一个变量中，如下面代码所示。

```
void Start()
    {
        Rigidbody rb = GetComponent<Rigidbody>() ;
    }
```

这样 rb 就是该物体上的刚体组件的引用变量，只要是刚体组件支持的操作，都可以在脚本中任意使用。

```
void Start ()
{
Rigidbody rb = GetComponent<Rigidbody>();
//改变刚体的质量为 10 千克
rb.mass= 10f ;
}
```

另一个可用的操作是给刚体施加一个力，只需要调用 Rigidbody 的 AddForce 方法即可。

```
void Start()
{
Rigidbody rb = GetComponent<Rigidbody>();
//施加一个向上的力，大小为 10 牛顿
rb.Addforce(Vector3.up * 10f);
}
```

对于一个物体上能挂多少个脚本，并没有任何限制，只要有必要，可以挂上多个脚本分别完成一项功能。

注意： 脚本组件也是组件，所以也可以用 GetComponent 获得。要获得脚本组件，组件名就是脚本的类名，例如，对于脚本 Player.cs，类名为 Player，那么通过 Get Component<player>() 即可获得这个组件。

尝试获取一个不存在的组件，函数会返回 null（空引用），如果去操作，null 就会引发空指针异常。

2.6.6 访问其他游戏物体

在实际的游戏开发中，一个脚本不仅会对当前挂载的物体进行操作，还可能会引用其他物体例如，正在追逐玩家角色的敌人角色会一直保留着对玩家角色的引用，以便随时确定玩家角色的位置。访问其他游戏物体的方法非常多，使用非常灵活，可以根据不同的情况采用不同的方式。只要涉及编程，解决问题的方法就总是多样的。

1. 用变量引用游戏物体

Unity 中获得其他物体最简单、最直接的方式就是为脚本添加一个 public GameObject 变量，不需要设置初始值，代码如下。

```
public class Enemy: Monobehaviour
{
```

```
public GameObject player ;
    // ......
}
```

Player 变量会显示在检视窗口中，默认值为空，如图 2-24 所示。

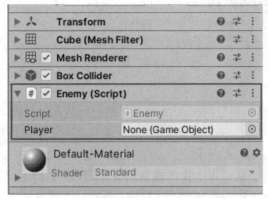

图 2-24　变量在脚本属性上的显示

现在将任何物体或预制体拖曳到 Player 变量的文本框中，就为 Player 变量赋予了初始值。
之后在脚本中就可以随意使用 Player 这个游戏物体，如下所示。

```
public class Enemy: Monobehaviour
{
public GameObject player ;

    void Start()
{
Tranform.position = player.transform.position – Vector3.forword *10f
    }

}
```

另外，上面说的引用其他物体时，变量类型不仅可以是 GameObject 或一个组件，也可以
将游戏物体拖到这个变量上，只要被拖曳的物体确实具有这个组件就可以。

Public Transform playerTransform ;

Unity 的组件机制用面向对象的方式理解会有一些困难，这里解释一下。简单地说，可以
用任何一个组件来指代游戏物体本身。这是因为组件实体具有"被游戏物体挂载"这样的性质，
所以通过一个游戏物体可以获得它上面的任何一个组件，通过任何一个组件也可以获得挂载该
组件的游戏物体。这个对应关系是明确的，因此上面的变量类型可以是组件类型，也可以将游
戏物体直接拖曳上去。

用变量将物体联系起来的做法非常有用，特别是这种联系是持续存在、不易变化的。还可
以用一个数组或者列表来保存多个游戏物体，别忘了在编辑器中为每个游戏物体都给定 Unity
支持直接查看和修改列表的类型，如图 2-25 所示。

如果被引用的物体是游戏运行时才动态添加的，或者被引用的物体会随着游戏进行而变
化，事先拖曳的方式就不可行了，需要动态指定物体，下面将详细说明。

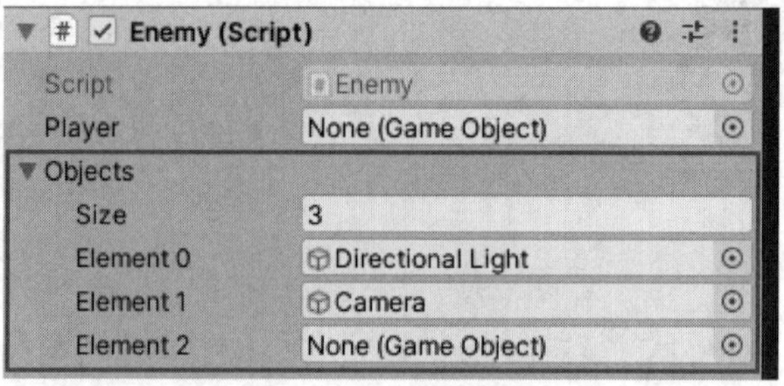

图 2-25　数组类型

2.　查找子物体

有时需要管理一系列同类型的游戏物体，例如一批敌人、一批寻路点、多个障碍物等。如这时候需要对这些物体进行统一的管理或操作，就需要在脚本中用数组或者容器来管理它们（比如用来指引角色移动的一批寻路点，就需要统一管理，按顺序指引角色行动）。使用前文所述的方法，可以一个一个地将每个物体拖动到检视窗口中，但是这样做不仅低效，而且容易误操作，物体增加、减少时还需要再次手动操作。所以，在这种情况下手动指定物体引用是不合适的，可以用查找子物体的方法来遍历所有子物体。在具体实现时，要用父物体的变换组件来查找子物体（物体的父子关系访问的属性都在变换组件中，而不在 GameObject 对象中）。以下是遍历所有物体的例子。

```
public class Waypointmanager: Monobehaviour
{
    Public Transform[] waypoints;
}
    void Start()
    {
        waypoints=new Transform[transform.childcount] ;
        int i =0 ;
        //用 foreach 循环访问所有子物体
        foreach(Transform t in transform){
        waypoints[i++] = t ;
        }
    }
}
```

同样可以使用 transform.Find 方法指定查找某一个子物体，代码如下。

```
transform.Find("Gun");
```

在实践中，这种管理子物体的方式非常有用。由于 Find 函数的效率不好估计，可能会遍历所有物体才能查找到指定物体，所以如果可以在 Start 函数中使用，就不要在 Update 函数中使用。毕竟 Start 函数只会被执行一次，而 Update 函数每帧都会执行。

3.　通过名称或标签查找物体

如果要查找的物体并非当前物体的子物体，那么也有办法在场景中查找某个特定的物体。查找物体当然需要特定的特征信息，如名称、标签等。使用 GameObject.Find 方法可以通过名称查找物体，代码如下。

```
GameObject player ;

void Start(){
    player = GameObject.Find("MainHeroCharacter");
}
```

如果要用标签查找物体，那么就要用到 GameObject.FindWithTag 或 GameObject.FindGameObjectsWithTag 方法，代码如下。

```
Gameobject player;
Gameobject[] enemies;

void Start(){
    player = GameObject.FindWithTag("Player");
    enemies = GameObject.FindGameObjectsWithTag("Enemy");
}
```

2.6.7 常用的事件函数

Unity 中的脚本组织不像传统的游戏循环，有一个持续进行的主循环并在循环体中处理游戏逻辑。相对地，Unity 会在特定的事件发生时，调用脚本中特定的函数，然后执行逻辑的任务就交给了该脚本函数，函数执行完毕后，执行的权力重新还给 Unity。这些特定的函数通常被称为事件函数，因为是在特定事件发生时由引擎层调用的。例如，我们已经看过的 Update 函数就是最常用的事件函数之一，它在每帧一开始渲染之前被调用；还有 Start 函数，它在某物体出现的第一帧之前被调用。另外还有更多的事件，每个事件都有特定的函数名称和参数。接下来介绍些比较常用的、比较重要的事件。

1. 基本更新事件

游戏的进行特别像动画片，是一帧一帧地进行，只不过对游戏来说未来的帧还没有画出来，需要在游戏进行的同时进行计算和准备。游戏中的一个基本概念是：在每一帧刚开始的时候（在渲染之前），对物体的位置、状态或行为进行计算，然后渲染（显示）出来。Update 函数就是最常用的用来完成这个功能的事件函数。Update 函数在每一帧刚刚开始时被调用。

```
void Update()
{
    float distance = speed * Time.deltaTime * Input.GetAxis("Horizontal");
    transform.Translate(Vector3.right * distance);
}
```

物理引擎也会按照物理帧更新，机制和 Update 函数类似，但是更新的时机完全不同。物理更新的事件函数叫作 FixedUpdate，它在每一次物理更新时被调用。要认识到，物理更新的频率和时机与 Update 函数是相对独立的。尽可能在 FixedUpdate 函数中进行物理相关的操作，在 Update 函数中进行其他操作，只有选择正确的函数才能让游戏效果尽可能准确。

```
void FixedUpdate()
{
    Vector3 force = transform.forward * dirveForce * Input.GetAxis("Vertical");
    rigidbody.AddForce(force);
}
```

有时，不仅需要在每帧之前操作物体，还可能需要在所有的 Update 函数执行完毕之后进行一些操作。我们有时需要获得物体在这一帧被执行以后的最新的位置。例如，摄像机需要追随物体的位置，那么就需要在物体移动之后再更新摄像机的位置；还有，当物体同时受脚本和动画影响时，我们需要在动画执行完毕后，再获得物体的位置。这时就要用到 LateUpdate 函数了，代码如下。

```
void LateUpdate()
{
    //在一帧的最后阶段，将摄像机转向玩家角色的位置。这样摄像机等的旋转会更流畅
    Camera.main.transform.LookAt(target.transform);
}
```

2. 初始化事件

在物体第一帧执行之前，我们往往需要做一些初始化工作。Start 函数会在第一次 Update 和 FixedUpdate 之前、物体被加载（或创建）出来时被调用。Awake 函数的调用时机会比 Start 函数更早，在场景加载时就会被调用。

注意：在 Start 函数被执行之前，所有物体的 Awake 函数都已经执行完毕了，所以在 Start 函数中可以进一步访问物体在 Awake 时被修改的属性，二者是按顺序执行的。

3. 时间和帧率

Update 函数可以用来侦测输入或者检查其他事件，并做出相应的行为。例如，如果用户按住上键则角色向前移动。在编写时间相关的操作（比如移动）时，有一个很重要的问题：帧率与速度控制。要知道，游戏的帧率（也是 Update 函数被执行的频率）并不是一个固定的值，两次 Update 函数被执行的间隔时间也不是一个固定的值。如果按照帧数来考虑物体的移动，一开始可能会给出如下代码。

```
using System.Collections;
using UnityEngine;

public class ExampleScript : MonoBehaviour
{
    public float distancPerFrame;
    void Update()
    {
        transform.Translate(0, 0, distancPerFrame);
    }
}
```

为什么帧率会不固定呢？主要是因为硬件负载的原因，引擎默认会按照每秒 60 帧运行游戏，但是当负载增大时，帧率可能会下降，无法达到 60 帧，这时可能就只有 30 帧，帧率降低了一半，每帧的时间增加了一倍。

如果每帧移动 0.01 米，帧率为 60 帧，那么每秒移动 0.6 米；如果帧率降低到 30 帧，每秒就只能移动 0.3 米，物体的运动由于帧率降低而变慢了。实践中一般不允许这种情况的发生，解决方案是将两帧之间的间隔 Time.deltaTime 考虑进去，代码如下。

```
using UnityEngine;

public class ExampleScript : MonoBehaviour
{
    public float distancePerSecond;
    void Update()
    {
        transform.Translate(0, 0, distancePerSecond * Time.deltaTime);
    }
}
```

注意：通过乘以 Time.deltaTime 的运算，物体的移动不再以"每帧距离"为准，而变成了"每秒距离"。物体移动的距离将根据每帧时间的长短而变化，从而在时间上看起来移动是匀速的。

4．物理更新间隔

与主更新函数 Update 不同，Unity 的物理系统必须以固定的时间间隔工作，因为只有固定的时间间隔才能保证物理模拟的准确性。就算当前负载很高、帧率很低，Unity 也会尽可能保证物理刷新的频率，因为如果物理刷新帧率无法保证，就可能出现不可预料的计算结果。在主菜单的工程选项的 TimeManager 中可以修改物理更新的时间间隔。在脚本中使用 Time.fixedDeltaTime 可以获得物理更新间隔。较小的物理更新间隔会带来更高的更新频率，更准确、更细腻的运算结果，但是也会极大地增加硬件负担。fixedDeltaTime 的默认值为 0.02，当对物理运算的准确性非常在意时，可以考虑适当减小这个值。

2.6.8　创建和销毁物体

除了个别游戏不会在运行中创建和销毁物体，大部分游戏都需要在游戏运行中实时生成角色宝物、子弹等物体，或者是删除它们。Unity 提供的 Instantiate 函数专门用来创建一个新的物体，但是要提供一个预制体或者已经存在的游戏物体作为模板，代码如下。

```
public GameObject enemy;

void Start()
{
    //以 enemy 为模板，生成 5 个新的敌人
    for(int i=0;i<5;i++)
    {
        Instantiate(enemy);
    }
}
```

可以用已经存在的物体作为模板，更常见的方式是使用预制体作为模板。比如开枪时会用一颗子弹的预制体来创建更多的子弹。创建的物体将会具有和原物体一样的组件、参数。

另外，可以用 Destroy 函数来销毁游戏物体或者组件，例如，下面的代码会在导弹产生碰撞时销毁该导弹，第二个参数 0.5f 表示在 0.5 秒之后才执行销毁动作。

```
void OnCollisionEnter(Collision otherObj)
{
    if(otherObj.gameObject.tag=="Missile")
    {
        Destory(gameObject, 0.5f);
    }
}
```

注意： 由于销毁游戏物体和销毁脚本都是使用 Destroy 函数，所以经常会出现误删除组件的情况，如以下代码。

```
Destory(this);
```

由于 this 指代的是当前这个脚本实例，所以 Destroy(this)会从物体上删除脚本组件，而不是销毁物体。

2.6.9 使游戏物体或组件无效化

游戏物体可以被标记为不激活状态，这样就相当于临时从场景中删除了。可以使用脚本让物体无效化，或者取消勾选检视窗口最上方的激活复选框，让物体无效化，如图 2-26 所示。

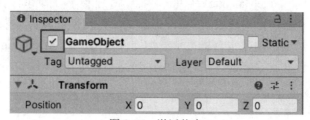

图 2-26　激活状态

与游戏物体一样，每个组件也有一个是否激活的开关。

当一个父物体被标记为不激活状态时，那么它会覆盖所有子物体的激活状态，这样以这个物体为基础的整个分支都会变成不激活状态。注意，这个时候子物体的激活选项并没有变化，只要父物体被激活，子物体也会立即被重新激活。所以，不能通过在脚本中直接读取相关属性来判断物体是否被激活。相应地，Unity 提供了 activeInHierarchy 属性来进行判断，这个属性考虑到了父物体的影响，代码如下。

```
if(gameObject.activeInHierarchy)
{
    //...
}
```

2.7　脚本组件的生命期

脚本不一定要继承 MonoBehavior，例如一个用于计算的 class、一个只是定义了简单的 struct 的脚本，都不需要继承 MonoBehavior。

但是如果脚本需要作为组件使用，能够被挂载到游戏物体上，且能够处理 Unity 的事件，那么这个脚本就必须继承 MonoBehavior，被 Unity 当作一个标准的组件对待。

MonoBehavior 有着严格的设计规则，它的事件触发具有明确的先后顺序，这个顺序和引擎的处理方式有关，Unity 官方资料明确解释了 MonoBehavior 生命周期，如图 2-27 所示。

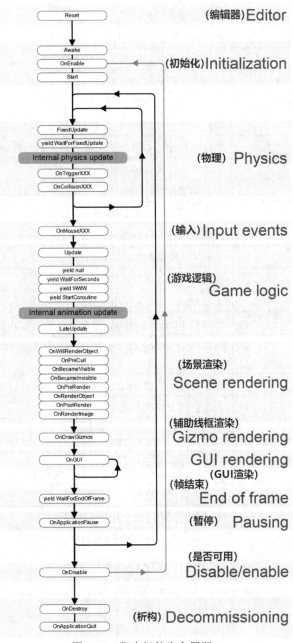

图 2-27　脚本组件生命周期

可以看到，除常见的 Start 和 Update 以外，还有众多事件可能会被用到，这里简单罗列一下，见表 2.2。

表 2.2　生命周期事件说明

事件	说明
Update	每一帧被调用，按帧执行的逻辑都放在这里
LateUpdate	每一帧游戏逻辑的最后，渲染之前被调用
FixedUpdate	固定更新，专门用于物理系统，因为物理更新的频率必须保证稳定性
Awake	当一个脚本实例被载入时调用
Start	在 Update 函数第一次被调用前调用
Reset	重置为默认值时调用（在 Unity 编辑器中才有这种情况）
OnMouseEnter	当鼠标光标进入 GUI 元素或碰撞体中时调用
OnMouseOver	当鼠标光标悬浮在 GUI 元素或碰撞体上时调用
OnMouseExit	当鼠标光标移出 GUI 元素或碰撞体上时调用
OnMouseDown	当鼠标光标在 GUI 元素或碰撞体上单击时调用
OnMouseUp	当用户释放鼠标按钮时调用
OnMouseUpAsButton	只有当鼠标光标在同一个 GUI 元素或碰撞体上按下并释放时调用
OnMouseDrag	当用户用鼠标拖曳 GUI 元素或碰撞体时调用
OnTriggerEnter	当碰撞体进入触发器时调用
OnTriggerExit	当碰撞体脱离触发器时调用
OnTriggerStay	当碰撞体接触触发器时，在每一帧被调用
OnCollisionEnter	当此 Collider/Rigidbody 触发另一个 Rigidbody/Collider 时被调用
OnCollisionExit	当此 Collider/Rigidbody 停止触发另一个 Rigidbody/Collider 时被调用
OnCollisionStay	当此 Collider/Rigidbody 触发另一个 Rigidbody/Collider 时，将会在每一帧被调用
OnControllerColliderHit	在移动时，当 Controller 碰撞到 Collider 时被调用
OnJointBreak	当附在同一对象上的关节被断开时被调用
OnParticleCollision	当粒子碰到 Collider 时被调用
OnBecameVisible	当 Renderer（渲染器）在任何摄像机上可见时调用
OnBecameInvisible	当 Renderer（渲染器）在任何摄像机上都不可见时调用
OnLevelWasLoaded	当一个新关卡被载入时被调用
OnEnable	当对象变为可用或激活状态时被调用
OnDisable	当对象变为不可用或非激活状态时被调用
OnDestroy	当 MonoBehavior 将被销毁时被调用
OnPrecull	在摄像机消隐场景之前被调用
OnPreRender	在摄像机渲染场景之前被调用
OnPostRender	在摄像机完成场景渲染之后被调用
OnRenderObject	在摄像机场景渲染完成后被调用
OnWillRenderObject	如果对象可见，每个摄像机都会调用它
OnGUI	渲染和处理 GUI 事件时调用，每帧调用一次

事件	说明
OnRenderImage	当完成所有渲染图片后被调用，用来渲染图片后期效果
OnDrawGizmosSelected	如果想在物体被选中时绘制辅助线框，执行这个函数
OnDrawGizmos	如果想绘制可被点选的辅助线框，执行这个函数
OnApplicationPause	当玩家暂停时发送给所有的游戏物体
OnApplicationFocus	当玩家获得或失去焦点时发送给所有的游戏物体
OnApplicationQuit	在应用退出之前发送所有的游戏物体
OnPlayerConnected	当一个新玩家成功连接时在服务器上被调用
OnServerInitialized	当 Network.InitializeServer 被调用并完成时，在服务器上调用这个函数
OnConnectedToServer	当成功连接到服务器时，在客户端调用
OnPlayerDisconnected	当一个玩家从服务器上断开时，在服务器端调用
OnDisconnectedFromServer	当失去连接或从服务器端断开时，在客户端调用
OnFailedToConnect	当一个连接因为某些原因失败时，在客户端调用
OnFailedToConnectToMasterServer	当连接到主服务器有问题时，在客户端或服务器端调用
OnMasterServerEvent	当报告事件来自主服务器时，在客户端或服务器端调用
OnNetworkInstantiate	当一个物体使用 Network.Instantiate 进行网络初始化时调用
OnSerializeNetworkView	在一个网络视图脚本中，用于同步自定义变量

2.8　标签

标签（Tag）是一个可以标记在游戏物体上的记号，它一般是一个简单的单词。比如，你可以为游戏人物添加一个 Player 标签，并为敌人角色添加一个 Enemy 标签，还可以为地图上的道具添加一个 Collectable 标签。

在脚本中查找和指定物体时，使用标签是一种非常好的方法。这种方法可以避免总是采用某个公开变量的方式来指定游戏物体，那样还需要通过拖曳的操作才能给变量赋初值。通过标签来查找物体可以简化编辑工作。

标签还特别适合用在处理碰撞的时候，当游戏人物与其他物体发生碰撞时，可以通过判断碰到的物体是敌人、道具还是其他东西，来进行下一步处理。

可以使用 GameObject.FindWithTag()方法通过标签来查找物体，下面的例子使用这个方法在找到了带有 Respawn 标签的物体后，它将事先准备好的预制体实例转化成一个新的物体，并将其放置在原来带有 Respawn 标签的物体的位置上。

```
using System.Collections;
using System.Collections.Generic;
using UnityEngine;

public class Example : MonoBehaviour
```

```
{
    public GameObject respawnPrefab;
    public GameObject respawn;
    void Start()
    {
        if(respawn == null)
        {
            respawn = GameObject.FindWithTag("Respawn");
        }
        Instantiate(respawnPrefab,respawn.transform.position,respawn.transform.rotation);
    }
}
```

2.8.1 为物体设置标签

检视窗口的上方显示了标签（Tag）和层级（Layer）的下拉菜单，如图 2-28 所示。

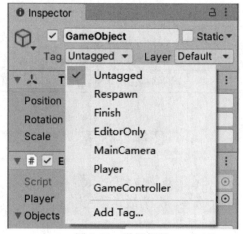

图 2-28 设置标签

在标签的下拉菜单中单击任意一个标签名称，就可以为物体指定该标签了。物体的默认标签为 Untagged，是"未指定标签"的意思。

2.8.2 创建新的标签

要创建一个新的标签，需要在标签下拉菜单中选择 Add Tag，之后检视窗口会切换到标签与层级管理器（Tags & Layers）。

注意：标签一旦创建就不可以再被修改，只能删除并重新创建。

层级与标签类似，都用来标记物体，但是层级有一些非常灵活的用途，比如层级可以用来定义游戏物体在场景中如何被渲染，以及限定哪些碰撞会发生，哪些碰撞会被忽略。之后我们会再次用到层级的概念。

提示：一个游戏物体只能被指定一个标签。

Unity 预置了一些常用的标签，在标签管理器中不能修改下面这些预置的标签。

（1）Untagged（没有标签）。

（2）Respawn（重生）。

（3）Finish（完成）。

（4）EditorOnly（编辑器专用）。

（5）MainCamera（主摄像机）。

（6）Player（玩家）。

（7）GameController（游戏控制器）。

可以用任意一个单词作为标签的名称，甚至可以用一个很长的词组作为名称，但是那样可能会不太方便，比如在界面中看不到完整的名字。

2.9　静态物体

如果引擎事先知道了某一个物体在游戏进行中是否会移动，那么就可以针对性地应用一些优化策略。如果一个物体是静态的，即不会移动的，那么引擎就可以假定它不会受到任何物体或者事件的影响，从而预先计算好物体的信息。比如说，渲染器可以将场景中许多静态物体合并为一个整体，这样就可以通过一次渲染就将它们全部处理完毕，这种做法也被称为批量渲染。

在检视窗口中，每个游戏物体名称的右侧都有一个静态（Static）复选框以及一个菜单，它用来指定物体是否是静态的，且可以进一步指定物体在某些子系统中是否是静态的，还可以独立地设置游戏物体在每个子系统中是否是静态的，这样就可以对物体进行非常细致的优化。静态标记菜单如图 2-29 所示。

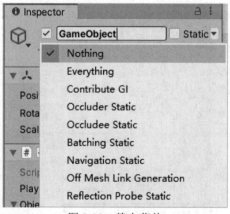

图 2-29　静态菜单

静态菜单中的 Everything 和 Nothing 选项分别用于同时启用或禁用物体在所有子系统中的静态特性以便优化。这些子系统包含如下内容。

● Occluder Static：根据物体在特定摄像机下的可见性，进行渲染优化。

● Batching Static：将多个物体合并为一个整体进行渲染。

- Navigation Static：在寻路系统中，将此物体作为静态的障碍物。
- Off Mesh Link Generation：寻路系统中的网格链接。
- Reflection Probe Static：反射探针优化。

某些子系统与内部渲染方式有较大关联，可以在相关文档中阅读它们的细节。

2.10 层级

层级（Layer）和游戏物体、标签一样，都是 Unity 最基本的概念之一。层级最有用、最常用的地方是用来让摄像机仅渲染场景中的一部分物体；还可以让灯光只照亮一部分物体。除此以外，层级还能用来在进行碰撞检测、射线检测时，只让某些物体发生碰撞，让另一些物体不发生碰撞。

2.10.1 新建层级

在为物体指定层级之前，我们先新建一个层级，会在检视窗口中打开层级和标签窗口。这步操作和之前介绍标签时的操作完全一样，不同的是，在学习标签时我们展开了标签菜单，这里我们要展开层级菜单。

如图 2-30 所示，将新的层级 User Layer 8 命名为 Player，就建立了一个新的 Player 层级，序号为 8。

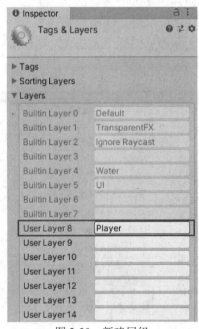

图 2-30　新建层级

2.10.2 为物体指定层级

我们已经新建了一个层级，现在将物体指定为这个层级。

如图 2-31 所示，只要选中物体，在检视窗口中单击 Layer 下拉菜单，并选择层级名称即可。

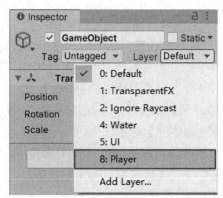

图 2-31　选取层级

层级配合摄像机的剔除遮罩（Culling Mask）使用，就可以有选择性地显示某些层级的物体而不渲染另一些层级的物体。要做到这一点，只需要在摄像机中选中需要渲染的层级即可。单击摄像机的剔除遮罩下拉菜单，打钩的层就是要显示的层。

注意：Unity 中有很多类似这样的下拉菜单，菜单的最上面两项是特殊的，当单击 Nothing 时，所有选项都会被取消勾选，表示全部不选；而单击 Everything 时，则所有选项都会被勾选。使用这两个快捷选项有助于快速选中必要的层。比如说，要仅选中 UI 层和 Player 层，就可以先选择 Nothing，然后再单独勾选 UI 层和 Player 层即可。

2.11　预制体

在场景中创建物体、添加组件并设置合适参数的操作一开始会令人觉得方便，但是当场景中用到大量同样的 NPC、障碍物或机关时，创建以及设置属性的操作就会带来巨大的麻烦。单纯复制这些物体看似可以解决问题，但是由于这些物体都是独立的，所以还是需要一个一个单独修改它们。通常，我们希望所有这些物体会引用某一个模板物体，这样只要修改了模板物体或其中一个物体的实例，就可以同时修改所有相关的物体。

所以，Unity 提供了预制体这个概念，专门用来实现这一重要功能。它允许事先保存一个游戏物体，包括该物体上挂载的组件与设置的参数。这样预制体就可以成为一个模板，可以用这个模板在场景中创建物体。一方面，对预制体文件的任何修改可以立即影响所有相关联的物体；另一方面，每个物体还可以重载（override）一些组件和参数，以实现与模板有所区别的设置。

注意：当拖曳一个资源文件（比如一个模型）到场景中时，Unity 会自动创建一个新的游戏物体，原始资源的修改也会影响到这些相关的游戏物体。这种物体看起来像是预制体，但是和预制体是完全不同的，所以不适用下面介绍的预制体的特性。这种"引用关系"仅仅是与预制体有相似之处。

2.11.1 使用预制体

创建预制体有两种常用方法：一种方法是在工程窗口中的某个文件夹内右击，选择 Create →Prefab 创建一个空白预制体，然后将场景中制作好的某个游戏物体拖曳到空白预制体上；另一种方法是直接将某个游戏物体从场景拖曳到文件夹中。在创建好预制体以后，将另一个游戏物体拖曳到预制体文件上，系统会提示是否替换预制体。

预制体是一个后缀为.prefab 的资源文件。在层级视图中，所有与预制体关联的游戏物体的名称，都会以蓝色显示（普通物体的名称是以黑色显示的）。

之前说过，一方面，修改预制体可以影响所有相关的物体，另一方面，物体又可以单独修改属性而不影响预制体。这个设计非常有用，在实际使用时，可以创建很多相似的 NPC 角色但是每个角色的参数又略有不同，以满足游戏丰富性的要求。为了更清楚地显示哪些参数和预制体一致，哪些参数是独特的，在检视窗口中，系统会将独特的参数以粗体显示，特别是当为物体加上一个新的组件时，整个新组件的文本都会以粗体显示，图 2-32 是某个关联了预制体的游戏物体的修改网格渲染器的产生阴影（Cast Shadows）选项。

图 2-32 预制体阴影选项

同样，可以在脚本中以预制体为模板创建游戏物体。

2.11.2 通过游戏物体实例修改预制体

与预制体关联的游戏物体，会在检视窗口的上方多出三个按钮：选择（Select）、回滚（Revert）与应用（Apply）。

"选择"按钮会选中与物体相关联的那个预制体，单击后，在工程窗口中会高亮显示该预制体，这有助于迅速找到相关的预制体。

"应用"按钮可以将本物体上修改的那些组件和参数写回到原始的预制体中（但是变换组件的位置信息不会写回预制体）。这个设计可以方便我们通过任何一个物体修改预制体，有时会非常方便，特别是在某些预制体只有一个实例的时候。

"回滚"按钮会将游戏物体修改过的组件和属性恢复到和预制体一致。这个功能用于试验性地修改某些参数以后，将物体恢复到原始状态。

读者应该已经对预制体的基本概念有了大体的掌握。预制体简单来说就是一个事先定义好的游戏物体，之后可以在游戏中反复使用。

在游戏运行时，通过脚本创建游戏物体非常方便，无论游戏物体多么复杂，操作都非常简单，后面我们会通过例子来说明具体的使用方法。

2.12　工程的保存

一个 Unity 工程所包含的全部信息是非常复杂的，并不是说资源本身的数量多，而是不同的数据需要完全不同的保存方式。当保存工程时，对不同变动的保存时机和保存方法不同。需要解释一下，在实践中注意这一点可以避免因操作不当而丢失数据。在实际开发中强烈建议使用版本控制工具（SVN、Git 等）来监视工程的逐步变化，也方便在出现问题时回滚工程，减小损失。

2.12.1　保存场景

保存场景时，会保存所有物体在层级窗口中的任何变化，不仅包括所有的添加、删除、移动物体操作，也包括场景中物体组件的增加、删除，还包括场景中物体组件的参数变化。不仅可以在主菜单中选择"保存"（Save），还可以使用 Ctrl+S 组合键（在 macOS 系统中是 Cmd+S 组合键）。如图 2-33 所示。

实际上，保存场景时还会另外执行保存工程的操作，这意味着当保存场景时，不仅保存了场景信息，绝大部分数据（包括工程）也被保存了。

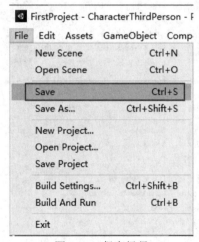

图 2-33　保存场景

2.12.2　保存工程

在 Unity 工程中，有很多数据是不针对具体场景的，可以称之为工程数据。理论上来说，这些数据与场景的保存是分离的，可以在菜单中选择"保存工程"（Save Project）命令单独保存工程数据，如图 2-34 所示。

图 2-34 保存工程

　　保存工程不会保存场景的改动，而只保存工程信息的改动。当我们在场景中做了一些测试，却不想保存这些场景，而是只保存工程的改动时，就要用到保存工程功能了。

　　保存工程包括以下内容。

1. 工程设置

　　图 2-35 是工程设置菜单项，其中包含的数据都是工程数据，如自定义的输入轴、添加的标签和层级、修改过的物理系统参数等都被包含在内。

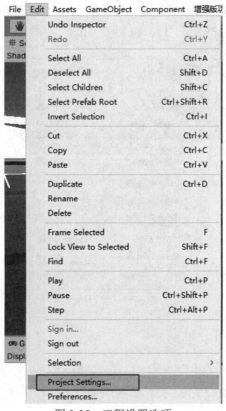

图 2-35 工程设置选项

对这些选项的修改会被保存在工程的 ProjectSettings 文件夹中。

- 输入（Input）：保存为 Inputmanager asset。
- 标签和层级（Tags and Layers）：保存为 TagManager.asset。
- 音频（Audio）：保存为 AudioManager.asset。
- 时间（Time）：保存为 TimeManager.asset。
- 播放器（Player）：保存为 ProjectSettings.asset。
- 物理（Physics）：保存为 DynamicsManager.asset。
- 2D 物理（Physics 2D）：保存为 Physics2DSettings.asset。
- 显示品质（Quality）：保存为 QualitySettings asset。
- 图形（Graphics）：保存为 GraphicsSettings.asset。
- 网络（Network）：保存为 NetworkManager.asset。
- 编辑器（Editor）：保存为 EditorSettings.asset。

2. 发布设置

发布设置（Build Setting）也会被保存在 Library 文件夹中，文件名为 EditorBuildSettings. Asset。Unity 2019 版会在发布设置窗口中自动连接服务器，如果未登录会出现警告框。

3. 资源的修改

在工程窗口中选中资源并修改它的设置时，某些资源不带有 Apply（应用）按钮，这些改动也被算作工程数据，和工程一起保存。例如以下资源：

- 材质（Material Parameter）。
- 预制体（Prefab）。
- 动画控制器（Animator Controllers）。
- 动画遮罩（Avatar Masks）。
- 其他所有不带 Apply 按钮的资源。

有一些改动是立即存盘的，也就不需要单独执行保存命令，它们包含以下操作。

（1）所有带有 Apply 按钮的资源。某些资源在修改参数时，在检视窗口中有一个 Apply 按钮，当你修改参数后，单击这个应用按钮，参数会立即生效并保存到磁盘中。这本质上是由于这种资源被修改后，需要被重新加载才会生效，所以必须立即存盘。这类资源很多，如以下内容：

- 贴图资源的参数。
- 3D 模型的导入参数。
- 声音文件的压缩参数。
- 其他所有带有 Apply 按钮的资源。

（2）其他会被立即存盘的改动。还有一些改动也不需要单独保存，如以下内容。

- 新建的资源文件，比如新建的材质或预制体。
- 光照（Lighting）烘焙（烘焙可以理解为运行前预先计算好）的数据。
- 寻路（Navigation）烘焙的数据。
- 烘焙的遮挡剔除（Occlusion Culling）的数据。
- 脚本等其他直接写入磁盘的数据。

2.13 输入

输入操作是游戏的基础操作之一。Unity 不仅支持绝大部分传统的操作方式，例如手柄、鼠标、键盘等，而且还支持触屏操作、重力传感器、手势等移动平台上的操作方式。此外，Unity 对新出现的 VR 和 AR 系统也有完善的支持，而且仍然在不断进步之中（实际上反过来说，一流的 VR、AR 设备都会对 Unity 很好地支持，因为这样才能方便开发者制作出大量优秀的作品）。

此外，Unity 还会利用手机或 PC 的麦克风、摄像头作为特殊的输入设备。

2.13.1 传统输入设备与虚拟输入轴

Unity 支持键盘、手柄、鼠标和摇杆等传统输入设备。

为了支持此类设备，Unity 设计了一些概念。第一个概念叫作虚拟控制轴（Virtual axes），虚拟控制轴将不同的输入设备，比如键盘或摇杆的按键，都归纳到一个统一的虚拟控制系统中，比如键盘的 W、S 键以及手柄摇杆的上下运动，默认都统一映射到竖直（Vertical）输入轴上，这样就屏蔽了不同设备之间的差异，让开发者可以用一套非常简单的输入逻辑，同时兼容多种输入设备。

再比如，鼠标左键和键盘的 Ctrl 键都默认映射到 Fire1 这个虚拟轴上，这样无论是用键盘还是用鼠标都可以实现开火操作了。而且所有这些设置都可以删除或者修改，也可以添加新的虚拟轴。

使用输入管理器（Input Manager）可以查看、修改或增删虚拟轴，而且操作方法非常容易掌握。

现代的游戏中往往允许玩家在游戏中自定义按键，所以使用 Unity 的输入管理器就更为必要了。通过使用虚拟轴间接操作，可以避免在代码中直接写死操作按钮，而且还能通过动态修改虚拟轴的设置来改变键位的功能。

关于虚拟输入轴，还有一些需要知道的内容。

（1）脚本可以直接通过虚拟轴的名称读取那个轴的输入状态。

（2）创建 Unity 工程时，默认创建了以下虚拟轴：

1）横向输入和纵向输入被映射在键盘的 W、A、S、D 键以及方向键上。

2）Fire1、Fire2、Fire3 这三个按钮映射到了鼠标的左、中、右键以及键盘的 Ctrl、Alt 等键位上。

3）鼠标移动可以模拟摇杆输入（和鼠标光标在屏幕上的位置无关），且被映射在专门的鼠标偏移轴上。

4）其他常用虚拟轴，例如跳跃（Jump）、确认（Submit）和取消（Cancel）。

1. 编辑和添加虚拟输入轴

要添加新的虚拟输入轴，只需要单击主菜单的 Edit→Project Settings→Input Manager，打开输入管理器，如图 2-36 所示，在里面就可以修改或添加虚拟轴了。

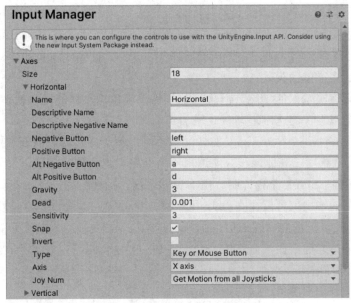

图 2-36　Input Manager 窗口

　　注意：虚拟轴具有正、负两个方向，英文记作 Positive 和 Negative 某些相反的动作可以只用一个轴来表示。比如，如果摇杆向上为正，那么向下就是同一个轴的负方向。

　　每个虚拟轴可以映射两个按键，第二个按键作为备用，功能一样。备用的英文为 Alternative。表 2.3 为 Input 的属性功能。

表 2.3　Input 属性功能

属性	功能
Name	轴的名字。在脚本中用这个名字来访问这个轴
Descriptive Name	描述性信息，在某些窗口中显示出来以方便查看（正方向）
Descriptive Negative Name	描述性信息，在某些窗口中显示出来以方便查看（负方向）
Negative Button	该轴的负方向，用于绑定某个按键
Positive Button	该轴的正方向，用于绑定某个按键
Alt Negative Button	该轴的负方向，用于绑定某个备用按键
Alt Positive Button	该轴的正方向，用于绑定某个备用按键
Gravity	当没有键按下时，回归 0 的速度
Dead	模拟死区大小，在此区间内会被忽略不计
Sensitivity	敏感度
Snap	保持式按键。比如按住下方向键，则一直保持下的状态，直到再次按上方向键
Invert	如果勾选，则交换正负方向
Type	控制该虚拟轴的类型，比如手柄、键盘是两种不同的类型
Axis	很多手柄的输入不是按钮式的，这时就不能配置到 Button 里面，而是要配置到这里。可以理解为实际的操作轴
Joy Num	当有多个控制器时，要填写控制器的编号

现代游戏的方向输入和早期游戏的方向输入不太一样。早期游戏中，上、中、下都是离散的状态，可以直接用 1、0、-1 来表示。而现代游戏输入往往具有中间状态，比如 0、0.35、0.5、0.7、1，是带有多级梯度的，比如轻推摇杆代表走路，推到底就是跑步。所以现代游戏的输入默认都是采用多梯度的模式。

虽然键盘没有多级输入的功能，但 Unity 依然会模拟这个功能，也就是说当你按住 w 键时，这个轴的值会以很快的速度逐渐从 0 增加到 1。

所以，上表中 Gravity、Sensitivity 的含义就不难理解了，它们影响着虚拟轴从 1 到 0、从 0 到 1 的速度以及敏感度。具体调试方法这里不再介绍，建议使用默认值。

还有 Dead（死区）需要单独说明。由于实体手柄、摇杆会有一些误差，比如，手柄放着不动时，某些手柄的输出值可能会在-0.05 和 0.08 之间浮动。这个误差有必要在程序中排除。所以 Unity 设计了死区的功能，在该值范围内的抖动被忽略为 0，这样就可以过滤掉输入设备的误差。此外，鼠标光标放在这些属性上会有详细的提示，供开发者参考。

2. 在脚本中处理输入

读取输入轴的方法很简单，代码如下。

```
float value Input.GetAxis("Horizontal");
```

得到的值的范围为-1~1，默认位置为 0。这个读取虚拟轴的方法与具体控制器是键盘还是手柄无关。另外也有一些特例，比如，如果用鼠标控制虚拟轴，就有可能由于移动过快导致值超出-1~1 的范围。

注意：可以创建多个相同名字的虚拟轴。Unity 可以同时管理多个同名的轴，最终结果以变化最大的轴为准。这样做的原因是很多游戏可以同时用多种设备进行操作，比如 PC 游戏可以用键盘、鼠标或手柄进行操作，手机游戏可以用重力感应器或手柄进行操作。这种设计有助于用户在多种操作设备之间切换，且在脚本中不用去关心这一点。

3. 按键名称

要映射按键到轴上，需要在正方向输入框或者负方向输入框中输入正确的按键名称。

按键名称的规则和例子如下。

（1）常规按键：A、B、C

（2）数字键：1、2、3

（3）方向键：Up、Down、Left、Right

（4）小键盘键：[1]、[2]、[3]、[+]、[equals]……

（5）修饰键：Right+Shift、Left+Shift、Right+Ctrl、Left+Ctrl、Right+Alt、Left+Alt、Right+Cmd、Left+Cmd……

（6）鼠标按钮：mouse0、mouse1、mouse2……

（7）手柄按钮（不指定具体的手柄序号）：joystick button 0、joystick button 1、joystick button 2……

（8）手柄按钮（指定具体的手柄序号）：joystick 1 button 0、joystick 1 button 1、joystick 2 button 0……

（9）特殊键：Backspace、Tab、Return、Escape、Space、Delete、Enter、Insert、Home、End、Page Up、Page Down……

（10）功能键：F1、F2、F3……

注意：在脚本中和编辑器中使用的按键名称是一致的，如下面的语句。

value= Input.GetKey("a");

另外，可以使用 KeyCode 枚举类型来指定按键，这与用字符串的效果是一样的。

2.13.2 移动设备的输入

对于移动设备来说，Input 类还提供了触屏、加速度计以及访问地理位置的功能。

此外，移动设备上还经常会用到虚拟键盘，即在屏幕上操作的键盘，Unity 中也有相应的访问方法。本小节讨论移动设备特有的输入方式。

1. 多点触摸

iPhone、iPad 等设备提供同时捕捉多个手指触摸操作的功能，通常可以处理最多 5 根手指同时触摸屏幕的情况。通过访问 Input.touches 属性，可以以数组的方式处理多个手指当前的位置等信息。

安卓设备上多点触摸的规范相对灵活，不同的设备能捕捉的多点触摸操作的数量不尽相同。较老的设备可能只支持 1 到 2 个点同时触摸的操作，新的设备可能会支持 5 个点同时触摸的操作。

每一个手指的触摸信息以 Input.Touch 结构体来表示，见表 2.4。

表 2.4 属性功能表

属性	功能
fingerId	该触摸的序号
position	触摸在屏幕上的位置
deltaPosition	当前触摸位置和前一个触摸位置的差距
deltaTime	最近两次改变触摸位置之间的操作时间的间隔
tapCount	iPhone/ipad 设备会记录用户短时间内单击屏幕的次数，它表示用户多次单击操作且没有将手拿开的次数。安卓设备没有这个功能，该值保持为 1
phase	触摸的阶段。可以用它来判断是刚开始触摸、触摸时移动，还是手指刚刚离开屏幕

phase 的取值可以为下列值之一，见表 2.5。

表 2.5 phase 取值类型及功能

取值类型	功能
Began	手指刚接触到屏幕
Moved	手指接触到屏幕并在屏幕上滑动
Stationary	手指接触到屏幕但还未滑动
Ended	手指离开了屏幕。这个状态代表着一次触摸操作的结束
Canceled	系统取消了这次触屏操作。例如当用户拿起手机进行通话，或者触摸点多于 5 个的时候，这次触摸操作就会被取消。这个状态也代表这次触摸操作结束

2. 模拟鼠标操作

绝大部分移动设备可以用触屏模拟鼠标操作，比如使用 Input.mousePosition 属性不仅可以获得鼠标光标的位置，也可以获得移动设备上触摸的位置。这个功能的原理不难理解，毕竟触屏可以支持多点触摸，而鼠标则是单点操作，这个功能属于向下兼容。在移动平台游戏的开发阶段可以暂时用鼠标操作代替触屏操作，但是稍后应当修改为触屏专用的方式，因为操作手感和功能会有很大区别。比如在某游戏中，左手要操作虚拟摇杆，右手要同时释放技能。这时使用模拟鼠标的方式就不可能做到在移动的同时释放技能。

3. 加速度计

当移动设备移动时，内置的加速度计会持续报告当前加速度的值，这个值是一个三维向量，因为物体的运动是任意方向的。这个数值和重力加速度的表示方法类似，在某个轴方向上，1.0 代表该轴具有+1.0g 的加速度，而负值则代表该轴具有相反方向的加速度。在正常竖直持手机（Home 键在下方）时，X 轴的正方向朝右，轴的正方向朝上，Z 轴的正方向从手机指向用户。

通过 Input.acceleration 属性可以直接访问加速度计当前的数值。

下面是一个尽可能简单的、用加速度计控制物体移动的例子。代码如下：

```
using UnityEngine;

public class AccelerationControl : MonoBehaviour
{
    //用加速度传感器控制物体移动的简单例子
    float speed = 10.0f;
    // Update is called once per frame
    void Update()
    {
        Vector3 dir = Vector3.zero;
        // 假设设备横置，Home 键在右手的位置
        // 注意转换坐标轴朝向
        dir.x = -Input.acceleration.y;
        dir.z = Input.acceleration.x;
        //将 dir 向量的范围限制在单位球体内
    if(dir.sqrMagnitude> 1)
        {
            dir.Normalize();
            //常用方法，按帧计算
            dir *= Time.deltaTime;
            //移动物体
            transform.Translate(dir * speed);
        }
    }
}
```

4. 防止加速度计抖动的方法

加速度计的瞬间数值的抖动非常严重，这会引起不太好的操作体验。接下来介绍一种低通滤波的方法，过滤掉高频数据（可以被认为是快速抖动的部分），来让加速度计的数值变化

尽可能平滑。

下面的脚本是一个尽可能简单的演示低通滤波的例子。

```
public class LowPassFilterAccelerometValue: MonoBehaviour
{
    float AccelerometerUpdateInterval = 1.0f/60.0f;
    float LowPassKernelwidthInSeconds = 1.0f;
    float LowPassFilterFactor;
    private Vector3 lowPassValue = Vector3.zero;
    void start()
    {
    lowPassValue = Input.acceleration;
    LowPassFilterFactor=AccelerometerUpdateInterval / LowPassKernelwidthInSeconds;
    }
    Vector3 LowPassFilterAccelerometer()
    {
        lowPassValue = Vector3.Lerp(lowPassValue, Input.acceleration, LowPassFilterFactor);
        return lowPassValue;
    }
}
```

每次调用 LowPassFilterAccelerometer 方法时，都可以获得当前被处理过的加速度计的值。

5. 进一步提高加速度计的准确度

从 Input. acceleration 属性获取的数值并不完全等于硬件采样的数值。简单来说，由于 Unity 默认每 60 帧采样一次加速度计的值，而这个频率和加速度计更新的频率不完全匹配，这会导致最终结果存在偏差。而加速度计更新的频率又很复杂，它不是一个确定的频率，而是和 CPU 当前负载相关。

以下代码考虑了加速度计更新的时间间隔，可以获得尽可能准确的频率数值。

```
float period = 0.0f;
Vector3 acc = Vector3.zero;
foreach (iPhoneAccelerationEvent evt in iPhoneInput.accelerationEvents)
{
   acc += evt.acceleration * evt.deltaTime
        period += evnt.deltaTime;
   }
```

有关加速度计更多的优化方法可以参考其他更详细的文档。

2.13.3 VR 输入概览

Unity 支持多种 VR 设备的专用输入设备。不同的 VR 设备具有不同的开发插件，例如：

（1）Oculus OVR，支持 Rift，Oculus Go 以及 Samsung Gear VR。

（2）Google VR，支持 Google Daydream 与 Cardboard 应用。

（3）Windows Mixed Reality（Windows 混合现实），支持微软的混合现实技术。

（4）SteamVR，同时支持多种 VR 设备的开发套件，支持的设备中包含 HTC Vive。

2.14　方向与旋转的表示方法

3D 空间中的旋转通常有两种表示方法：四元数和欧拉角，这二者各有利弊。Unity 在引擎内部使用四元数表示旋转，但是在检视窗口中以欧拉角来表示物体的旋转角度，欧拉角的表示方法便于查看和编辑。

2.14.1　欧拉角

用欧拉角表示旋转比较简单和直观，它具有三个值，分别是绕 X 轴、Y 轴、Z 轴旋转的角度。要将一个物体按照某个欧拉角旋转，需要按照某种顺序依次绕三个轴旋转。

优点：

（1）便于阅读和编辑，因为三个数值与直观角度相对应。

（2）欧拉角可以方便地表示超过 180°的转向。

缺点：用欧拉角表示旋转，会遇到万向节锁定问题（Gimbal Lock），下面进行详细解释。

1．万向节锁定

用欧拉角表示物体旋转，可以完全对应现实世界的"陀螺仪"。其中，最外层的圈控制物体绕 Y 轴旋转，而中层圈固定在外层圈上，内层圈又固定在中层圈上，物体最终固定在内层圈上，层层嵌套，如图 2-37 所示。

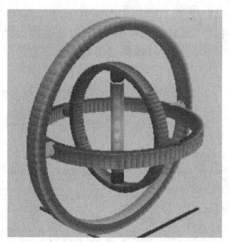

图 2-37　陀螺仪

当旋转最外层圈时，所有的三个圈以及物体全部都会跟着旋转。

当旋转中层圈时，外层圈不动，内层圈和物体跟着旋转。

当旋转内层圈时，只有物体和内层圈旋转。

简单来说，主要问题发生在中层圈旋转 90°的时候。

如图 2-38 所示，当中层圈旋转 90°时，内层圈与中层圈重合了。这时候再旋转外层圈或内层圈，会发现外层圈和内层圈控制的方向是相同或相反的（内层圈和外层圈都在控制同一个轴的旋转），也就是说，内外两个轴不再能独立控制物体的旋转。

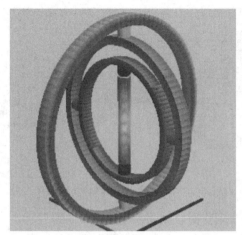

图 2-38　内中层重合

2．Unity 中的万向节锁定

Unity 中欧拉角的设置和图 2-37 类似，X 轴、Y 轴、Z 轴也存在顺序性。其中，Y 轴是外层轴，X 轴是中层轴，Z 轴是内层轴。

在 Unity 中，随意创建一个容易看清方向的物体。先将该物体的 X 轴旋转改为 90°，旋转就进入了万向节锁定状态。这时在检视窗口中直接修改 Y 轴和 Z 轴的数值，会发现无论修改 Y 轴的值还是 Z 轴的值，旋转都是沿同一个轴进行的。

在场景中使用旋转工具就不会发生上述问题，因为 Unity 内部是使用四元数系统的，旋转工具不会产生万向节锁定问题。

2.14.2　四元数

四元数可以用来表示物体的旋转和朝向。四元数内部包含了四个数字（通常用 x、y、z、w 来表示），但是，这四个数字并不代表直观上旋转的角度，我们在使用时也不应该直接读取或单独修改 x、y、z、w 的值。四元数有着完整的数学定义，我们用它来表示三维空间中的旋转和朝向时，只需要了解相应的使用方法即可。

我们知道，向量可以用来表示位置和位移，四元数同样也能用来表示朝向和旋转（朝向的变化）。位置的零点是坐标轴原点，四元数的原点记作 Identity。

优点：不存在万向节锁定问题。

缺点：

（1）一个四元数无法表示超过 180°的旋转。

（2）四元数的数值无法直观理解。

在 Unity 中，所有物体的旋转和朝向，在引擎内部都是以四元数表示的，因为相对来说，四元数的优点更为重要。

在检视窗口中，我们还是以欧拉角表示物体的旋转，因为它更容易理解和编辑。但是这个欧拉角在引擎内部还是会转换为四元数进行保存，如图 2-39 所示。

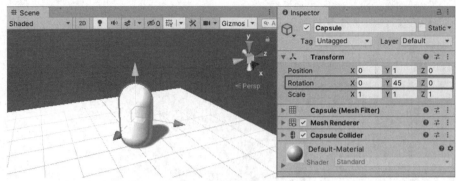

图 2-39　给定欧拉角

Unity 的这种设计有一个副作用，如果在检视窗口中输入一个大于 180°的旋转值，例如，将某个物体的旋转值设置为（0,365,0），这时运行游戏，这个值会自动变成（0,5,0），这是因为四元数无法表示一个"先转 360°，再转 5°"的朝向，而是会简单地表示 5°这个结果。

2.14.3　直接使用四元数

在脚本中使用四元数时，应当使用 Quaternion 以及它提供的众多方法来创建和修改四元数。某些方法会使用欧拉角作为参数（欧拉角通常用 Vector3 表示），但是，在程序中应当尽可能以四元数来记录和运算旋转相关的信息，这可以最大程度地避免使用欧拉角带来的问题。可以通过 Quaternion. Euler 方法将欧拉角转换为四元数。

Quaternion 类包含许多方法，这些方法可以实现创建四元数、运算四元数、转换四元数等功能。下面列举了一些。

创建四元数的方法：

- Quaternion.LookRotation
- Quaternion.Angle
- Quaternion.AngleAxis
- Quaternion.FromToRotation

其他相关方法：

- Quaternion.Slerp
- Quaternion.Inverse
- Quaternion. RotateTowards
- Transform. Rotate

当使用欧拉角比较方便时，也可以在局部使用欧拉角。但是要避免将代表一个物体朝向的四元数转换为欧拉角并修改后再转换回去，这种不必要的操作会带来各种问题。下面是最常见的使用欧拉角的例子：将一个物体绕 Y 轴转 30°。

```
transform. Rotate(0,30,0);
```

下面展示一些错误的例子。当脚本的目的是让物体沿 X 轴每秒转 10°时，我们来看看常见的错误写法。

```
//常见的错误写法 1：不应当直接修改四元数的值，rot.x 的值并不是绕 x 轴旋转的角度
void Update ()
```

```
{
    var rot= transform. rotation;
    rot.x + = Time. deltaTime *10;
    transform. rotation = rot;
}
//常见的错误写法 2：将朝向转换为欧拉角，修改后再转换回去
//将四元数转换为欧拉角时，并不像直观看上去那么简单。差异不大的朝向，所转换出的欧拉角可能
会有很大的差异。且会在转换中遇到万向节锁定的问题
void Update()
{
    var angles = transform.rotation.eulerAngles;
    angles.x += Time.deltaTime * 10;
    transform.rotation = Quaternion.Euler(angles);
}
```

下面给出一个相对正确的写法。

```
//以下代码可以避免读取当前四元数的值，直接通过连续指定最终角度来让物体旋转
float x;
void Update(){
    x += Time.deltaTime * 10;
    transform.rotation = Quaternion.Euler(x,0,0);
}
```

2.14.4   在动画中表示旋转

在 Unity 的动画窗口中，允许你使用欧拉角来制作旋转动画。

如果将动画的旋转用欧拉角表示的话，将很容易表示超出 180°的旋转。例如，假设一个物体原地旋转 720°，用欧拉角表示就是（0,720,0），用四元数表示将会非常困难。

1. 动画窗口中的操作

Unity 的动画窗口提供了一个选项，用户可以在四元数或者欧拉角之间进行切换。使用四元数或者欧拉角描述动画有非常大的差异。使用欧拉角描述时，表示要完全按照指定的角度来进行旋转；而使用四元数描述时，则表示只关心最终旋转到的角度，物质在旋转的过程中是按照最短路径来运动的。

在后面的动画相关章节会详细讨论动画窗口中的相关操作。

2. 外部的动画资源

当从外部资源导入做好的动画时，这些动画通常都带有用欧拉角表示的旋转关键帧。Unity 默认会重新计算这个动画，并在必要时插入一些新的以四元数表示的关键帧，以尽量防止出现超出四元数可以表示的旋转范围的情况。

例如，考虑这样一个动画：首尾是两个关键帧，中间间隔 6 帧。首帧指定旋转角度为 0°，尾帧指定旋转角度为 270°。如果直接导入这样一个动画而不做处理，那么结果就是反向旋转 90°，因为反向旋转 90°才是最近的一个旋转路线。动画系统为了避免这个问题，会自动添加很多关键帧，以保证动画能按照最初的设计，正向旋转 270°。

当 Unity 自动调整导入的动画时，可能会出现一些精度方面的问题。所以 Unity 提供了关闭自动调整的方法。这样就可以继续用欧拉角表示原始的动画了。

2.15　灯光

灯光奠定了一个场景的基调。在游戏中，模型和贴图定义了场景的骨架和外表，灯光则定义了场景的色调和情感。很多时候我们会用到多个灯光，同时调节多个灯光以让它们协同工作需要反复练习和尝试，但是最终可以得到一个非常棒的效果。图 2-40 是用侧光源表现出来的场景。

图 2-40　侧光场景

添加灯光的方法和创建方块的方法类似，在层级窗口中添加 Light→Directional Light 即可，灯光也分很多类型，Directional Light 是方向光源，最适合作为室外场景的整体光源。灯光本质上是一个组件，所以对灯光进行移动、旋转等操作的方法和对其他物体进行相应的操作并没有区别，甚至还可以把灯光组件直接添加到游戏物体上，灯光组件位于 Rendering 分类中。

图 2-41 所示为灯光组件的设置参数。

图 2-41　Light 参数

只要稍微改动灯光的颜色，就可以得到完全不同的场景氛围。偏黄、红色的光源使场景显得温暖，暗绿色的光源则使场景显得潮湿、阴暗。

2.15.1　渲染路径

Unity 支持不同的渲染路径。不同的渲染路径影响的主要是光照和阴影，选择哪种渲染路径主要取决于所要做的游戏本身的需求，选择合适的渲染路径有助于提高游戏的性能。

2.15.2　灯光的种类

Unity 中有各种类型的灯光，在合适的地方使用合适的灯光，再配合阴影效果，可以极大提升游戏的表现力。

1．点光源

点光源是指空间中的一个点向每个方向都发射同样强度的光。在只有一个点光源的场景中，直接照射某个物体的一条光线，一定是从点光源中心发射到被照射位置的。光线的强度会随距离的增加而减弱，到了某个距离就会减小为 0。光照强度与距离的平方成反比，这被称为"平方反比定律"，其与真实世界中的光照规律相吻合。

点光源非常适合用来模拟场景中的灯泡或蜡烛等具有特定位置的光源，而且还能用于模拟枪械发射时照亮的效果。一般开枪时枪口闪光的效果是用粒子实现的，但是枪口的火焰会在瞬间照亮周围的环境，这时就可以用一个短时间出现的点光源来模拟这个效果，以使得开枪的效果更逼真。图 2-42 是点光源用在场景中的效果。

图 2-42　点光源

2．探照灯

探照灯可以类比为点光源，它也具有位置固定、强度随着距离增大而逐渐减弱的特点。最主要的区别是，探照灯的发射角度是被限制在一个固定的角度内的，最终形成了一个锥形（蛋筒状）的照射区域，锥形的开口默认指向该光源所在游戏物体的 Z 轴方向（前方）。

探照灯发射的光线会在锥形侧边缘处截止。扩大发射角度可以增大锥形的范围，但是会影响光线的汇聚效果，这和现实中的探照灯或手电筒的光线特征是一致的。

探照灯通常用来表现一些特定的人造光源，例如手电筒、汽车大灯或者直升机上的探照灯。在脚本中控制物体的旋转，就可以控制探照灯的方向。试想：在一个黑暗的环境中，有一只探照灯一边左右查看一边慢慢前进。这样就可以营造出一种引人入胜的效果，或是一种恐怖的感觉。图 2-43 是探照灯在场景中的效果。

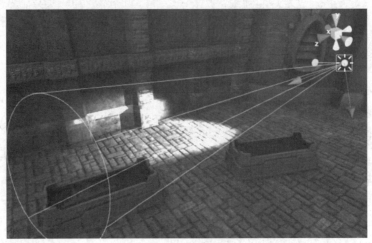

图 2-43　探照灯

3. 方向光

方向光非常常用，默认的场景中就有一个方向光。绝大多数场景都需要阳光来提供基本的照明，就算是夜晚的场景也需要一个类似月光的照明效果。和现实中的太阳光非常相似，方向光并没有发射源位置，也就是说在场景中，方向光所在的位置并不会对效果产生任何影响。所以，方向光可以放在任何位置，但是它的旋转角度非常重要。对方向光来说，所有的物体都会被同一方向的光照射到，光照的强度不会减弱，且与距离完全无关。

由于太阳离我们非常遥远，所以太阳照到地面上的光线可以被认为是平行的，这就是方向光模拟太阳光的原理。

可以认为，方向光代表着遥远而又巨大的光源对当前场景的影响，这个光源非常遥远以至于可以认为它在游戏世界之外，就像太阳和月亮。在游戏世界中，使用方向光可以带来非常有说服力的阴影效果，虽然没有指定光线具体从哪里来，但效果看起来和现实世界非常符合。每个新建的场景默认都有一个方向光。在 Unity 5.0 之后的版本中，这个默认的方向光会和天空盒有关联，相关设置在全局灯光窗口中（Lighting→Scene→Skybox）。天空盒的颜色以及默认的太阳贴图的位置都会和方向光绑定，实现非常逼真的场景。这些设置（包括太阳的素材、绑定的光源、天空盒）都是可以修改的。

通过倾斜方向光源，可以让方向光接近平行于地面，营造出一种日出或日落的效果。如果让方向光向斜上方照射，不仅整体环境会暗下来，天空盒也会暗下来，就和晚上一样。而当方向光向下照射时，天空盒也会变得明亮，就像又回到了白天。通过修改天空盒的设置，或者方向光的颜色，可以给整体环境笼罩上不同的色彩。

4. 区域光源

区域光源在空间中是一个矩形。光线从矩形的表面均匀地向四周发射，但是光线只会来自矩形的一面，而不会出现在另一面。区域光源不提供设置光照范围的选项，但是因为光线强度是受平方反比定律约束的，最终光照范围还是会被光照强度所控制。由于区域光源所带来的计算量比较大，引擎不允许实时计算区域光源，只允许将区域光源烘焙到光照贴图中。和点光源不同，区域光源会从一个面发射光线到物体上，也就是说照射到物体的光线同时来自许许多多不同的点、不同的方向，所以得到的光照效果会非常柔和。用区域光源可以营造出一条非常漂亮的充满灯光的街道，或是以柔和的光线照亮的游戏世界。使用一个较小的区域光，可以用来照亮一个较小的区域（例如一个房间），但是得到的效果比使用点光源得到的效果更接近真实世界的效果。

5. 发光材质

与区域光源类似，发光材质也可以从物体的表面发射出光线。它们会发射出散射式的光线到场景中，引起场景中其他物体的颜色和亮度发生变化。前面说到区域光照不支持实时渲染，相对地，发光材质支持实时计算。

在默认的着色器中，有一项 Emission 可以用来设置发光材质。此项默认不勾选，也就是该材质不会发光。勾选此项后，就可以指定发光的贴图、光的颜色、发光强度等内容。

注意：这种方式发射的光线只会影响场景中的静态物体。

6. 环境光

环境光是一种特殊的光源，它会对整个场景提供照明，但这个光照不来自于任何一个具体的光源。它为整个场景增加基础的亮度，影响整体的效果。在很多情况下环境光都是必要的，一个典型的例子是明亮的卡通风格的场景，这种场景要避免浓重的阴影，甚至很多影子也是手绘到场景中的，所以用环境光来代替普通的灯光会更合适。当我们需要整体提高场景的亮度（包括阴影处的亮度）时，也可以用环境光来实现。

和其他类型的灯光不同，环境光不属于组件。它可以在光照窗口的 Scene→Environment Lighting（主菜单栏 Window→Rendering→Lighting Settings）一栏中进行调节。图 2-44 是光照窗口。默认环境光是以天空盒作为基础，并可以在此基础上调节亮度。

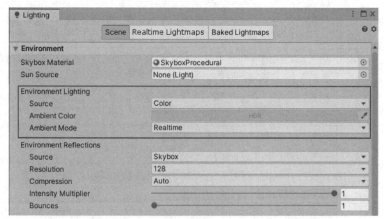

图 2-44　设置环境光

2.15.3　灯光设置

灯光决定了物体的着色效果，以及物体的阴影效果。因此，灯光和摄像机一样都是图像渲染中非常基础的部分。

1. 属性

灯光设置属性见表 2.6。

表 2.6　灯光属性功能

属性	功能
Type	灯光类型，类型有方向光、点光源、探照灯和区域光源
Range	指定光线照射的最远距离。只有某些光源有这个属性
Spot Angle	探照灯光源的照射角度
Color	指定光的基本颜色
Mode	灯光的渲染模式。有 Realtime、Mixed 和 Baked 三种选项，分别是实时光照、混合光照和预先烘焙
Intensity	调节光照的强度
Indirect Multiplier	反射系数。反射（间接光照）就是从物体表面反射的光线，反射系数会影响反射光衰减的比例，一般这个值小于 1，代表随着反射次数的增加，光线强度越来越低。但也可以取大于 1 的值，让每次反射光线都会变强，这种方法用于一些特殊的情况。例如需要看清阴影处的细节的时候。也可以将此值设置为 0，即只有直射光没有反射光，用来表现非常特殊的环境（例如恐怖的氛围）
Shadow Type	设置光线产生硬的阴影（Hard Shadows）、软的阴影（Soft Shadows）或是没有阴影（No Shadows）
Baked Shadow Angle	当对向光源选择产生软的阴影时，这个选项用来柔化阴影的边界以获得更自然的效果
Baked Shadow Radius	当对点光源或探照灯光源选择产生软的阴影时，这个选项用来柔化阴影的边界以获得更自然的效果
Realtime Shadows	当选择产生硬的阴影或软的阴影时，这一项的几个属性用来控制实时阴影的效果
Strength	用滑动条控制阴影的黑暗程度，取值范围为 0-1，默认为 1
Resolution	控制阴影的解析度，较高的解析度让阴影边缘更准确。但是需要消耗更多的 CPU 和内存资源
Bias	用滑动条来调整阴影离开物体的偏移量，取值范围为 0-2，默认值为 0.05。这个选项常用来避免错误的自阴影问题
Normal Bias	用滑动条来让产生阴影的表面沿法线方向收缩。取值范围为 0-3，这个选项也用来避免错误的自阴影问题
Near Plane	这个选项用来调节最近产生的阴影的平面，取值范围为 0.1-10，它的值和灯光的距离相关，是一个比例。默认值为 0.2
Cookie	指定一张贴图，来模拟灯光投射过网格状物体的效果（例如灯光投射过格子状的窗户以后，呈现出窗格的阴影）
Draw Halo	灯光光晕，由于灯光附近灰尘、气体的影响而让光源附近出现团状区域 Unity 还提供了专门的光晕组件，可以和灯光的光晕同时使用
Flare	和灯光光晕不同，镜头光晕是模拟摄像机镜头内光线反射而出现的效果。在这个选项中可以指定镜头光晕的贴图
Render Mode	使用下拉菜单设置灯光渲染的优先级，这会影响到灯光的真实度和性能

续表

属性	功能
Auto	运行时自动确定，和品质设置（Quality Settings）有关
Important	总是以像素级精度渲染，由于性能消耗更大，适用于屏幕中特别显眼的地方
Not Important	总是以较快的方式渲染
Culling Mask	剔除遮罩，用来指定只有某些层会被这个灯光所影响

2. 细节与提示

如果使用带有透明通道的材质作为灯光的 Cookie，那么该 Cookie 的透明度会影响光线度。可以让亮度连续变化，这可以很好地增加场景的复杂度与气氛。

绝大部分内置的着色器都可以与每种光源协同工作。但是顶点光照着色器无法实现 Cookie 与阴影。

所有的灯光都可以选择性地产生阴影。要做到这点可以通过调节每种灯光的阴影选项来实现。

提示：

（1）带有 Cookie 的探照灯，特别适合用来表现一束探照灯穿过窗户照进房间的效果。

（2）低强度的点光源适合用来表现场景的深度、层次感。

（3）使用顶点光照着色器可以大幅提升性能。这种着色器只为每个顶点计算光照，可以在低端设备上实现非常好的性能。

2.15.4 使用灯光

创建并放置光源的方法，和创建一个立方体并没有什么区别。例如可以通过在层级窗口中右击，选择 Light→Directional Light 创建一个方向光源。在选中一个灯光物体时，可以看到它的辅助框线，不同的灯光有不同的框线。在场景视图窗口中可以开启和关闭光照效果，图 2-45 中的灯泡图标即是开关按钮。

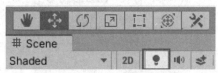

图 2-45　灯光效果开关

前面介绍过，方向光的位置不重要（除非使用了 Cookie 的情况），角度很重要。修改点光源、探照灯光源的位置和方向都可以在场景中立即看到效果。此外，这些光源的辅助框线也清晰地展示了光源的影响范围。

方向光源通常用来表现日光下的效果。一般日光的方向是斜向下方的，如果用垂直地面照射的光，会显得很死板。例如，当一个角色跳入场景的时候，如果方向光源是正射而不是有一定角度的话，立体感和表现力就会差很多。

探照灯和点光源通常用来表现人造光源。我们在使用时会发现：刚开始将它们加入场景时，往往看不到什么效果，只有将光线的范围调整到合适的比例时，才能看到明显的变化。当探照灯只是射向地面时，只能感受到一个锥形的照亮范围。只有当探照灯前有一个角色或者物体经过时，才会体会到探照灯特有的效果。

灯光具有默认的光照强度和颜色（白色），适用于大多数正常的场景。但是当你想要个性化的场景氛围时，调整它们可以立即得到完全不同的效果。例如，一个闪耀着绿光的灯光将周围的物体照亮成绿色。在更有想象力的场景中需要更有想象力的灯光，例如，在遥远的另一个星球上，有着黄色的太阳。

2.16　摄像机

摄像机本身是拍摄视频的工具。3D 游戏中引入了摄像机的概念，作为场景空间与最终屏幕展示之间的媒介。游戏运行时，场景中至少需要有一台摄像机，也可以有多台摄像机。多台摄像机可以用来同时显示场景中两个不同的部分（比如双人分屏游戏），也可以用来制作一些高级的游戏效果。

在 Unity 中，摄像机作为一种组件，是被挂载到游戏物体上的，所以甚至可以用动画或者物理系统来控制摄像机。实际上，如何操作摄像机只受限于你的想象力，只要能够提高游戏的表现力，传统的或者创新的方式都是值得尝试的。

2.16.1　属性介绍

摄像机用来拍摄场景，并将它展现给玩家。通过调节摄像机的属性，改变摄像机的运动方式就足以实现非常独特的效果。Unity 对于摄像机的数量不作限制，且可以为这些摄像机设定不同的优先级，让摄像机拍摄场景中不同的位置。甚至还可以用来实现某些极为特殊的功能，例如透视、小地图、无人机、双人同屏等。

图 2-46 是摄像机组件的截图。

图 2-46　摄像机组件

Camera 的属性功能见表 2.7。

表 2.7 属性功能表

属性	功能
Clear Flags	清除标记。用来指定屏幕中未绘制部分如何处理。当使用多个摄像机时这个选项非常必要，下面会详细解释
Background	场景中没有物体，也没有天空盒的区域，会显示这个选项指定的背景颜色
Culling Mask	剔除遮罩。可以用来指定某些层不被渲染
Projection	切换透视摄像机或正交摄像机 Perspective，默认的透视摄像机模式 Orthographic，正交摄像机模式。注意：延迟渲染（Deferred rendering）在正交模式下不可用，此模式下总是使用前向渲染（Forward rendering） Size，当使用正交模式时，指定摄像机拍摄的范围
Field of View	当使用透视摄像机时，指定视野的角度
Clipping Planes	剪切面。指定摄像机渲染的距离范围，过近或过远的物体都不会被渲染 Near，靠近摄像机的那个剪切面的距离 Far，远离摄像机的那个剪切面的距离
Viewport Rect	视图矩形。四个值用来确定摄像机拍摄到的画面显示到屏幕的哪个位置，以及显示的大小。这四个值是标准化的值，取值范围从 0 到 1，按比例计算 X，摄像机画面输出到屏幕上的起始点的 X 轴坐标 Y，摄像机画面输出到屏幕上的起始点的 Y 轴坐标 W，摄像机画面输出到屏幕上的宽度 H，摄像机画面输出到屏幕上的高度
Depth	深度。决定了该摄像机在绘制顺序中的序号。较大深度的摄像机画面会稍后绘制，所以会覆盖较低深度的画面
Rendering Path	渲染路径。Unity 提供了多种不同的渲染路径，影响了光照、阴影等渲染问题 Use Player Settings，使用播放器的设置。渲染路径以播放器中的设置为准 Vertex Lit，顶点光照方式 Forward，前向渲染方式。每个物体的每个材质受到光照的影响，都会被计算一遍 Deferred，延迟渲染。先在不考虑光照的前提下渲染每一个物体，然后所有物体的光照再被统一渲染一次
Target Texture	目标贴图。摄像机默认渲染到屏幕上，但是设置此选项以后，就会渲染到一张贴图上去。这在制作小地图等特殊效果时非常有用
HDR	让这个摄像机开启/关闭高动态范围渲染功能
Target Display	显示目标。指定该摄像机渲染到哪个外部设备上，可选从 1 至 8 的数值

2.16.2 细节与渲染路径

摄像机是将游戏画面呈现给玩家的基础。摄像机可以被设置、被调整，也可以用脚本来控制，甚至还可以作为子物体被挂载到其他父物体下面，其用法非常灵活。对于桌面类游戏来说，可能只要一个静态的全景摄像机就够了。而对于主视角游戏来说，最简单的方法是将摄像机挂载到游戏人物身上，高度设置为眼睛的高度。对于赛车游戏来说，可能希望摄像机保持在车辆后面的某个位置。

可以创建多个摄像机，并将它们设置为不同的深度（Depth）。摄像机画面会从较低深度开始，逐步向高一级绘制。举个例子，深度值为 2 的摄像机画面会覆盖在深度值为 1 的摄像机上面，可以通过设置视图矩形来设定摄像机画面显示到屏幕上的位置和大小。这样就可以创建多个"画中画"的效果，如小地图、无人机拍摄的画面、后视镜等。

Unity 支持几种不同的渲染路径，可以根据游戏类型与目标发布平台进行选择。不同的渲染路径会带来不同的渲染效果，以及不同的性能损耗，它们影响的主要是场景中灯光与阴影的表现。默认渲染路径是在播放器设置中统一配置的，也可以为每个摄像机设定不同的渲染路径。

2.16.3　清除标记

当使用多个摄像机的时候，每个摄像机都保存着自己的颜色与深度信息，这些信息是可以重叠的。没有物体可渲染的部分就是空白区域，空白区域会默认渲染为天空盒。为每一个摄像机设置不同的清除标记，可以达到同时显示两层画面的效果，具体的设置有如下四种。

1. 天空盒（Skybox）

天空盒是摄像机清除标记的默认设置，空的区域（没有东西可显示的区域）会显示为天空盒。这个天空盒默认以光照窗口（在主菜单的 Window→Randering→Lighting Settings 中打开）中指定的天空盒为准。

可以为每个摄像机添加不同的天空盒，可以尝试在摄像机上添加专门的天空盒组件（Skybox Component）。

2. 纯色（Solid Color）

空白区域以纯色显示，该颜色在摄像机的背景色（Background Color）中指定。

3. 仅深度（Depth only）

仅深度这一选项可以用于混合两个摄像机所看到的画面。由于摄像机的深度为多个，分了先后绘制顺序，因此，后一个摄像机在摄制时，就可以保留前一个摄像机的画面，但却覆盖了之前所有的深度信息。这样一来，后一个摄像机所拍摄的画面就会叠加到之前的画面上，不会被挡（因为之前的深度信息已经被清除了）。

这个功能经常被使用，比如用它来制作主视角射击游戏中主角手持的枪。当主角持枪靠近墙的时候，枪的模型很容易穿进墙面（这被称作模型穿墙问题）。而这时如果把枪放在远景的位置，然后用另一个摄像机单独渲染枪支，再把枪支叠加到游戏画面中，这时枪支就会被任何物体挡住了。

4. 不清除（Don't Clear）

不清除模式既不清除之前渲染的画面，也不清除深度信息。结果是每个摄像机看到的画面都被直接混合起来。这会造成一种比较混乱的显示效果，这种模式在游戏中很少使用，只有在自定义着色器的情况下才可能有用武之地。

注意：在某些 GPU 硬件（特别是很多移动平台的 GPU）上，这个模式可能会带来不可预计的后果，可能会导致两个摄像机的画面混乱叠加，也可能会出现随机颜色的像素。

2.16.4 剪切面

摄像机所拍摄的范围，实际上是一个金字塔的形状，被称为视锥体（Camera Frustum）。由于我们不需要渲染特别远处的物体，所以实际上需要拍摄的物体可以被限制在一个很有限的范围内，如图 2-47 所示。

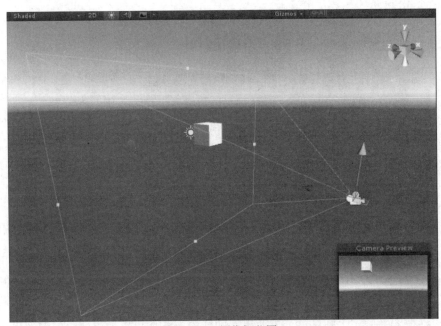

图 2-47　摄像机范围

这个范围可以简单地用两个平面来表示，离摄像机较近的平面叫作近剪切面（Near Clipping Plane），较远的叫作远剪切面（Far Clipping Plane）。这两个平面截取了视锥体的一部分，我们只需要拍摄和渲染中间的这一部分物体即可。将远剪切面移到更远处，就可以看到更多远处的细节；拉近远剪切面，可以减少渲染的工作，提高游戏的性能。

完全位于视锥体之外的物体不需要被渲染，这一特性被称为视锥体裁剪（Frustum Culling），视锥体裁剪是 3D 游戏引擎最基本的功能之一，不需要关闭也不需要配置。但是需要注意不要和其他功能搞混。

更进一步，为了深度优化游戏，可能希望不同层级的物体具有不同的裁剪距离，例如，很小的物体只有在很近处才能被看到，大型的建筑在很远的地方就会被看到。Unity 提供了相关的功能，但是只能在脚本中进行相关操作，方法名为 Camera.layerCullDistance，详见官方文档。

2.16.5 视图矩形

标准化视图矩形（Normalized Viewport Rectangle）用来指定摄像机所拍摄的内容固定显示在屏幕的某一个矩形的范围内。例如，可以将一个小地图视图放在屏幕右下角的位置，或者将一个无人机视图放在屏幕左上角的位置。通过配置视图矩形，可以实现非常特别的界面效果。

用视图矩形来实现双人分屏游戏也非常简单，步骤如下：

（1）创建两台摄像机，分别显示两个玩家各自的画面。

（2）将两台摄像机视图矩形的值都设置为 0.5。

（3）将第一台摄像机视图矩形的值设置为 0，第二台的值设置为 0.5。

只需要简单几步操作，就可以让两台摄像机分别显示屏幕中不同的区域，实现了分屏的效果，如图 2-48 所示。

图 2-48　二分屏效果

用 Unity 很容易做到上图这种分屏效果，同样的方法还可以做出四分屏的效果。

2.16.6　渲染贴图

渲染贴图（Render Texture）选项可以将摄像机所拍摄到的画面渲染到一张贴图上，这张贴图可以被应用在另一个物体上。这个功能让我们很容易做出游戏中的镜子、显示屏、小地图、监视器等内容。发挥想象力还能做出其他非常有趣的效果（比如可以让角色跳进屏幕里）。

使用摄像机配合渲染贴图，很容易实现图 2-49 所示的画中画效果。

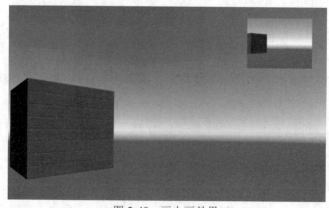

图 2-49　画中画效果

2.16.7　显示目标

现代的个人电脑支持多显示器，某些游戏可以在三个屏幕上拼接显示游戏内容。摄像机可以指定所要渲染的目标的序号，最多可以选择 8 台显示设备中的一台。这个功能只在 Windows、macOS 和 Linux 这些桌面系统上有效。

2.16.8　其他提示

- 摄像机所在的游戏物体可以被实例化、被作为子物体，也可以用脚本控制，和其他游戏物体一样。
- 使用较大或较小的视野范围，可以用于表现不同的场景。
- 如果在摄像机物体添加刚体，也可以让摄像机受物理引擎的控制。
- 场景中摄像机的数量不受限制，只需要考虑性能。
- 正交摄像机非常适合用来表示 3D 用户界面。
- 如果由于两个物体表面非常接近而产生显示问题，试着尽可能加大近剪切面。
- 摄像机无法同时渲染到屏幕上和一张贴图上，一次只能选择一个。
- Unity 官方提供了一个控制摄像机运动的专业插件——Cinemachine，可以用于实现各种各样的游戏类型，详见官方文档。

2.17　小结

本章是 Unity 的核心内容，从了解场景、游戏物体开始到开发过程中需要的灯光摄像机等，全面掌握所需 Unity 开发的知识点。本章的内容是后续实际开发的前提，在理解了本章的知识点后，在后续开发中，还可以不断地去参考本章的知识点，在实际开发中去印证本章的内容。本章是需要反复阅读的一个章节，只要理解好本章，就可以在短时间内学会 Unity 的大部分使用方法，实现事半功倍的效果。

第 3 章　物理系统

物理系统是 Unity 提供的一套在虚拟的游戏世界中模拟真实世界的系统，包括刚体、碰撞体、物理材质、角色控制器、车辆碰撞体等。Unity 为广大用户提供了多个物理模拟的组件，通过修改相应参数，使游戏对象表现出与现实相似的各种物理行为。

- 刚体
- 碰撞体和触发器
- 物理材质
- 铰链
- 车辆碰撞体

3.1　概述

物理系统简介

对现代游戏来说，逼真、漂亮的画面效果必不可少，但是要实现真实、有代入感的体验，仅仅凭借画面效果是远远不够的，逼真的物理效果也是不可或缺的一环。真实的重力、碰撞、摩擦必不可少。例如，一个跳入水中的角色、因爆炸而四散的碎片，这类物理效果可以将游戏的真实感提高一个层级，让用户忘记这是一个虚拟的世界。

回到技术层面来看，要想让物体能被正确地加速、可以被碰撞、受到重力等力的影响，需要一整套复杂而又自洽的物理系统。Unity 内置了这种物理引擎，而且将使用方法包装成了各种物理组件。只需要正确使用这些组件，修改一些参数设置，就可以创建出符合物理规律的物体，而且所有的操作都可以通过脚本动态控制。你可以创建汽车、机械结构，甚至一块飘动的布料。图 3-1 所示是正在倒塌的方块。

图 3-1　物理效果

Unity 中实际上存在两个独立的物理引擎，一个是 3D 物理引擎，另一个是 2D 物理引擎。这两种引擎的主要概念是一致的，但是它们用到的组件完全不同。比如，3D 物理系统中用到的是刚体（Rigidbody）组件，在 2D 物理系统中是 2D 刚体（Rigidbody2D）组件。

3.1.1　刚体

刚体组件是让物体产生物理行为的主要组件。一旦物体挂载了刚体组件，它立即就会受到重力的影响，这时不建议通过在脚本中直接修改该物体的 Transform 属性（比如修改物体旋转角度）来移动物体，而可以考虑通过对刚体施加力来推动物体，然后让物理引擎运算并产生相应的结果。

在有些情况下，我们想要物体具有刚体组件，但又不想让它的运动受到物理引擎的控制。例如，我们可能想让角色完全受脚本控制，但又想让角色能够被触发器检测到。我们称这种不受物理控制的、通过脚本进行的刚体运动为"是运动学的（Is Kinematic）"，这种刚体的运动方式脱离了物理引擎的控制，但是仍然可以在脚本中进行操作。而且我们还可以在脚本中随时开启或者关闭物体的 Is Kinematic 选项，但是注意这样操作会带来一些性能开销，不应频繁使用。

刚体组件以及 2D 刚体组件是物理系统的重点。

3.1.2　休眠

当一个刚体的移动速度和旋转速度已经慢于某个实现定义的阈值，物理引擎就可以假定它暂时稳定了。这种情况发生时，物理引擎不再需要反复计算该 GameObject 的运动，直到它再次受到一个碰撞或是力的影响，这时我们说该物体进入了"休眠"（Sleeping）模式。这是一种优化性能的方案，休眠的物体不会被物理引擎反复更新状态，从而节约了运算资源，直到它被重新"唤醒"为止。

在大多数情况下，刚体的休眠和唤醒都是自动进行的，也就是说其对开发者是透明的。但是总有一些情况下物体无法自动被唤醒，比如一个静态碰撞体（Static Collider，即不带有刚体的单纯碰撞体）碰到或离开了休眠的刚体的时候。这种情况下可能会得到一些奇怪的结果，比如，一个稳定放在地面上的带有刚体组件的物体，在地面被移除后依然悬挂在空中。如果遇到了类似的情况，我们可以在脚本中主动调用 WakeUp 方法。

休眠和唤醒的概念与刚体密切相关。

碰撞体简介

3.1.3　碰撞体

碰撞体（Collider）组件定义了物体的物理形状。碰撞体本身是隐形的，不一定要和物体的外形完全一致（对 3D 物体来说外形就是网格 Mesh），而且实际上，在游戏制作时我们更多的会使用近似的物理形状而不是物体的精确外形从而提升运行效率，同时并不会被用户察觉。

最简单的（同时也是最节省计算资源的）碰撞体是一系列基本碰撞体，在 3D 系统中，它们是盒子碰撞体（Box Collider）、球形碰撞体（Sphere Collider）和胶囊碰撞体（Capsule Collider）。在 2D 系统中有相应的 2D 盒子碰撞体（Box Collider 2D）和 2D 圆形碰撞体（Circle Collider 2D）。一个物体上可以同时挂载多个碰撞体，这就形成了组合碰撞体（Compound Collider）。

通过仔细调节碰撞体的位置和大小，组合碰撞体可以更精确地接近物体的实际形状，同时依然保证了较小的处理器开销。而且，可以通过增加带有碰撞体的子物体来进一步改善效果，比如可以加上旋转后的盒子碰撞体来拟合物体的形状，这里需要添加子物体才能实现（这么做的时候，注意只在父物体上挂载一个刚体组件）。

注意： 当对物体进行了切向变换时（比如不等比缩放），基本碰撞体可能无法正常工作。这意味着当你对物体进行旋转和非等比例缩放的混合操作后，会导致基本碰撞体不能再保持一个简单的形状，这会导致和碰撞有关的计算发生问题。

3.1.4　物理材质

碰撞体之间发生交互时，必须模拟它们的表面材料的特性，才能正确模拟实际的物理效果。例如，冰面非常滑，而橡胶球表面的摩擦力很大，而且非常有弹性。尽管在碰撞发生时碰撞体的外形不会发生变化，但是我们可以通过物理材质来配置物体表面的摩擦系数以及弹性。想得到完全理想的参数可能需要反复尝试，但是大体上，我们可以为冰面设置一个接近零的摩擦系数，也可以给橡胶球一个很大的摩擦系数和一个接近 1 的弹性系数。

3D 系统中的物理材质叫做 Physics Materials，而 2D 系统中的物理材质叫作 Physics Material 2D。

3.1.5　触发器

脚本系统可以检测到碰撞的发生。当碰撞发生时，脚本的 OnCollisionEnter 方法会被调用。另外，还可以运用物理引擎检测两个物体是否发生重叠，但又不引起物理上的实际碰撞。只要勾选碰撞体组件的 Is Trigger 参数，即可将它变成一个触发器。作为触发器的物体不再像是物理上的固体，而是允许其他物体随意从其中穿过。当另一个碰撞体进入了触发器的范围，就会调用脚本的 OnTriggerEnter 方法，但要特别注意：两个物体必须至少有一个带有刚体组件，否则无法正确触发脚本。

发生接触的两个物体是否是触发器、是否是刚体、是否是动力学的，会有多种排列组合的情况，这些情况全部列举出来会形成两个表格，这也是需要学习的重点，后面会讲到。

3.1.6　碰撞与脚本行为

当碰撞发生时，所有挂载在该物体上的脚本中的具有特定名称的方法，都会被物理引擎调用。可以在这些函数中编写任意的代码，以针对碰撞事件做出反馈。例如，可以在车辆碰撞到障碍物时播放碰撞的音效。

OnCollisionEnter 函数会在碰撞初次被检测到时被调用，OnCollisionStay 函数会在碰撞持续过程中多次被调用，而 OnCollisionExit 函数被调用则表示碰撞事件结束了。与碰撞体相似，触发器则会调用对应的 OnTriggerEnter、OnTriggerStay 和 OnTriggerExit 方法。注意，对 2D 物理系统来说，以上所有方法名称都要加上 2D 后缀，比如 OnCollisionEnter2D。有关这些方法的详细信息请参考 Unity 脚本参考手册中的 MonoBehavior 类。

有一些细节：例如对于一般的碰撞体（非触发器）来说，如果碰撞它的另一个物体是 Kinematic 的，那么碰撞有关的脚本方法都不会被调用。而对于触发器来说，无论另一个物体是否是 Kinematic 的，都会调用相应的触发器方法。

这些问题详见后面的碰撞事件触发表格。

3.1.7 对碰撞体按照处理方式分类

对包含碰撞体组件的物体来说，根据这个物体上是否具有刚体组件，以及刚体组件上 Kinematic 设置的不同，它的物理碰撞特性是截然不同的。我们可以将所有的碰撞体（不考虑触发器）分为三类：静态碰撞体、刚体碰撞体、Kinematic 刚体碰撞体。

1. 静态碰撞体

不挂载体组件的碰撞体被称为静态碰撞体（Static Collider）。静态碰撞体通常用于制作关卡中固定的部分比如地形和障碍物，它们一般不会移动位置。当刚体碰撞到它们的时候，它们的位置也不会发生变化。

物理引擎会假定静态碰撞体不会移动和变换位置，以这个假定为前提，引擎做出了一些非常有效的性能优化。同时，在游戏运行时，不应当改变静态碰撞体的 disabled/enabled 选项，也不应当移动或缩放碰撞体。如果那么做，就会给物理引擎内部带来额外的重新计算的工作量，从而导致这一时刻游戏性能的显著下降。更为严重的是，在这种重新计算的过程中，可能会进入一些未定义的状态，而导致不正确的结果。进一步说，休眠的刚体在被一个静态碰撞体碰撞到时，很可能不会被立即唤醒，且无法计算正确的反作用力。因此，应当仅修改挂载了刚体的碰撞体的状态，而不要修改静态碰撞体的状态。如果希望碰撞体不会被碰撞所影响，但又需要在脚本中修改它的状态，那么可以考虑给它挂上刚体组件，并将刚体组件设置为 Kinematic。再次强调，在这种情况下务必要挂载刚体组件。

2. 刚体碰撞体

挂载了普通刚体组件（非 Kinematic）的碰撞体，被称为刚体碰撞体（Rigidbody Collider）。物理引擎会一直模拟计算刚体碰撞体的物理状态，因此刚体碰撞体会对碰撞以及脚本施加的力做出反应，刚体会与其他碰撞体发生碰撞，它也是游戏中最普遍使用的一种碰撞体。

3. Kinematic 刚体碰撞体

挂载了刚体组件且刚体组件设置为 Kinematic 的碰撞体，被称为 Kinematic 刚体碰撞体（Kimematic Rigidbody Collider）。我们可以在脚本中修改这种物体的 Transform 属性来移动它，但它并不会像普通的刚体那样对碰撞和力做出反应。Kinematic 碰撞体通常可以用在经常需要变化物理状态的碰撞体上，比如需要移动的碰撞体上。比如一扇可以滑动的门，大部分时间这门和静止的障碍物一样，但是在必要的时候门可以打开。和静态碰撞体不同，Kinematic 刚体碰撞体可以对其他物体产生适当的摩擦力，也可以在发生碰撞时正确唤醒其他刚体。

就算是没有发生移动的时候，Kinematic 刚体碰撞体与静态碰撞体的表现也是不同的。例如，如果碰撞体已经被设置为触发器，但是由于需要触发脚本的原因（后面会讲到），还需要为它挂载刚体组件，那么这时候为了避免它受到力的影响，可以勾选 Is Kinematic 选项。

一个刚体碰撞体，可以随时开启或关闭 Is Kinematic 选项，且不会像静态碰撞体的开启或关闭那样引起物理系统的问题。

再举一个常见的例子。一个角色在正常情况下受动画系统的控制，但当它受到爆炸冲击或者被严重撞击的时候，就会受物理影响而被击飞，这种效果被称作"布偶系统"。布偶角色默认是一个 Kinematic 碰撞体，它的肢体受动画系统的控制，但是在必要的时候，系统会关闭 Is Kinematic 选项，从而让它变成一个受物理影响的物体。这时它就可能像所有处于爆炸范围内的物体一样被巨大的冲击力撞飞。

3.1.8 碰撞事件触发表

前面已经说过，发生接触的两个物体是否是触发器、是否是刚体、是否是动力学的，会有多种排列组合；根据碰撞体参数设置的不同，被调用的脚本方法也不同。为了清晰、系统地说明不同参数设置和是否调用脚本方法的关系，特提供了以下两个表格来说明，见表 3.1 和表 3.2。

表 3.1　碰撞事件

碰撞时是否产生碰撞事件（Collision Message）					
	静态碰撞体	刚体碰撞体	Kinematic 刚体碰撞体	静态触发器	刚体触发器	Kinematic 刚体触发器
静态碰撞体		Y				
刚体碰撞体	Y	Y	Y			
Kinematic 刚体碰撞体		Y				
静态触发器						
刚体触发器						
Kinematic 刚体触发器						

表 3.2　触发器事件

碰撞时是否产生触发器事件（Trigger Message）					
	静态碰撞体	刚体碰撞体	Kinematic 刚体碰撞体	静态触发器	刚体触发器	Kinematic 刚体触发器
静态碰撞体					Y	Y
刚体碰撞体				Y	Y	Y
Kinematic 刚体碰撞体				Y	Y	Y
静态触发器		Y	Y		Y	Y
刚体触发器	Y	Y	Y	Y	Y	Y
Kinematic 刚体触发器	Y	Y	Y	Y	Y	Y

3.1.9 物理关节

本小节所说的关节（Joints）特指一种物理上的连接关系，比如门的合页、滑动门的滑轨、笔记本电脑屏幕和机身之间的铰链都属于关节，甚至绳子也可以用关节来模拟。关节总是限制一类运动的自由度、允许另外一类运动的自由度。比如普通的房门就允许大幅度旋转，但不允许平移。

Unity 提供了很多不同类型的关节，可以用于不同的情景中。比如铰链关节（Hingle Joint）就适用于房门，准确地说它限制物体只能绕一个点旋转；而弹簧关节（Sprint Joint）则可以让两个物体之间始终保持适当的距离，不会过远或者过近。

除了 3D 关节，也有相对应的 2D 关节，比如 2D 铰链关节（Hingle Joint 2D）。

Unity 中的关节提供了许多选项和参数，来提供特定的功能。比如可以设定当拉力大于特定的阈值时关节会断开。很多类型的关节都有牵引力（Drive Force）参数，用于设定引起物体运动所用的力的大小。

3.1.10　角色控制器

虽然在理论上来说，游戏人物可以用刚体组件来控制，因为游戏人物也有质量、会被周围环境阻挡，且受重力影响。但是实际上，对于一个稍微有一点复杂的环境来说，用刚体组件来控制角色会引起大量不可预料的问题。例如：被墙角卡住，受到障碍物挤压而被弹飞，推动游戏中的其他物体时会受到反作用力等。这些问题都会导致角色行为的结果无法预计，产生难以避免的错误。

所以在实践中，大部分游戏都采用角色控制器来全权管理角色的行动，而不使用刚体组件。在角色控制器的作用下，角色的跳跃、爬坡、上楼梯被墙体阻挡等行为，都严格受到逻辑程序的控制，而不是完全受物理引擎的操纵。这样能够得到极大的灵活度和可控性。例如我们可以用逻辑程序来灵活控制角色能够爬上多陡的坡，能够直接踩上的台阶的高度等。

要实现一个较为完善的角色控制器比较复杂。Unity 默认提供了一个适用于很多游戏的角色控制器，在本章中会对它进行详细介绍。

3.2　刚体

挂载刚体组件可以让游戏中的物体在物理引擎的控制下运动。刚体组件会对力和扭矩做出反应，从而实现逼真的物理效果。要让物体受到重力影响、受到脚本中施加的力的影响，或者受到碰撞力的影响，都必须挂载刚体组件。Unity 物理引擎的实现使用了 NVIDIA PhysX 技术。

刚体为模拟碰撞、关节等真实世界的效果打开了一扇门。使用力来控制物体的运动，与直接修改 Transform 参数来让物体运动有截然不同的感受。一般来说，你不应该既用修改 Transform 的方式，又用物理的方式来让物体移动，而应该只使用一种方式。

修改 Transform 的方式与物理的方式相比，关键的区别就是刚体会对力和扭矩做出反应，而 Transform 没有这个功能。这两种方式都可以移动和旋转物体，但是途径和效果都不一样，通过做一些实验就可以看出二者的不同。一般只应该使用其中一种方式来让物体运动，如果混合使用两种方式很可能带来碰撞或物理运算方面的问题。

可以在菜单中选择 Components→Physics→Rigidbody 来添加刚体组件，加上刚体组件以后物体就可以受重力影响了，也可以对力做出反应，但是一般来说还需要加上碰撞体或关键点来实现我们想要的具体功能。

3.2.1 属性介绍

图 3-2 所示为刚体属性。

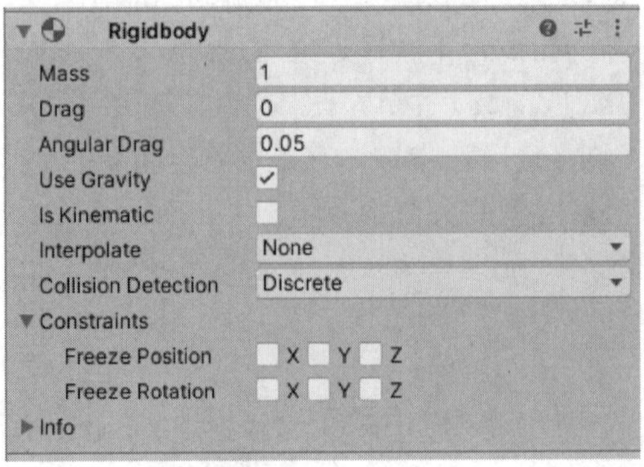

图 3-2　刚体属性

刚体属性功能介绍见表 3.3。

表 3.3　刚体属性功能表

属性	功能
Mass	物体的质量（默认单位是千克）
Drag	阻尼。可以理解为影响物体移动的空气阻力（仅影响平移）。0 表示没有空气阻力，设置为无穷大会让物体立即停止。
Angular Drag	角阻尼。与 Drag 类似，但只影响旋转运动。0 表示没有旋转阻力，要注意：将旋转阻力设置为无穷大并不能立即停止物体的旋转
Use Gravity	勾选表示受重力的影响
Is Kinematic	勾选此选项，则物体不再受物理引擎驱动，而可以修改 Transform 属性来移动
Interpolate	差值平滑方式。当刚体出现抖动的现象时，可以尝试设置以下三个选项： None，无差值平滑算法 Interpolate，利用上一帧的位置进行平滑处理的方式 Extrapolate，利用未来一帧的位置进行平滑处理的方式
Collision Detection	碰撞检测方式。某些高速移动的物体会穿透碰撞体，这时需要调整碰撞检测的方式： Discrete（不连续检测方式），在这种情况下其他物体和此物体之间的碰撞检测都使用不连续检测方式。这种方式性能最好、最常见，也是默认的碰撞检测方式 Continuous（连续检测方式），在检测本物体与刚体碰撞体的碰撞时，采用不连续检测方式；而在检测本物体与静态碰撞体的碰撞时，采用连续检测方式；如果另一个刚体碰撞体设置为连续动态检测方式，那么则采用连续检测方式。执行连续检测算法会极大影响物理引擎的性能，所以常规情况下请设置为默认的 Continuous Dynamic（连续动态检测方式）。参考连续检测方式的说明，本选项在检测两个刚体碰撞体发生碰撞时，会和连续检测方式有区别，其他情况是类似的。本选项一般用于高速物体
Constraints	约束和限制刚体在某些方向的移动和旋转，但是脚本的修改不受此限制 Freeze Position 可分别限制刚体沿 X 轴、Y 轴、Z 轴方向的移动，此处是指世界坐标系 Freeze Rotation 可分别限制刚体沿 X 轴、Y 轴、Z 轴的旋转，此处是指局部坐标系

3.2.2 父子关系

当一个物体处于物理引擎的控制之下时，它和父物体之间的关系是半独立的：一方面，如果移动父物体，子物体也会跟着运动；另一方面，子物体会由于重力等原因独立运动。

3.2.3 脚本关系

要控制刚体，一般来说需要在脚本中施加力或扭矩。一般是在脚本中调用刚体组件的 AddForce 方法和 AddTorque 方法。再次强调，不要在物理系统中混合使用直接修改 Transform 的方法。

3.2.4 刚体和动画

在某些情况下，特别是实现布偶系统的时候，有必要让物体在物理系统控制和动画系统控制之间切换。基于这种原因，刚体提供了 Is Kinematic 选项。当刚体被标记为此项时，它就不再受碰撞、力等物理因素的影响了。这意味着只能用直接修改 Transform 的方式来让物体运动。Kinematic 刚体依然会对其他刚体带来物理上的影响，但它们自己不会被物理系统影响。比如 Kinematic 刚体会像普通刚体一样撞击其他刚体。

3.2.5 组合碰撞体

组合碰撞体是基本碰撞体的组合，可以看作是合成为一个碰撞体。在需要实现一个较为复杂的模型的碰撞体时，组合碰撞体十分好用。因为它既不会由于模型复杂而过于消耗性能，又能够利用基本形状的组合表现出模型的外形。创建组合碰撞体时可以为物体创建一些子物体，然后为这些子物体挂载碰撞体组件。这样做可以方便地移动、旋转、缩放子碰撞体。在组合碰撞体的过程中，不仅可以用基本碰撞体，也可以使用凸的网格碰撞体。图 3-3 是用在实际项目中的组合碰撞体。

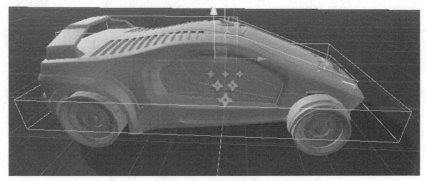

图 3-3   组合碰撞体

在上图中，车的 GameObject 具有一个刚体组件，它的多个子物体分别挂载基本碰撞体，组合成一个完整的物体。当带有刚体组件的父物体移动时，子物体也会跟着移动。子物体上的基本碰撞体会与环境发生碰撞，而父物体上的刚体组件能够确保碰撞后整个物体以正确的方式运动。

网格碰撞体之间一般来说无法互相正确地碰撞，除非标记为 Convex。一般来说，建议对经常运动的物体用组合碰撞体来制作，而对场景中不动的物体用网格碰撞体来制作。

3.2.6 连续碰撞检测

连续碰撞检测用来防止快速移动的碰撞体相互穿过而错过了碰撞的时机。在刚体默认的设置下（不连续碰撞），穿过的情况有可能发生，原因是在前一帧两个物体还没有相撞，而由于物体速度较快，在下一帧，两个物体已经位于对方的后面了。要解决这个问题，可以在刚体上将碰撞检测模式设置为连续的，这样可以防止刚体与静态碰撞体互相穿过的情况。图 3-4 是将碰撞检测模式设置为连续的步骤。

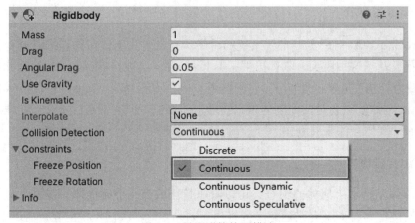

图 3-4　设置碰撞检测模式

而要避免刚体之间互相穿过的情况发生，就要用到连续动态检测的方式了，本节前面的表格中有详细的说明。连续碰撞检测支持盒子碰撞体、球形碰撞体与胶囊碰撞体。图 3-5 是设置连续动态检测的方式。

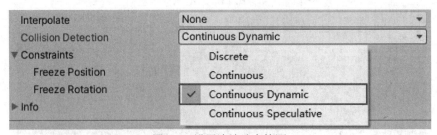

图 3-5　设置连续动态检测

要注意，连续碰撞检测更像一种备用的措施，防止物体之间发生互相穿透的情况，但是它并不能保证碰撞后产生精确的结果。也就是说，如果真的需要很精确的碰撞结果，就只能考虑在时间管理器（TimeManager）中将 Fixed Timestep 改得更小，这样物理引擎的模拟就会更精确，但是精确的代价就是损失同比例的性能。工程设置、时间设置里面的 Fixed Timestep 就是物理更新的时间间隔，间隔为 0.02 秒（即 1 秒 50 帧）。点击 Edit→Project Settings，图 3-6 是设置示例。

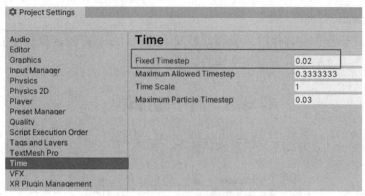

图 3-6　设置时间间隔

3.2.7　比例和单位的重要性

物体外形的大小远比物体的质量重要。如果发现刚体的表现与预计的不同（移动太慢、有漂浮感或是碰撞后的速度有问题），那么注意检查一下物体的大小、比例。Unity 默认采用国际单位，且 Transform 中空间的 1 个单位代表 1 米，整个物理系统的计算也是按照物理学的标准量纲来进行的，所以保证物体的比例正确非常重要。举个例子，一个摇摇欲坠的摩天大楼倒塌的效果，与积木搭出来的小塔倒塌的效果是完全不同的，所以想要有正确的效果，物体的大小比例就必须正确。

在 Unity 中使用人物模型时，要确保人物的高度在 2 米左右。可以新建一个默认的立方体与模型进行对比，来检查模型大小是否合适。新建的默认立方体的边长为 1 米，所以人物高度大约是 2 个立方体的高度。

如果不能修改原始模型的大小参数，可以在导入模型时修改模型的比例，这个功能在导入模型的章节会有介绍。

如果要制作的游戏已经确认需要用一个特殊的比例，那么也可以修改 Unity 默认的空间坐标轴的比例。这种调整可能会给物理引擎带来额外的工作量，影响运行时的性能。这种影响不算很大，但是相比修改模型比例的方式，还是有一些性能损失的。另外要注意，如果使用非标准的坐标轴比例，在调整父子节点时会发生一些意外的情况。所以还是建议根据真实情况调整物体的比例，以兼顾较好的性能和方便性。

3.2.8　其他方面

碰撞体定义了物体的物理外形。碰撞体往往和刚体一起使用，用来正确模拟碰撞。如果没有碰撞体，那么两个刚体重叠时就不会发生碰撞，而会互相穿过。

两个刚体的质量的比值，决定了碰撞后它们如何运动。

质量更大的物体并不会比质量小的物体下坠得更快或更慢，想调整下坠速度可以调整阻力（Drag）参数。

较小的阻力让物体显得更重，较大的阻力让物体显得更轻。典型的 Drag 取值在 0.001（金属块）和 10（羽毛）之间。

如果想直接修改物体的 Transform 属性来让物体运动，依然需要一些物理功能，请使用刚体并设置为 Kinematic。

如果想让用户操作的物体接收到碰撞或触发器事件，那么必须挂载刚体组件。

将角阻尼设置为无穷大并不能使刚体的旋转立即停止。

3.3 盒子碰撞体

盒子碰撞体是一种立方体形状的基本碰撞体，图 3-7 所示是盒子碰撞体的属性。

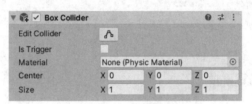

图 3-7 盒子碰撞体属性

盒子碰撞体极为常用，很多物体都可以粗略地表示为立方体，比如大石块或者宝箱。而且薄的盒子也可以用来做地板、墙面或是斜坡。当用多个碰撞体制作组合碰撞体时，盒子也极为常用。

盒子碰撞体的属性和功能见表 3.4。

表 3.4 盒子碰撞体属性功能表

属性	功能
Is Trigger	勾选此项，则变为触发器，不会与刚体发生碰撞
Material	指定一个物理材质。物理材质决定了摩擦力、弹性等，详见物理材质的内容
Center	中心点的坐标（局部坐标系）
Size	盒子的大小，用物体的局部空间来测量

3.4 胶囊碰撞体

胶囊碰撞体也是一种基本碰撞体，它的形状和药物胶囊一样，是由两个半球体夹着一个圆柱体组成的。图 3-8 所示为胶囊碰撞体的属性。

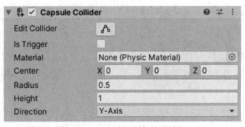

图 3-8 胶囊碰撞体属性

由于可以随意地调整胶囊体的长短和粗细，所以它既可以用来表示一个人体的碰撞体，也可以用来制作长杆，还可以用来与其他碰撞体形成组合碰撞体。在角色控制器中，胶囊体常常用来当作角色的碰撞体。图 3-9 是标准的胶囊碰撞体的示意图。

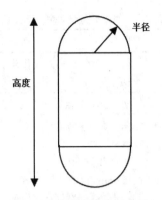

图 3-9　胶囊碰撞体示意图

胶囊碰撞体的属性和功能见表 3.5。

表 3.5　胶囊碰撞体属性功能表

属性	功能
Is Trigger	勾选此项，则变为触发器，不会与刚体发生碰撞
Material	指定一个物理材质。物理材质决定了摩擦力、弹性等，详见物理材质的内容
Center	中心点的坐标（局部坐标系）
Radius	胶囊体的半径，即半球体和圆柱体的半径
Height	胶囊体的高度
Direction	胶囊体的方向，默认是沿 Y 轴竖直方向。也可以修改，比如沿 Y 轴平放

3.5　网格碰撞体

网格碰撞体用于创建一个任意外形的碰撞体。它需要借用模型的外形网格，基于模型的网格创建自身。所以，用它创建的碰撞体比用基本碰撞体去组合要精确得多，但是也有额外的限制条件。凸（Convex）的网格碰撞体才可以与其他网格碰撞体发生碰撞，图 3-10 为网格碰撞体的属性。

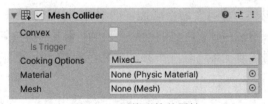

图 3-10　网格碰撞体属性

网格碰撞体比简单碰撞体多了一些限制条件，本节会详细解释其原理。

3.5.1 属性

网格碰撞体的属性功能见表 3.6。

表 3.6　网格碰撞体属性与功能表

属性	功能
Convex	勾选则标记为凸的。只有凸的网格碰撞体才能与其他网格碰撞体发生碰撞，但是凸的碰撞体会修正网格的外形，且限制最多有 255 个三角面
Is Trigger	勾选此项，则变为触发器，不会与刚体发生碰撞
Cooking Options	启用或禁用网格烘焙选项，这将影响物理引擎如何处理网格（有六个选项）： None：禁用所有的烘焙选项 Everything：启用所有的烘焙选项 Cook for Faster Simulation：更好的模拟效果，当它被启用时，物理引擎会做出一些额外的步骤来保证用于碰撞的网格在运行时是最优的。如果禁用，则系统会选择最快的烘焙方法。这样得到的物理网格不一定是最好的 Enable Mesh Cleaning：启用时清理网格上的退化三角形以及一些几何构件。这将使得网格更适合用于碰撞检测并拥有更加精确的碰撞点 Weld Colocated Vertices：让物理引擎移除掉相等顶点，当启用时，物理引擎会合并掉有着相同位置的顶点 Use Fast Midphase：确定是否使用不需要 R 树（仅在桌面目标上可用）的快速中间阶段结构
Material	指定一个物理材质。物理材质决定了摩擦力、弹性等，详见物理材质的内容
Mesh	指定模型网格（Mesh）。基于这个网格来创建网格碰撞体

3.5.2 限制条件和解决方法

在有些情况下，基本碰撞体的组合依然不够精确。在 3D 系统中，这时要用到网格碰撞体组件通过物体的网格来精确定义物体的物理外形；在 2D 系统中，可以用多边形碰撞体组件生成多边形碰撞体，可以通过调节多边形的细节来精确匹配。图片这些碰撞体对运算资源的开销更大，但是小范围内使用它们还是可以保持不错的性能。另外要注意，网格碰撞体还有另外一些限制：在 Unity 5.0 以后的版本中，一个物体如果同时挂载了网格碰撞体和刚体组件，那么就会在运行时产生一个错误，只有勾选了网格碰撞体的 Convex 属性才能避免这个错误。勾选 Convex 可以帮助解决一部分问题，这样做会为模型生成一个凸的碰撞体外壳，这个壳是在原来的模型基础上生成的，但是填平了所有凹陷的部分。

这样做的优点是可以让一个具有网格碰撞体的刚体去和其他各种碰撞体发生碰撞，如果所控制的角色需要有复杂的碰撞体，这么做也是合理的。但是，更为通常的做法是只在场景上以及静态障碍物上挂载网格碰撞体，而在可移动的角色或物体上使用基本碰撞体的组合。

3.5.3 其他方面

网格碰撞体通过模型的网格来建立自身，且根据物体 Transform 的信息来决定自身的位置和缩放比例。它的优点是可以精确定义物体的物理外形，得到一个精确可信的碰撞体。但是这种好处的代价就是检测碰撞时会产生更大的计算开销。通常最好单独使用网格碰撞体。

网格碰撞体的表面是单面的（One-Sided），假如其他刚体从外面进入网格碰撞体的内部会发生碰撞，那么从内到外就会直接穿过，不会发生碰撞。

网格碰撞体的使用有一些限制条件。没有标记为凸的网格碰撞体，只能用于不挂载刚体组件的 GameObject 上面。也就是说，除非将网格碰撞体标记为凸，否则不支持在刚体上挂载网格碰撞体。

某些情况下，为了让网格碰撞体能正常工作，需要在网格导入设置（Mesh Import Settings）里勾选可读可写的选项，比如以下情况：

（1）对挂载网格碰撞体的 GameObject 用到了负的缩放值时，比如(-1,1,1)。

（2）发生切向变形的物体，比如一个旋转了的网格碰撞体有着缩放过的父物体的情形。

优化提示：如果网格仅仅被网格碰撞体组件所使用，那么可以在导入网格资源时去掉法线信息，因为物理系统不需要它。这可以在导入网格设置界面中进行操作。

Unity 5.0 之前的版本还有一个平滑球体碰撞的属性，这个功能用于优化网格碰撞体与球体碰撞体之间的碰撞。在目前的物理引擎中，此功能已经默认开启了，且没有任何必要关闭它，所以取消了这个选项。

3.6　球体碰撞体

球体碰撞体也是一种基本碰撞体，如图 3-11 所示为球体碰撞器的属性。

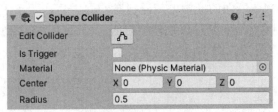

图 3-11　球体碰撞体属性

球体碰撞体可以调整大小，但是不能独立调节 X 轴、Y 轴、Z 轴的缩放比例，也就是说不能将球体变成椭球体。球体碰撞体不仅能用来制作网球、篮球等，还可以用来制作滚落的石块等。

球体碰撞体的属性和功能见表 3.7。

表 3.7　球体碰撞体属性功能

属性	功能
Is Trigger	勾选此项，则变为触发器，不会与刚体发生碰撞
Material	指定一个物理材质。物理材质决定了摩擦力、弹性等，详见物理材质的内容
Center	中心点的坐标（局部坐标系）
Radius	球体半径

3.7 地形碰撞体

地形碰撞体实现了一种可以碰撞的表面，这个表面的形状和地形信息相同，图 3-12 为地形碰撞体的属性。

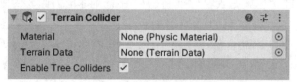

图 3-12 地形碰撞体属性

地形碰撞体的属性与功能见表 3.8。

表 3.8 地形碰撞体属性功能

属性	功能
Material	指定一个物理材质。物理材质决定了摩擦力、弹性等，详见物理材质的内容
Terrain Data	地形数据
Enable Tree Colliders	勾选此项，则地形上的树木也会有碰撞效果

3.8 物理材质

物理材质用来调整物体表面的摩擦力与碰撞时的弹力。在菜单中选择 Assets→Create→Physic Material 就可以创建物理材质。将物理材质从工程窗口中拖曳到场景的碰撞体上，就可以为碰撞体赋予一个物理材质。图 3-13 为设置了木质的物理材质。

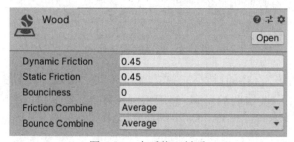

图 3-13 木质物理材质

物理材质的属性和功能见表 3.9。

表 3.9 物理材质属性功能表

属性	功能
Dynamic Friction	动摩擦系数。和物理上动摩擦系统的概念类似，只在物体之间已经发生相对滑动时起效。通常取值范围为 0 到 1 之间，值为 0 时类似于光滑冰面的效果，值为 1 时物体滑动很快就会停下来

属性	功能
Static Friction	静摩擦系数。和物理上静摩擦系数的概念类似，只在物体之间还未发生相对滑动时起效。通常取值范围为 0 到 1 之间，值为 0 时类似于光滑冰面，值为 1 时很难让物体滑动起来
Bounciness	弹性。值为 0 时则碰撞后物体不会反弹，而值为 1 时则在碰撞时不会损失任何能量。这个值可以取大于 1 的值，虽然不太符合实际
Friction Combine	由于发生摩擦时两个物体有各自的摩擦力，本选项决定如何得出综合的摩擦力 Average，双方摩擦系数取平均值 Minimum，双方摩擦系数取最小值 Maximum，双方摩擦系数取最大值 Multiply，双方摩擦系数相乘
Bounce Combine	本选项决定碰撞时如何得出两个物体综合的弹性。下拉菜单与 Friction Combine 类似，不再赘述

摩擦力是阻碍物体之间相对滑动的物理量。在叠放多个物体时这个参数非常重要。摩擦力有两个独立的形式：动摩擦和静摩擦。静摩擦在物体静止时起作用，它会阻止物体发生滑动。而动摩擦则是在两个物体已经发生相对滑动时起效，它会减慢物体相对滑动的速度。

当两个物体的表面接触时，两个物体所受到的弹力和摩擦力一定是一样的。就算两个物体的"摩擦力综合方式"（Friction Combine 选项）不同，实际上也只会是一种方式在生效。在这里，不同的综合方式其实是有优先级的：平均方式<最小值方式<相乘方式<最大值方式。也就是说，如果接触的二者，一个采用平均方式，另一个采用最大值方式，那么实际上是采用最大值方式计算摩擦力。

请注意，物理系统底层所使用的 NVIDIA PhysX 引擎是针对性能与稳定性优化的，并不要求完全符合真实的物理规律。举个例子，当两个物体的接触面大于一个点的时候（比如两个叠放的盒子），物理引擎会直接假设是两个接触点进行计算，这样造成的结果就是摩擦力大概是真实世界的 2 倍。这时可能需要将摩擦系数降低一半来让结果显得更真实一些。

而弹性计算的问题也是类似的。NVIDIA PhysX 引擎并不保证碰撞时能量计算的精确性，毕竟要得到精确结果的影响因素太多，比如碰撞位置修正等。例如，将球体放在空中然后下坠、碰到地上弹起来的情况，如果设置弹性系数为 1，那么球体可能弹得比初始位置还高。

3.9 固定关节

固定关节限制了一个物体相对另一个物体的自由移动。与父子关系不同，它像是用胶水或是某种零件将两个物体固定在一起，是一种用物理的方式将二者结合起来的方式。使用固定关节最合适的情景是制作两个可以被外力断开的物体，或是两个需要一起运动而又不是父子关系的物体。图 3-14 所示为固定关节属性。

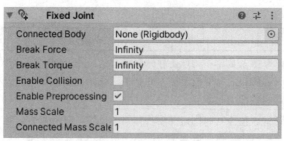

图 3-14　固定关节属性

有些时候，需要物体时而结合在一起、时而分开。固定关节很适合这种情况，因为在脚本中改变物体的父子关系非常麻烦，而开启或关闭关节则相对简单得多。但是也有附加条件，那就是这两个物体必须是刚体才能使用关节。

例如，如果想实现"黏性炸弹"，就需要在脚本中实现一种逻辑，检测炸弹与其他刚体的碰撞，如果碰到了敌人，就创建一个固定关节连接敌人和炸弹，然后敌人移动时炸弹就会一直跟着他了。

固定关节的属性和功能见表 3.10。

表 3.10　固定关节属性功能表

属性	功能
Connected Body	指定这个物体与哪个物体进行关节连接，如果不指定，则连接到场景上
Break Force	将两个物体断开所要施加的力
Break Torque	将两个物体断开所要施加的扭矩
Enable Collision	勾选此项表示被关节连接的两个物体仍然会互相碰撞
Enable Preprocessing	预处理选项。在某些关节稳定性不佳的时候，可以考虑取消勾选此项

可以调整 Break Force 和 Break Torque 属性来设置能让关节断开的阈值。当物体被施加的力大于此阈值时，固定关节就被破坏而不再限制两个物体。

注意：①创建关节时别忘了设定要连接的物体。②创建关节需要刚体。

3.10　铰链关节

铰链关节用来连接两个刚体，限制两个刚体的相对运动，就好像是用一个铰链（或者说合页）连接它们。铰链常见的例子是普通的房门、链条、钟摆等。铰链本身具有一个轴，连接的物体可以绕着该轴旋转，图 3-15 所示为铰链关节属性。

一个 GameObject 应当仅使用一个铰链关节。铰链的位置和轴的方向可以由 Anchor 和 Axis 参数指定。一般来说不需要指定铰链连接的另一个物体（Connected Body），除非铰链本身还会跟着另一个物体移动或旋转，下面来详细解释。

思考一下如何使用铰链实现一扇门的效果。轴的方向竖直向上，铰链组件挂在门上，位置在门板和墙之间。这里并不需要设置铰链连接到墙面，默认铰链会连接在场景上。

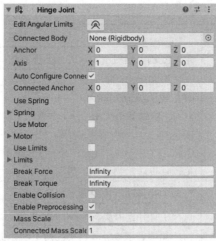

图 3-15　铰链关节属性

再来想一想如何在这个门上再开一个小狗门。小狗门是横着沿 X 轴转动的一扇门，而且整体会随着大门而运动。所以小狗门应该指定大门为铰链连接的另一个物体，这样小狗门的铰链关节就与大门的运动相关联了。

再来看锁链的实现。可以用一连串的铰链关节来实现锁链，先制作锁链中的一个环，环上有一个铰链关节。然后多个环依次排开，每个环上的铰链的另一个物体都指定为前一个环。这样就形成了一个锁链。

铰链关节的属性和功能见表 3.11。

表 3.11　铰链关节属性功能表

属性	功能
Connected Body	指定这个物体与哪个物体进行关节连接，如果不指定，则连接到场景上
Anchor	铰链轴连接在本物体的位置，以这个物体的局部坐标系表示
Axis	铰链轴的方向，以局部坐标系的向量表示
Auto Configure Connected Anchor	勾选此项时，Connected Anchor 参数会根据 Anchor 参数自动计算。如果不勾选，可以自行设置 Connected Anchor 参数
Connected Anchor	铰链相对于被连接物体的位置。如果不勾选自动设置，可以在这里进行手动设置。这里用的是被连接物体的局部坐标系
Use Spring	勾选此项启用弹簧力，弹簧力可以在物体偏移指定角度时施加一个回复力
Spring	启用弹簧力时可以指定以下参数： Spring，物体偏移指定角度时的弹簧力的大小 Damper，弹簧阻尼，值越大则物体越慢被拉回 Target Position，目标角度，弹簧会将物体尽可能拉向这个角度
Use Motor	启用马达会让铰链关节像马达一样自动旋转
Motor	启用马达时可以指定以下参数： Target Velocity，目标速度，马达将尽可能达到这个速度 Force，最大的力，为达到指定速度能施加的最大的力 Free Spin，自由旋转，勾选此项时，如果当前旋转速度比指定速度还快，马达也不会进行刹车

续表

属性	功能
Use Limits	角度限制。当启用本项时，会限制物体旋转的角度
Limits	当启用角度限制时，可以调节以下参数： Min，旋转的最小角度 Max，旋转的最大角度 Bounciness，当物体旋转到最小或最大角度时，会有多大的弹性将它弹回 Contact Distance，接触距离。可以理解为允许的误差范围，合理的误差范围可以防止物体发生抖动
Break Force	将两个物体断开所要施加的力
Break Torque	将两个物体断开所要施加的扭矩
Enable Collision	勾选此项表示被关节连接的两个物体仍然会互相碰撞
Enable Preprocessing	预处理选项。在某些关节稳定性不佳的时候，可以考虑取消勾选此项

一般情况下不需要指定铰链连接的另一个物体。

设定一个合适的让关节断开的力可以实现一个能够被破坏的游戏世界。用这种方法可以让角色毁坏环境，例如用火箭筒把带有铰链的门打飞。

通过铰链的弹簧力、马达和限制角度等功能，可以优化铰链的效果。

马达和弹簧力的功能是被设计为单独使用的，同时开启这两个功能可能会导致不可预料后果。

3.11　弹簧关节

弹簧关节可以将两个刚体连接在一起，它会让两个物体保持一定的距离，不能太近也不能太远，就像用弹簧连接二者一样，图 3-16 所示是弹簧关节属性。

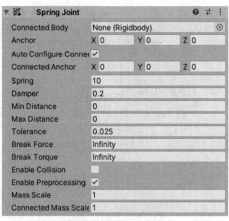

图 3-16　弹簧关节属性

弹簧关节用起来很像一条真实的弹簧，它会试图拉动两个锚点（Anchor），尽可能让它们的距离在一个范围之内。弹簧的拉力与两个物体偏移稳定位置的多少正相关，具体力的大小还受到弹簧的强度的影响。为了避免弹簧无限反复伸缩还要设置阻尼，让弹簧的伸缩逐渐稳定下来。更大的阻尼值会让弹簧更快地稳定。

可以手动设置另一个物体上锚点的位置，也可以勾选自动设置连接的锚点。Unity 会以两个物体的初始位置为准，得出弹簧的初始长度。

最小距离（Min Distance）与最大距离（Max Distance）允许设置一个让弹簧稳定的距离范围。例如可以指定物体的距离在 10 米到 20 米之间，过近或过远会让弹簧推远或者拉近两个物体。

弹簧关节的属性和功能见表 3.12。

表 3.12　弹簧关节属性功能表

属性	功能
Connected Body	指定这个物体与哪个物体进行关节连接，如果不指定，则连接到场景上
Anchor	弹簧连接在本物体上的位置，以这个物体的局部坐标系表示
Auto Configure Connected Anchor	是否自动计算另一个物体连接弹簧的位置
Connected Anchor	另一个物体和弹簧连接的位置，以另一个物体的局部坐标系表示
Spring	弹簧的强度
Damper	弹簧的阻尼
Min Distance	最小距离。当两个物体的距离低于此值时，弹簧开始起作用。注：最大、最小值默认为 0，代表以两个物体的初始距离为准
Max Distance	最大距离。当两个物体的距离高于此值时，弹簧开始起作用
Tolerance	弹簧长度允许的误差。这个值可以允许弹簧静止时有不同的长度
Break Force	将两个物体断开所要施加的力
Break Torque	将两个物体断开所要施加的扭矩
Enable Collision	勾选此项表示被关节连接的两个物体仍然会互相碰撞
Enable Preprocessing	预处理选项。在某些关节稳定性不佳的时候，可以考虑取消勾选此项

3.12　角色控制器

角色控制器主要用于第三人称或第一人称视角的游戏，且不使用刚体的物理特性来控制角色，图 3-17 所示是角色控制器属性。

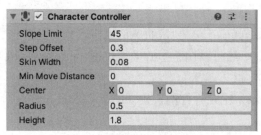

图 3-17　角色控制器属性

3.12.1 属性

表 3.13 为角色控制器的属性功能列表。

表 3.13　角色控制器属性功能表

属性	功能
Slope Limit	限制角色所能爬上的最大斜坡的角度
Step Offset	限制角色所能爬上的最高台阶的高度。这个高度不能高于角色本身的高度，否则会提示错误
Skin Width	表面厚度。指角色的碰撞体和场景碰撞体之间允许穿透的深度。较大的表面厚度有助于减少抖动的发生，较小的表面厚度可能会让角色卡在场景上无法移动。建议设置表面厚度为半径的10%
Min Move Distance	最小移动距离。如果角色试图移动一个很小的距离（小于本参数），则角色根本不会移动，这个功能有助于减少抖动的发生。在大多数情况下这个值可以设置为0
Center	中心位置，这个参数会偏移胶囊碰撞体的位置，以世界坐标表示，用这个参数不会影响角色本身的中心位置
Radius	角色的胶囊碰撞体的半径
Height	角色的胶囊碰撞体的高度，这个高度是以角色中心为基准的，而不是角色的脚下

图 3-18 是角色控制器的示意图。

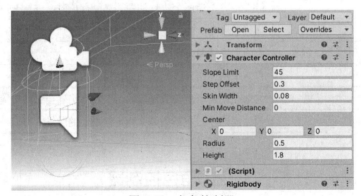

图 3-18　角色控制器

3.12.2 小技巧

1. 调整参数的技巧

首先可以修改高度和半径，让控制器的外形更接近角色的外形。对于人形角色来说，别忘了高度应当是 2 米左右。还可以调整中心偏移位置（Center），以便让角色中心和控制器中心尽量一致。

台阶高度（Step Offset）也是一样的，确保对于 2 米左右的人物来说，台阶高度在 0.1 米到 0.4 米之间。

坡度限制（Slope Limit）不应当太小，设置为 90°，在大部分情况下可以工作得很好，就算这么设置，角色也并不会爬上墙。

2. 防止角色被卡住

调整角色控制器的时候，皮肤厚度是最重要的属性之一。如果角色被卡住了，那么最有可能的情况是皮肤厚度太小。适当的皮肤厚度会允许角色少量穿透其他物体，有助于避免角色抖动或是被卡住。

一般来说，可以让皮肤厚度总是大于 0.01 米，且大于半径的 10%。

建议将最小移动距离（Min Move Distance）设置为 0。

设置角色控制器的参数需要一些经验，可以通过观看官方演示进行学习。

3. 其他技巧

● 如果角色偶尔被卡住，试着调整皮肤厚度。

● 添加自定义脚本可以让角色对其他物体造成物理上的影响。

● 角色控制器不会对物理影响（比如外力）做出反应。

● 请注意，修改角色控制器的参数时，引擎会在场景中重新生成控制器。所以在之前产生的碰撞信息会丢失，而且在调整参数的时候所发生的碰撞并不会产生 OnTriggerEntered 事件。但在角色再一次移动时就能正常碰撞了。

3.13 常量力

常量力组件是一种方便地添加持续力的方式，简单来说就是挂载了此组件的物体，会持续受到一个固定大小、固定方向的力。它用在发射出的物体（比如火箭弹）上的效果很好，可以表现出逐渐加速的过程而不是一开始就有巨大的速度。

要让火箭弹持续前进，可以在 Relative Force 属性上加上一个沿 Z 轴方向的力。然后设置刚体的阻尼参数来限制火箭弹的最大速度，如图 3-19 所示。阻尼越大，火箭弹的最大速度就越小。还要记得去掉重力以便让火箭弹稳定在它的轨道上。

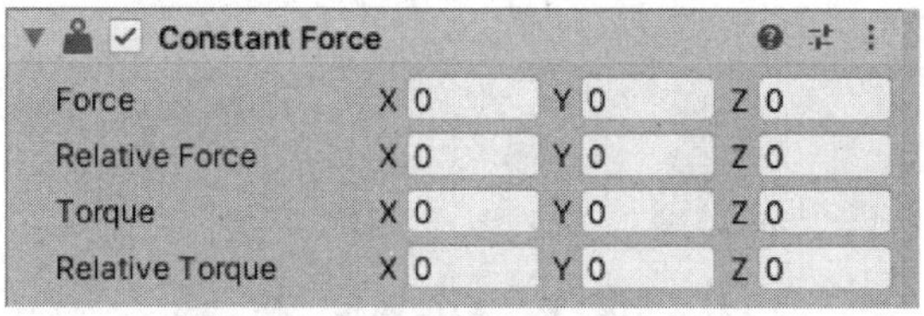

图 3-19 常量力设置

常量力的属性功能见表 3.14。

表 3.14 常量力属性功能表

属性	功能
Force	力。用世界坐标系的向量表示
Relative Force	力。用局部坐标系的向量表示
Torque	扭矩。用世界坐标系的向量表示。物体会在扭矩作用下旋转，扭矩越大，旋转越快
Relative Torque	扭矩。用局部坐标系的向量表示

小技巧：

（1）要让物体上浮，可以为物体增加一个沿世界坐标系的 Y 轴正方向的力。

（2）要让物体飞行着前进，可以为物体增加一个沿局部坐标系的 Z 轴正方向的力。

3.14　车轮碰撞体

车轮碰撞体是一种针对地面车辆而特别设计的碰撞体。它内置了碰撞检测、轮子物理模型以及基于滑动摩擦力的驱动模型。理论上来讲，它不能用于模拟车轮，但是在实际设计中用它来模拟车辆的轮胎是最佳选择。图 3-20 所示为轮子碰撞体属性。

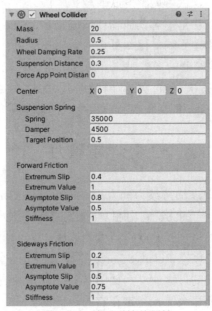

图 3-20　轮子碰撞体属性

3.14.1　属性

轮子碰撞体的属性功能见表 3.15。

表 3.15　轮子碰撞体属性功能表

属性	功能
Mass	车轮的物理质量
Radius	车轮半径
Wheel Damping Rate	车轮的阻尼
Suspension Distance	避震器行程。避震器的最大偏移距离，以局部坐标系计算。避震器总是沿局部坐标系的 Y 轴的方向运动
Force App Point Distance	力的施加点。这个值定义力从车轮的静止位置沿避震器行程方向施加的位置。当该值为 0 时，力将在静止时施加在轮底。通常在车辆重心略下方施加力是更好的选择

属性	功能
Center	轮子中心的位置，以局部坐标系表示
Suspension Spring	避震器设置。车辆的避震器同时提供弹力（弹簧）和阻尼（避震筒），来为车辆提供支撑力和稳定性 Spring，弹力（弹簧提供的力），较大的弹力让车身回到中位的速度更快 Damper，阻尼，较大的阻尼可以让避震器运动得更慢 Target Position，弹力目标位置，取值范围为 0～1，1 表示弹簧完全拉伸，0 表示弹簧完全压缩。默认取值为 0.5，符合一般车辆的设定
Forward/Sideways Friction	前向/侧向阻尼。可以通过它来设置车轮前进和侧滑的阻尼。具体数值在接下来的车轮阻尼曲线中设置

3.14.2 详细说明

在该组件内部，车辆碰撞检测方式是发射射线，射线从车轮中心沿局部坐标系的 Y 轴向下发射。车轮具有半径且能向下拉伸，最大距离受避震器行程（Suspension Distance）控制。车辆在脚本中由引擎扭矩（motorTorque）、刹车扭矩（brakeTorgue）、转向角度（steerAngle）属性控制。

车轮摩擦力计算比较特殊，它不使用 Unity 内置的物理引擎来计算，而是使用一种定制的基于滑动摩擦的物理模型，这种方法可以有针对性地实现非常真实的物理效果。唯一需要注意的是由于不使用内置物理模型，所以常规的物理材质设置在这里不起作用。

3.14.3 具体的设置方法

不需要手动让游戏物体转动来让车辆前进——表示轮子的游戏物体本身只要固定在车身上即可。但是从画面表现来说，还是要让轮子转起来才真实。所以一般的做法是将车轮的物理系统和车轮模型的外观完全区分开来，图 3-21 所示为车轮碰撞体（Wheel Colliders）和车轮外观（Wheel Models）分离设置。

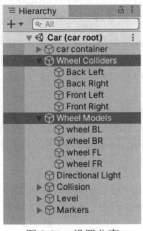

图 3-21 设置分离

注意：车轮碰撞体的辅助框线在游戏运行时不会实时更新。

3.14.4 碰撞体的外形问题

由于车辆的速度可能会非常快，所以跑道的碰撞体也非常重要。跑道环境的碰撞网格应当尽量平滑和简单，不应当和模型外观一样有小的凹陷、凸起等。碰撞网格通常是基于场景外形的，但是要做出必要的改动，让它尽可能平滑。另外这些碰撞体也不应当太薄，比如，如果护栏是很薄的一层碰撞体，就应当适当加厚，让车辆在速度很快时撞到它也不至于发生穿透。

3.14.5 车轮阻尼曲线

轮胎的阻尼可以用车轮阻尼曲线（Wheel Friction Curve）来表示，车轮的转动阻尼和侧滑阻尼是独立设置的。从物理原理上来说，滑动摩擦系数和静摩擦系数具有不同的数值。而在实际模拟中，轮胎和路面相对滑动的速度和当时产生的摩擦力是一个复杂的关系，可以用曲线来描述，如图 3-22 所示。

这个曲线描述了相对滑动和摩擦力的关系。这里有两个关键点，将曲线分为三段。第一段是从原点到 Extremum Slip/Value，第二段是从 Extremum Slip/Value 到 Asymptote Slip/Value，在第二段之后，曲线会保持为平行于 X 轴的线不再变化。

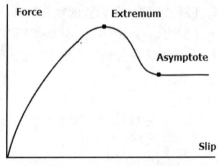

图 3-22　阻尼曲线

如何理解这个曲线呢？对真正的轮胎来说，在轮胎和地面相对滑动较小时，橡胶材质会受到挤压并提供比较大的摩擦力，抵消了滑动的趋势，且速度越快、压力越大，提供的摩擦力也越大；之后继续加大滑动，到一定程度之后轮胎开始打滑，随着滑动的加剧，摩擦力反而下降；最终随着滑动加大，摩擦力不再变化，就形成了这个曲线的样子。

3.14.6 小技巧

（1）在赛车游戏中，车辆速度可能很快，有必要减少物理计算的帧间隔时间。在时间管理器中可以调节这个数值，默认值为 0.02 秒。更小的间隔表示更高的物理帧率，也就意味着更准确、更稳定的物理运算和更大的性能负担。

（2）为防止太容易翻车的情况，可以在脚本中适当降低刚体的重心，还可以根据车辆速度施加下压力。通常速度越快，需要的下压力越大，F1 赛车独特的造型就是充分考虑下压力的结果。

3.15　车辆创建入门

首先，我们来创建一个具有基本功能的车辆，搭建一个最简单的场景——用一个平面来作为地面，为方便起见，设置它的位置为(0,0,0)，并将缩放设置为 100 倍（缩放值为(100,0,100)），让地面足够大。

3.15.1　创建车辆的基本框架

（1）添加一个空物体作为车的根节点，将它命名为 car_root。

（2）为 car_root 添加刚体组件，将质量调整为 1500kg，以符合正常车辆的重量。

（3）创建车身的碰撞体。简单做法是用一个盒子作为车身，也就是创建一个立方体（Cube）作为 car_root 的子物体，注意立方体的位置应当重置（Reset），以保持和 car_root 一致。车身应当是前后比左右更长，所以设置 Z 轴缩放为 3。

（4）添加车轮的根节点。选中 car_root 添加空物体作为子物体，命名为 wheels，重置变换组件。实际上不一定需要为轮子创建根节点，但是有这个根节点之后调试和修改参数会方便很多。

（5）创建第一个轮子。选中 wheels 节点，再创建一个空的子物体，命名为 frontLeft（左前轮），设置好它在左前轮的位置，比如(-0.5,-0.4,1)，然后添加车轮专用的碰撞体（Component→Physics→Wheel Collider）。

（6）复制左前轮的游戏物体，和左前轮同样都是 wheels 的子物体。修改 X 值为 0.5、名称为 frontRight（右前轮）。

（7）同时选中左前轮和右前轮，复制并修改 Z 值为-1，名称分别为 backLeft（左后轮）和 backRight（右后轮）。

（8）选择 car_root，适当升高整个车身让它位于地面之上。

效果如图 3-23 所示。

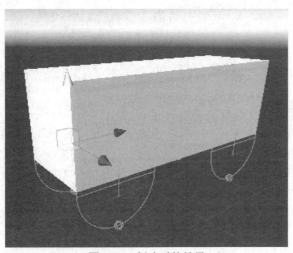

图 3-23　创建后的效果

3.15.2 控制车辆

要让车辆可以实现正常功能，需要写一个基本的控制器脚本。以下代码实现了基本的控制功能。

```csharp
using UnityEngine;
using System.Collections;
using System.Collections.Generic;

// 以下定义了每个轮子的参数，是比较好的组织方法
//[System, Serializable]让该自定义类可以在编辑器中编辑
[System.Serializable]
public class AxleInfo
{
    public WheelCollider leftWheel;
    public WheelCollider rightWheel;
    public bool motor;          //是否受发动机驱动（比如前驱车的后轮不受发动机控制）
    public bool steering;       //是否可转向（一般后轮不可转向）
}
public class SimpleCarController : MonoBehaviour
{
    public List<AxleInfo> axleInfos;     //每个轴的信息
    public float maxMotorTorque;         //每个轮子的最大扭力
    public float maxSteeringAngle;       //最大转向角度
    public void FixedUpdate()
    {
        //读取横坐标、纵坐标的输入
        float motor = maxMotorTorque * Input.GetAxis("Vertical");
        float steering = maxSteeringAngle * Input.GetAxis("Horizontal");

        foreach (AxleInfo axleInfo in axleInfos)
        {
            if (axleInfo.steering)
            {
                axleInfo.leftWheel.steerAngle = steering;
                axleInfo.rightWheel.steerAngle = steering;
            }
            if (axleInfo.motor)
            {
                axleInfo.leftWheel.motorTorque = motor;
                axleInfo.rightWheel.motorTorque = motor;
            }
        }
    }
}
```

创建一个新的 C#脚本并命名为 SimpleCarController.cs,挂载到 carroot 物体上,内容如上面的代码所示。之后就可以在编辑器中修改每个轮子的具体参数,编辑好以后就可以运行测试了。

图 3-24 和 3-25 的参数设置非常典型,适合表现一辆普通的车辆。

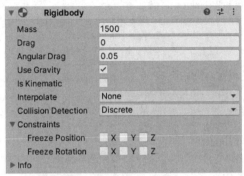

图 3-24 车辆刚体设置

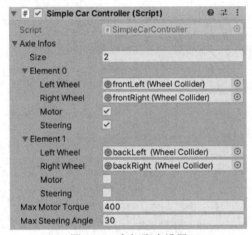

图 3-25 车辆脚本设置

车轮碰撞体最多可以在一个车辆上安装 20 个轮子,每个轮子都可以被施加转向扭矩、驱动扭矩和刹车扭矩。

3.15.3 车轮的外观

接下来制作车轮的外观。从上面的试验可以发现车轮碰撞体虽然受脚本的控制,但是却不会模拟车轮的转动,添加一个能转动的车轮模型需要一些技巧。

首先,需要一些车轮的模型,可以暂时用圆柱体代替。有两种方法在脚本中访问视觉上的车轮:一种是用公开的变量,将车轮物体拖曳上去;另一种是在脚本中查找相应的节点。以下代码的示例采用了第二种方式,需要注意必须将视觉上的车轮作为物理车轮的子节点。

```
using UnityEngine;
using System.Collections;
using System.Collections.Generic;
//本脚本是对之前脚本的修改,细节的注释请参考前一个脚本
```

```
[System.Serializable]
public class AxleInfo
{
    public WheelCollider leftwheel;
    public WheelCollider rightWheel;
    public bool motor;
    public bool steering;
}
public class SimpleCarController : MonoBehaviour
{
    public List<AxleInfo> axleInfos;
    public float maxMotorTorque;
    public float maxSteeringAngle;
    //查找相关的视觉车轮
    //设置位置与旋转以表现车轮转动
    public void ApplyLocalPositionToVisuals(WheelCollider collider)
    {
        if (collider.transform.childCount == 0)
        { return; }
        Transform visualWheel = collider.transform.GetChild(0);
        Vector3 position;
        Quaternion rotation;
        collider.GetWorldPose(out position, out rotation);
        visualWheel.transform.position = position;
        visualWheel.transform.rotation = rotation;
    }
    public void FixedUpdate()
    {
        float motor = maxMotorTorque * Input.GetAxis("Vertical");
        float steering = maxSteeringAngle * Input.GetAxis("Horizontal");
        foreach (AxleInfo axleInfo in axleInfos)
        {
            if (axleInfo.steering)
            {
                axleInfo.leftWheel.steerAngle = steering;
                axleInfo.rightWheel.steerAngle = steering;
            }
            if (axleInfo.motor)
            {
                axleInfo.leftWheel.motorTorque = motor;
                axleInfo.rightWheel.motorTorque = motor;
                ApplyLocalPositionToVisuals(axleInfo.leftWheel);
                ApplyLocalPositionToVisuals(axleInfo.rightWheel);
            }
        }
    }
}
```

学习了如何制作基础的车辆之后，再推荐一个非常有价值的扩展包。在资源商店中查找 Vehicle Tools 扩展包，其中包含了装配轮式车辆以及悬挂系统的工具，它适用于制作实践中的车辆。

3.16 小结

物理引擎是一个很大的标题，涵盖的内容也很多，在虚拟的游戏世界内模拟真实的物理，涉及到要处理的方面非常多，即使考虑得非常全面，在实际的运行过程中也会有很多想象不到的问题出现。这一章是带领大家入门，了解 Unity 的物理特性以及它的各种个性，在接下来的项目开发章节内，我们都会使用到物理系统，并作出合理的运用，让大家在今后的开发中熟悉并掌握物理系统的使用。

第4章 图形用户界面——UI

自 Unity 4.6 推出了一个新的图形用户界面系统后，用户即可快速直观地创建图形用户界面。同时，在进行人机交互界面的开发过程中，经常需要获取用户的输入情况，包括触控屏幕的相关参数、按键的情况等。UGUI 提供了强大的可视化编辑器，提高了 GUI 开发的效率。本章主要对 Unity 3D 中的 UI 系统进行详细介绍。

本章要点

- 常用控件使用方法
- Rect Transform 矩形变换
- 音乐播放器 UI 搭建

4.1 UGUI 图形用户界面系统

值得注意的是，在 UI 系统中，所有图片的 Texture Type 必须是 Sprite。

动手操作：将图片设置为 Sprite。

步骤 1：将图片资源导入，在 Project 窗口中单击任意图片，如图 4-1 所示。

步骤 2：在 Inspector 窗口中，将 Texture Type 设置为 Sprite(2D and UI)，如图 4-2 所示。

图 4-1　图片参数

图 4-2　设置图片格式

步骤 3：单击 Apply 按钮，这样图片就设置成为 Sprite 了。

4.2　UGUI 控件系统介绍

UI（User Interface）即用户界面。一个项目一般包含按钮、文本框、图片等，通过合理地设计及应用可以搭建出优美的用户界面。

创建 UI 控件有两种方式：

第一种：在 Hierarchy 窗口中通过右击，从 UI 列表中找到相应的 UI 控件。

第二种：通过工具栏 GameObject→UI，找到相应的 UI 控件。

4.2.1　Canvas 画布

Canvas 代表 UI 被放置和渲染的虚拟空间。所有的 UI 控件都必须是 Canvas 的子对象。当我们创建一个新的 UI 控件时，如果场景中没有 Canvas，将自动创建一个 Canvas，Canvas 的相关参数如图 4-3 所示。

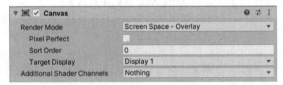

图 4-3　Canvas 画布属性

不管用上述哪种方式创建画布，系统都会自动创建一个名为 EventSystem 的游戏对象，上面挂载了若干与事件监听相关的组件可供设置。

特性：

（1）只有放在 Canvas 下的子物体才会参与 UI 的渲染。

（2）形状大小取决于屏幕分辨率，创建出来的 Canvas 是一个矩形，我们可以修改 Game 窗口的分辨率选项来修改矩形的大小，窗口分辨率默认设置为 FreeAspect，也可以把它切换成 1920 像素×1080 像素这样具体数值的分辨率，这样我们的界面才不容易出现变形。

（3）子物体的渲染层级取决于 UI 元素在层次结构中出现的顺序，两个 UI 元素在位置上重叠，层级结构下方的 UI 元素会遮挡上方的 UI 元素。可以参考图 4-4 和图 4-5 帮助理解。

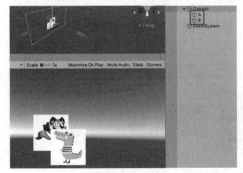

图 4-4　渲染顺序 1

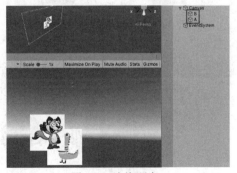

图 4-5　渲染顺序 2

注意：在图 4-4 和图 4-5 中，A、B 两个对象是两个 Image 组件，用于显示图片。当 A 在 B 上方时，如图 4-4 所示，A 被后渲染的 B 挡住；当 B 在 A 上方时，如图 4-5 所示，A 把先渲染的 B 挡住。这样在 Hierarchy 层级窗口中简单地拖曳就可以改变出现在最上层的 UI 元素。

参数功能见表 4.1。

表 4.1 参数功能表

参数	功能
Render Modes（渲染模式）	UI 界面通过 Canvas 的渲染模式来设置自己渲染在屏幕空间还是世界空间。Canvas 的渲染模式有三种，分别是：Screen Space-Overlay、Screen Space-Camera 和 World Space Screen Space-Overlay（覆盖渲染模式），此渲染模式表示画布下所有的 UI 元素永远置于屏幕最顶层，无论有没有摄像机，UI 元素永远渲染在最上面。UI 会根据屏幕尺寸以及分辨率的变化作出相对应的适应性调整，如图 4-6 所示 Screen Space-Camera（摄像机渲染模式），类似 Overlay，但此渲染模式表示画布永远被放置在指定摄像机的前方，无论摄像机移到哪儿或者旋转视角，画布永远跟着摄像机的视角走。由于所有 UI 元素都是由指定摄像机来渲染，所以摄像机的设置会影响 UI 画面，如图 4-7 所示 World Space（世界空间渲染），此渲染模式表示设置界面在世界空间中渲染，可以单独设置 UI 的位置、旋转、缩放的变换。可以理解为 UI 组件成为游戏世界中的一个物体，比如游戏中经常用到的血条、对话文本框，如图 4-8 所示
Pixel Perfect（优化像素渲染）	只能在屏幕空间渲染中开启，打开后 UI 会进行抗锯齿渲染
Sort Order（渲染排序）	不同的 Canvas 根据渲染顺序的层级设置，显示成不同的遮挡关系
Target Display（显示目标）	在 Overlay 模式下将会出现，和多屏显示相关
Additional Shader Channels（附加着色器通道）	设置在创建画布网格时使用的附加着色器通道

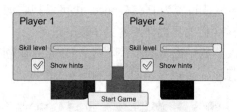

图 4-6 Screen Space-Overlay

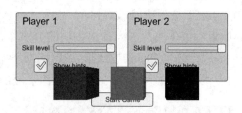

图 4-7 Screen Space-Camera

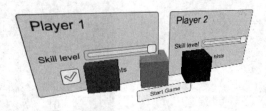

图 4-8 World Space

4.2.2 Text 文本

Text 文本控件用于文字的显示。我们可以方便地改变文字的字体、样式、大小、对齐方式、颜色等属性。Text 文本控件的形态与 Unity 中相应的参数如图 4-9、图 4-10 所示。

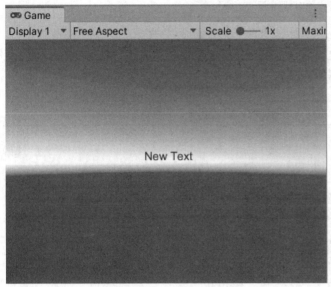

图 4-9　Text 文本控件形态

图 4-10　Unity 中相应参数

特性：

（1）用于图片信息的显示。

（2）不可交互，但可屏蔽、遮挡单击事件。

参数功能见表 4.2。

表 4.2　参数功能表

参数	功能
Character（字符设置）	
Font（字体）	Unity 的默认字体是 Arial。可以从 C:\>Windows>Fonts 中选取其他字体进行替换，也可以从网上下载字体，甚至可以自己制作静态字体（可以利用 BitMap 工具制作字体的图集，这个方法广泛用于制作伤害扣血的 UI 显示效果）
Font Style（字体风格）	进行字体的加粗、倾斜等设置
Font Size（字号大小）	设置字号的大小，这里注意，如果字号设置得过大，超过了矩形变换组件设置的宽度或高度，文字将不会显示（很多时候 PS 中的字号大小和 Unity 中的字号大小是有区别的，应该用像素大小来统一）
Line Spacing（行间距）	间隔的是当前字号大小的倍数
Rich Text（富文本）	如果勾选该选项，可以通过加入颜色命令字符来修改文字颜色（例如，<color=#525252>变色的内容 </color>）。游戏公告的编辑就需要用到该功能

参数	功能
Paragraph（段落设置）	
Alignment（对齐）	设置文字上下左右居中等对齐效果
Alignment By Geometry（几何对齐）	图文混排的时候需要该功能配合
Horizontal Overflow 和 Vertical Overflow（水平换行和竖直换行）	如果选择 Wrap 和 Truncate 选项，内容将会束缚在设定的宽度高度之内；如果选项为 Overflow，内容将会超出设定的边界。
Best Fit（完美适配）	如果勾选这个选项，将会以矩形变换组件的宽度、高度、边界，动态修改文字的大小，让所有内容刚好填充满这个框
Color（颜色）	若用了富文本修改颜色，则不会改变用到的富文本的文字颜色

4.2.3　Image 图像

UI 界面最基础的组成元素，一切需要渲染出图片信息的功能都会使用到 Image 图像控件。Image 图像控件的形态与 Unity 中相应的参数如图 4-11 和图 4-12 所示。

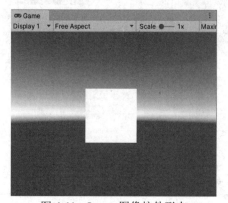

图 4-11　Image 图像控件形态

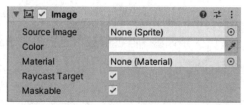

图 4-12　Unity 中相应参数

特性：

（1）用于图片信息的显示。

（2）不可交互，但可屏蔽、遮挡单击事件。

参数功能见表 4.3 示。

表 4.3　参数功能表

参数	功能
Source Image（源图片）	Image 显示的图片，图片格式为 Sprite
Color（颜色）	设置图像的颜色。当不存在 Source Image 资源时，设置的颜色就是显示的颜色，当存在 Source Image 资源时，颜色设置会与 Sprite 的像素颜色相乘
Material（材质）	设置图像的材质

续表

参数	功能
Raycast Target（射线目标）	勾选表示这个 UI 会接受射线。当我们单击 UI 元素时，Event System 会自动发射 UI 射线，射线接触到第一个打开接受射线选项的显示组件时将会消失。所以当界面响应不了单击事件时，很有可能是上层出现了一个 UI 遮挡住了事件
Maskable	勾选此项表示图形可以被遮蔽

4.2.4 Button 按钮

按钮组件用于相应玩家的单击输入，是游戏中与玩家交互较多的组件之一。需要使用按钮的例子有：确认某一选项（如开始游戏、保存进度），开启其他界面，取消某一进程（取消下载更新等）。按钮的形态与 Unity 中相应的参数，如图 4-13、图 4-14 所示。

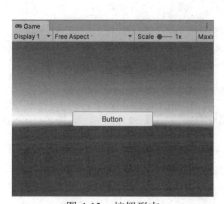

图 4-13　按钮形态

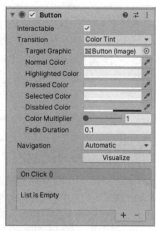

图 4-14　Unity 中相应参数

特性：

（1）对于单击输入，从按下到释放鼠标按钮是一次完整的单击。

（2）一次完整的单击才会调用 OnClick 事件。

（3）动画集成（Animation Integration）可以利用其自带的动画系统表现各种 UI 组件的状态切换。若要使用动画切换，需要在对应的 UI 组件上添加 Animator 组件，当然也可以单击 UI 组件上的 Auto Generate Animation 按钮来实现。Unity 已经提供了一些默认的切换动画，当然也可以根据需要自定义动画。部分参数功能见表 4.4。

表 4.4　参数功能表

参数	功能
Target Graphic（目标图像）	Button 组件绑定的图片组件。注意：如果该项为空，按钮单击事件将会失效。此外，有按钮绑定的图片组件勾选了 Raycast Target 参数才能有单击效果
Interactable（可交互）	是否开启按钮交互，若取消则按钮会变成 Disabled Color 选择的颜色，此时按钮不会响应单击操作

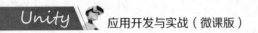

参数	功能
Transition（切换效果）	按钮的单击效果类型。Unity 自带了 3 种类型，分别为 Color Tint（颜色变化）、Sprite Swap（图片切换）、Animation（动画变化）。不同类型对应的 Normal、Highlighted、Pressed、Disabled，分别为按钮不单击时的效果、鼠标光标移动到按钮时的效果、单击时的效果和未激活时的效果
On Click（单击事件）	单击事件可以将单击按钮后的行为关联至我们自己写的代码中

动手操作：Button 的使用

步骤 1：新建 Unity 工程项目，将图片文件复制到工程文件夹下，如图 4-15 所示。注意，图片要转换为 Sprite 类型，方法见 4.1 节。

图 4-15　更改图片格式

步骤 2：在 Hierarchy 窗口中右击，在弹出的菜单中选择 UI→Button，如图 4-16 所示。

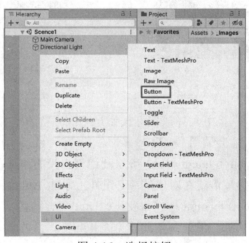

图 4-16　选择按钮

步骤 3：将图片拖曳到 Source Image，并设置"Highlighted Color"为黑色、"Pressed Color"为绿色，如图 4-17 所示。

步骤 4：将 Hierarchy 窗口里的 Button 的子对象 Text 删除，并运行游戏。将鼠标移动到按钮上面时就看到按钮图片颜色变为黑色，如图 4-18 所示。鼠标单击按钮的瞬间变为绿色，如图 4-19 所示。

图 4-17　按钮颜色设置

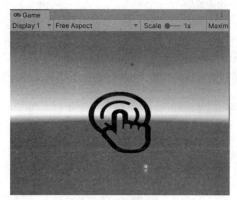

图 4-18　移动鼠标

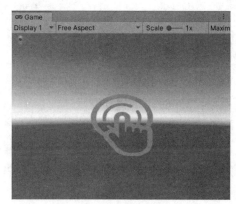

图 4-19　单击鼠标

4.2.5　Toggle 开关

Toggle 开关控件是一个允许用户选择或取消选中某个选项的复选框。例如游戏中背景音的播放/关闭、玩家确认相应的游戏条款等情况。图 4-20～图 4-22 分别是单选框控件的显示效果、子对象结构图和 Unity 中相应的参数。

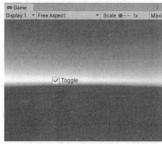

图 4-20　单选框控件显示效果

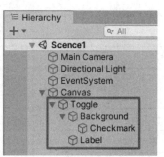

图 4-21　子对象结构图

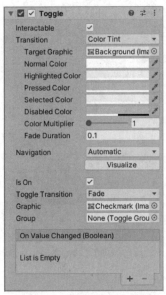

图 4-22　Unity 中相应参数

从图 4-21 中看出，Toggle 的子对象中包含 Background，它是一个 Image 组件，作为开关的背景；Checkmark 也是一个 Image 组件，用于显示选中后的图案，如图 4-20 中"对勾"图样；Lable 是一个 Text 组件，可用来显示开关的信息，如图 4-20 中"Toggle"字样。在游戏中如果用不到 Lable 可以将其删除。

特性：

（1）用于切换某一选项的选中状态。

（2）当选中状态发生变化时，调用 OnValueChanged 事件。

参数功能见表 4.5。

表 4.5　参数功能表

参数	功能
Interactable（可交互）	是否开启按钮交互，若取消则按钮会变成 Disabled Color 选择的颜色，此时按钮不会响应单击操作
Transition（切换效果）	单击效果类型，Unity 自带了 4 种类型，分别为 None（无变化）、Color Tint（颜色变化）、Sprite Swap（图片切换）、Animation（动画变化）
Navigation（受控方向）	决定组件可受鼠标、键盘等输入设备控制的方向。分为 None（不受任何方向上的输入影响）、Horizontal（受水平方向的输入影响）、Vertical（受垂直方向的输入影响）、Automatic（自动控制）、Explicit（自定义）
Is On（选中）	设定单选框的选中状态
Toggle Transition（选项切换效果）	选项变化时的切换效果。分为 None（选中效果直接显示/消失）、Fade（选中效果渐进/渐出）
Graphic（源图片）	选中效果的源图片
Group（所属组）	该组件所属的单选框组（如果存在的话）
On Value Changed（值变化）	单击事件，会将现有状态的 boolean 值传出

4.2.6 Slider 滑动条

滑动条控件是玩家在游戏中接触较多的一种 UI 组件。常见于游戏设置（如改变画面亮度、设置鼠标灵敏度、调节游戏音量等），许多游戏带有的"捏人"功能中也会用到滑动条组件（如调整身高、胸围、腰围等身体数据）。图 4-23 是滑动条控件的显示效果，图 4-24 是其子对象结构图，图 4-25 是 Unity 中相应的参数。

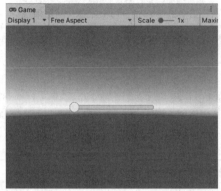

图 4-23 滑动条控件显示效果

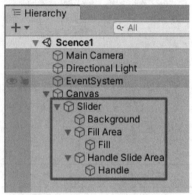

图 4-24 子对象结构图

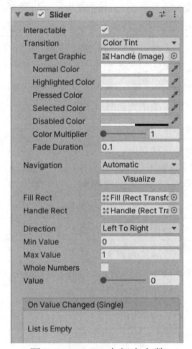

图 4-25 Unity 中相应参数

Slider 的子对象中，Background 是滑块主题背景，本身为一个 Image 组件；Fill Area 下的子对象 Fill 代表已经被选中的部分，类似图 4-26 中灰色部分，它会随着滑块的左右滑动而改变长度；Handle 子对象是玩家单击的滑块按钮，即图 4-27 中黑色部分。

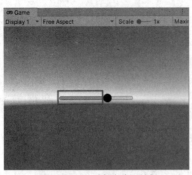

图 4-26　已被选中区域

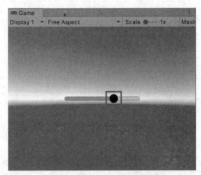

图 4-27　滑块按钮

特性：

（1）根据滑动块的拖曳距离改变值的大小。

（2）当值发生变化时调用 On Value Changed 事件。

参数功能见表 4.6。

表 4.6　参数功能表

参数	功能
Interactable（可交互）	是否开启按钮交互，若取消则按钮会变成 Disabled Color 选择的颜色，此时按钮不会响应单击操作
Transition（切换效果）	单击效果类型，Unity 自带了 4 种类型，分别为 None（无变化）、Color Tint（颜色变化）、Sprite Swap（图片切换）、Animation（动画变化）
Navigation（受控方向）	决定组件可受鼠标、键盘等输入设备控制的方向。分为 None（不受任何方向上的输入影响）、Horizontal（受水平方向的输入影响）、Vertical（受垂直方向的输入影响）、Automatic（自动控制）、Explicit（自定义）
Fill Rect（填充区）	滑动条的填充区域
Handle Rect（滑动块区）	滑动块信息
Direction（填充方向）	拖动滑动块时，滑动条的填充方向。分为 Left To Right（从左向右填充）、Right To Left（从右向左填充）、Bottom To Top（从底到顶填充）和 Top To Bottom（从顶到底填充）
Min Value（最小值）	滑动块所能滑动到的最小值
Max Value（最大值）	滑动块所能滑动到的最大值
Whole Numbers（整数化）	是否将变化值限制为整数
Value（滑动值）	现阶段所滑动的值。若在 Inspector 中修改，会将其设为初始值，但在运行过程中会动态改变
On Value Changed（值变化）	当滑动条的值发生变化时会被调用的事件。无论 Whole Numbers 是否被选中都只会传出 Float 类型的值

4.2.7　Scrollbar 滚动条

滚动条控件通常用于查看超出可视范围的图片或界面。在游戏中常用于查看背包物品、书信等较长的文字信息、超出画面范围的菜单选项。Scrollbar 组件和 Slider 组件功能相似。图

4-28～图 4-30 分别是滚动条控件的显示效果、子对象结构图和 Unity 中相关的参数。

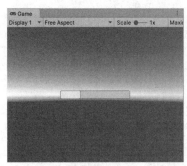

图 4-28 滚动条控件显示效果

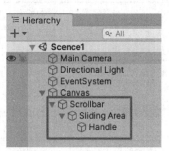

图 4-29 子对象结构图

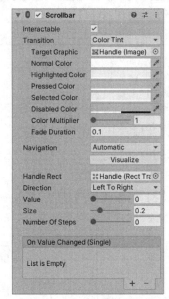

图 4-30 Unity 中相关参数

特性:

(1)滚动块的大小会随着填充区域的大小变化。

(2)滚动条值的大小与滚动块的长度、滚动块的位置、滚动区域的大小有关,是一个百分比数值。

(3)滚动块位置变化时会调用 On Value Changed 事件。

参数功能见表 4.7。

表 4.7 参数功能表

参数	功能
Interactable(可交互)	是否开启按钮交互,若取消则按钮会变成 Disabled Color 选择的颜色,此时按钮不会响应单击操作
Transition(切换效果)	单击效果类型,Unity 自带了 4 种类型,分别为 None(无变化)、Color Tint(颜色变化)、Sprite Swap(图片切换)、Animation(动画变化)

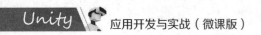

参数	功能
Navigation（受控方向）	决定组件可受鼠标、键盘等输入设备控制的方向。分为 None（不受任何方向上的输入影响）、Horizontal（受水平方向的输入影响）、Vertical（受垂直方向的输入影响）、Automatic（自动控制）、Explicit（自定义）
Handle Rect（滚动块区）	滚动块的图像信息
Direction（滚动方向）	当滚动条的值变大时，滚动块的移动方向。分为 Left To Right（从左向右移动）、Right To Left（从右向左移动）、Bottom To Top（从底到顶移动）和 Top To Bottom（从顶到底移动）
Value（滚动块的位置）	滚动条的值，是一个相对的百分比，范围从 0.0～1.0
Size（滚动块的尺寸）	滚动块的填充范围，限制为从 0.0～1.0
Number Of Steps（步长）	滚动块可滚动的位置数量
On Value Changed（值变化）	当滚动条的值发生变化时会被调用的事件，将 Float 类型的值传出

4.2.8 Input Field 文本框

游戏中经常会有输入行为，比如登录时输入账号密码、在聊天栏输入信息。这时候需要使用文本框控件来接收用户的输入数据。

如果在手机上单击输入框，Unity 会自动打开手机的输入法键盘。

文本框控件可以对输入的数据进行约束，Unity 自带了各种设置的格式类型，能检测输入的数据是否满足设置的约束。图 4-31 和图 4-32 分别是文本框控件的显示效果与 Unity 中相关的参数。

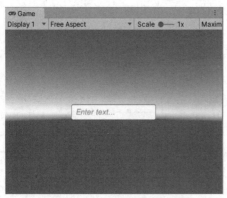

图 4-31　文本框控件显示效果

图 4-32　Unity 中相关参数

特性：

（1）唯一的文本输入组件。

（2）自带约束类型，实现输入字符的屏蔽。

（3）可以定义显示效果，如颜色变换、图片变换、动画变换。

（4）文字显示效果和大小取决于依赖的文本组件。

参数功能见表4.8。

表4.8 参数功能表

参数	功能
Interactable（可交互）	决定该组件是否可以接受用户交互
Transition（切换效果）	决定组件触发 Normal、Highlighted、Pressed、Disabled 时的切换效果
Navigation（导航排布）	决定空间的排布顺序
Text Component（保存输入信息的文本组件）	输入的文本将会显示在该参数的文本组件上
Text（起始文本）	编辑开始时显示的初始文本
Character Limit（字符限制）	限制写入的最大字符数
Content Type（内容约束类型）	决定字段输入字符的类型 Standard（标准），任何字符都可以输入 Autocorrected（自动校正），输入未知单词时，建议用户选取更合适的候选项替代。如果用户不重写字符，将会自动替换文本 Integer Number（整型数字），只允许输入整型的数字字符 Decimal Number（小数），允许输入数字和小数点后的数字 Alphanumeric（字母数字），允许输入数字和字母，无法输入符号 Name（名字），自动让首字母大写 Email Address（邮箱地址），允许输入最多包含一个@符号的字母、数字字符串 Password（符号密码），允许输入符号，自动将文字隐藏成星号 * Pin（数字密码），只允许输入数字，自动将文字隐藏成星号 * Custom（自定义），自定义约束
Line Type（显示格式）	定义字符在文本中的显示格式 Single Line（单行），允许输入的文本只显示在一行内 Multi Line Submit（多行提交），允许使用多行显示，当有需要时显示新的一行 Multi Line Newline（多行换行），允许使用多行文本。用户可以通过按回车键使用换行符
Placeholder（占位符）	无任何字符输入时，输入框组件会提示请输入文本
Caret Blink Rate（光标闪烁速率）	定义放置在行上的标记闪烁速率
Selection Color（选定部分的颜色）	选定文本部分的背景颜色
Hide Mobile Input（隐藏移动设备）	在移动设备的屏幕键盘上隐藏已经输入的文本

4.2.9　Dropdown 下拉菜单

游戏中浏览任务/角色信息、游戏设置（如选择分辨率和画质）等经常会使用该组件。图 4-33 是下拉菜单组件的显示效果，图 4-34 是其子对象结构图，图 4-35 是 Unity 中相关的参数。

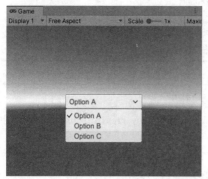

图 4-33　下拉菜单组件显示效果

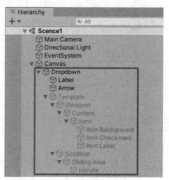

图 4-34　子对象结构图

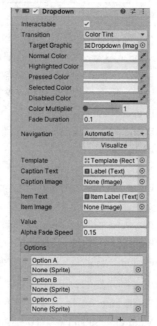

图 4-35　Unity 中相关参数

DropDown 控件的子对象中，Label 是一个 Text 组件，用于显示下拉菜单的信息；Arrow 是一个 Image 组件，用于显示下拉箭头的图案，如图 4-33 显示的箭头图样；Template 是一个下拉列表控件，用来显示下拉菜单的信息。

特性：

仅可选择所提供选项中的一项，当选中其中一项时会调用 On Value Changed 事件。

（1）下拉选项既可以是文字，也可以是图片。

下拉菜单的位置取决于 Template 的锚点和中心点的位置，下拉菜单的弹出方向会根据组件位置改变，以防止出现下拉菜单超出画布的范围，导致内容无法显示的情况。表 4.9 是下拉菜单的参数功能表。

表 4.9　参数功能表

参数	功能
Interactable（可交互）	是否开启交互
Transition（切换效果）	单击效果类型，Unity 自带了 4 种类型，分别为 None（无变化）、Color Tint（颜色变化）、Sprite Swap（图片切换）、Animation（动画变化）
Navigation（受控方向）	决定组件可受鼠标、键盘等输入设备控制的方向。分为 None（不受任何方向上的输入影响）、Horizontal（受水平方向的输入影响）、Vertical（受垂直方向的输入影响）、Automatic（自动控制）、Explicit（自定义）
Template（选项存储的位置）	下拉菜单内容的父节点
Caption Text（已选选项的文字信息）	现有已选选项的文字信息（可选）
Caption Image（已选选项的图片信息）	现有已选选项的图片信息（可选）
Item Text（下拉菜单选项的文字信息）	下拉菜单选项的文字信息（可选）
Item Image（下拉菜单选项的图片信息）	下拉菜单选项的图片信息（可选）
Value（选择位置）	现有已选选项的位置。0 代表第一项，1 代表第二项，以此类推
Options（选项列表）	选项列表。既可编辑文字信息，也可编辑图片信息
On Value Changed（值变化）	单击下拉菜单选项时调用的事件

4.3　Rect Transform 矩形变换

4.3.1　Pivot 轴心点

Position、Rotation 和 Scale 的基准位置。一般情况下，旋转和缩放都以轴心点来围绕。特别需要注意的是，必须在 Pivot 模式才能改变轴心点位置，如图 4-36 所示。

Scene 场景视图中轴心点和坐标位置如图 4-37 所示。

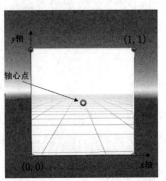

图 4-37　轴心点和坐标位置

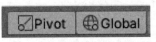

图 4-36　修改模式为 Pivot

4.3.2　Anchors 锚框

Anchors 锚框是由 4 个三角形组成，每个三角形都可以分别移动，可以组成一个矩形，4 个三角形在重合的情况下组成一个点。由于 Anchors 计算较复杂，我们可以一步一步来理解。

（1）预设 Anchor：在 Inspector 检视窗口中，Rect Transform（矩形变换）左上角有个 Anchor Presets（锚框预设）按钮，单击它并弹出事先预定好的 Anchor Preset（锚框预设），单击 Shift 或者 Alt 键，出现不同的设置界面，如图 4-38 和图 4-39 所示。

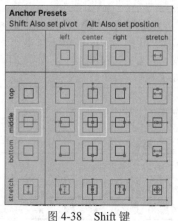

图 4-38　Shift 键

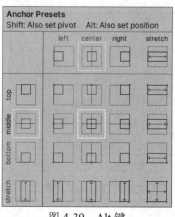

图 4-39　Alt 键

（2）自定义 Anchors：如果没有达到预期效果，可通过 Anchor 属性来调整。

1）Anchors Max/Min。通过此设置来调整 UI 元素的大小和对齐方式，即调整四个三角形的位置，取值范围均为 0-1。

2）Rect Transform Position 的变化。在调整 Anchors 的时候，发现 Inspector 检视窗口里的 Position 不断变化，就是 PosX/Y、Width/Height 和 Lef/Rigth/Top/Bottom 有的显示，有的消失，给初学者带来了困惑。下面我们来分析变化的原因。

以 Image 图片宽度为例，将 x 轴的两个锚点分为三段，分别是 a，b，c，如图 4-40 所示。一般情况下，Width=a+b+c，也就是说图片的宽度。

- 当 b≠0 时，即两个锚点不重合，就出现 Left 和 Right，其中 a 表示 Left 的长度，c 表示 Right 的长度，如图 4-40 所示。
- 当 b=0 时，即两个锚点重合，就出现 PosX 和 Width，PosX 表示锚点离轴心点的距离，如图 4-41 所示。

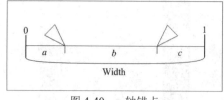

图 4-40　x 轴锚点

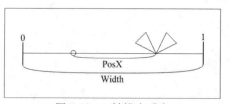

图 4-41　x 轴锚点重合

高度 y 轴同理。

4.4 UGUI 界面布局实例——音乐播放器 UI

经过前面的介绍，读者已经对 UGUI 基本控件的创建和使用有了一个基本的了解。本节将给出一个由 UGUI 系统搭建的音乐播放器 UI。希望通过对本节内容的学习，读者能对 UGUI 系统的使用更加得心应手。播放器界面如图 4-42 所示。

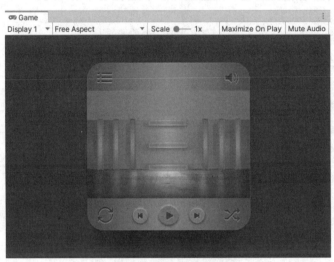

布局元素控件

UI 案例的操作

图 4-42　播放器界面

（1）导入本示例需要用到的图片资源。图片列表及用途见表 4.10。

表 4.10　图片用途

图片	用途
delete.png	删除按钮图标
musicPlayer_List.png	音乐列表按钮背景图
musicPlayer_Title.png	音乐列表界面标题背景
musicPlayer_Play.png	播放按钮
musicPlayer_SkipNext.png	播放下一首按钮
musicPlayer_Repeat.png	重新开始按钮
musicPlayer_Next.png	下一首按钮背景
musicPlayer_SkipPrevious.png	播放上一首按钮
musicPlayer_Player.png	用于显示作者的背景
musicPlayer_Light1.png	光晕 1
musicPlayer_Light3.png	光晕 3
musicPlayer_Background.png	场景背景图
Edit.png	编辑按钮图标
musicPlayer_Mask.png	音乐列表界面背景

续表

图片	用途
musicPlayer_SoundBtn.ong	音量按钮
musicPlayer_BG.png	播放按钮背景
musicPlayer_List1.png	显示音乐列表界面按钮
musicPlayer_Shuffle.png	随机播放按钮
musicPlayer_Back.png	上一首按钮背景
musicPlayer_XS.png	修饰播放器的图片
musicPlayer_BG1.png	显示当前音乐名称的背景
musicPlayer_Light2.png	光晕 2
musicPlayer_BG2.png	播放器主界面背景图
musicPlayer_Base.png	滑块 handle 图

需要注意的是，导入的图片类型是 PNG 类型的，在使用前需要在 Inspector 窗口中将导入的图片设置为 Sprite（2D and UI），这样图片资源才能通过 Image 控件正常显示出来，如图 4-43 所示。

图 4-43　修改图片格式

（2）搭建 UI。本部分所使用的控件较多，每个控件的创建方法都已经介绍过，所以此处不再赘述。下面将用表格的形式介绍场景中 Canvas 下的 MusicPlayer 及其子对象，读者可以按照表 4.11 中的内容及层级关系依次进行创建。

表 4.11　UI 控件介绍

UI 元素	控件类型	介绍
MusicPlayer	Image	音乐播放器主界面
MusicName	Image	用于显示当前音乐的背景
MakerName	Image	用于显示作者的背景
PlayerBT	Button	"播放"按钮
BTImage	Image	"播放"按钮图标
BackBT	Button	"上一首"按钮

UI 元素	控件类型	介绍
BTImage	Image	"上一首" 按钮图标
NextBT	Button	"下一首" 按钮
BTImage	Image	"下一首" 按钮图标
ShuffleBT	Button	"随机播放" 按钮
RepeatBT	Button	"重新播放" 按钮
Light	GameObject	用于存放光晕图片的父对象
Center	Image	中部光晕
Top	Image	顶部光晕
Light	Image	灯图片
ListBT	Button	"显示音乐列表" 按钮
SoundBT	Button	"调节音量" 按钮

（3）按照表 4.11 的内容创建 MusicPlayer 游戏对象及其子对象，为每个控件赋予相应的贴图后，在 Game 视图中应该可以看到图 4-42 所示的效果。其子对象结构如图 4-44 所示。

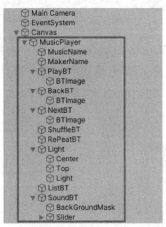

图 4-44　子对象结构

（4）为了使画布在 3D 场景中进行旋转等变换，将 Canvas 游戏对象中的 Canvas 组件中的 Render Mode 设置为 World Space，如图 4-45 所示。然后将 SoundBT 下的子对象 BackGroundMask 中的 Image 组件的颜色设置为黑色，透明度设置为半透明，如图 4-46 所示。

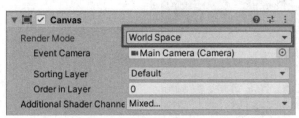

图 4-45　修改 Canvas 参数

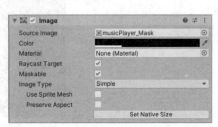

图 4-46　修改 Image 颜色

（5）设置完 BackGroundMask 游戏对象的 Color 后，将其位置和大小设置为和 MusicPlayer 游戏对象重合，这样做的目的是，当 BackGroundMask 游戏对象被激活后，整个 UI 变暗，突出 Slider 控件。

（6）对 Slider 游戏对象进行设置，该滑块用于调节音量，其位置位于"音量"按钮的正下方。为了获得一个垂直的滑块，将 Slider 组件中的 Direction 参数设置为 Botom to Top，如图 4-47 所示。

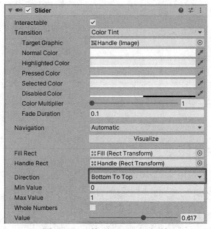

图 4-47　修改 Slider 参数

（7）将 Sider 子对象中的 Handle 的贴图设置为 musicPlayer_Base.png，将滑块中的 Fill 游戏对象的 Image 组件中的 Color 设置为淡紫色。全部设置完成之后，将 Slider 游戏对象和 BackGroundMask 游戏对象关闭，如图 4-48 和图 4-49 所示。

图 4-48　关闭游戏对象　　　　　　　　　图 4-49　关闭游戏对象

（8）接下来介绍音乐播放器的音乐列表界面 MusicList 的搭建。在本示例中，单击 ListBT 界面由主界面跳转到音乐列表界面，音乐列表界面显示当前音乐播放器中包含的音乐，运行效果如图 4-50 所示。MusicList 中的 UI 元素介绍见表 4.12。

图 4-50　音乐列表界面

表 4.12 界面介绍

UI 元素	控件类型	介绍
MusicList	Image	音乐列表界面背景
List	GameObject	用于存放歌曲 Button 的空对象
Title	Image	音乐列表标题背景
BackMenuBT	Button	"返回主界面" 按钮
EditBT	Button	"编辑列表" 按钮

（9）根据表 4.12 创建好游戏对象后，MusicList 的子对象结构如图 4-51 所示。首先选中 List 游戏对象，为其添加 Grid Layout Group 组件，并对其内部参数进行设置，如图 4-52 所示。

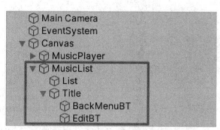

图 4-51 音乐列表子对象结构

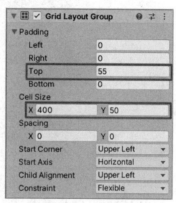

图 4-52 修改参数

（10）选中 MusicList 游戏对象，为其添加 Scroll Rect 组件及 Mask 组件，并将 Scroll Rect 组件的 Content 参数设置为 List 游戏对象，如图 4-53 所示。添加这两个组件后，MusicList 就变成了一个滚动视图，并且超出的内容可以由鼠标上下拖动。

图 4-53 修改参数

（11）设置完成后选中 MusicList 游戏对象，并将其关闭，如图 4-54 所示。这是因为在示例运行后 MusicList 界面是看不到的，只有当玩家单击 ListBT 按钮后该游戏对象才会被激活。

图 4-54　关闭游戏对象

（12）制作用于显示音乐列表中元素按钮的预制件。首先创建一个 Button 控件，将其命名为 ListButton，其 Rect Transform 的设置如图 4-55 所示。然后将该按钮下的子对象 Text 命名为 Count，Count 用于显示当前歌曲的编号。最后将其摆放到合适的位置。

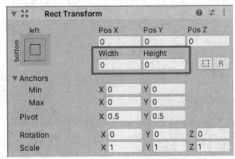

图 4-55　修改参数

（13）在 ListButton 游戏对象下再创建一个 Text 控件，将其命名为 MusicInformation，它用于显示音乐的信息（音乐名及歌手）。调整大小后将其摆放到合适的位置。Count 和 MusicInformation 控件中的 Text 组件设置如图 4-56 和图 4-57 所示。

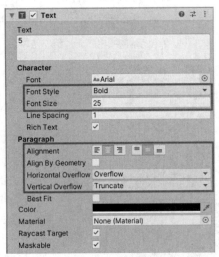

图 4-56　修改参数

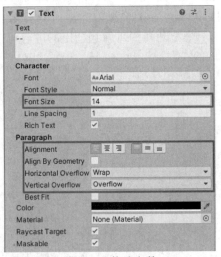

图 4-57　修改参数

（14）将两个 Text 控件设置完成后，开始创建删除按钮 DeleteBT。在 ListButton 子对象中创建一个 Button 控件，将其命名为 DeleteBT，删除其下的 Text 控件，并创建一个 Image 控件代替。DeleteBT 对应的贴图为 musicPlayer_SkipPrevious.png，Image 对应的贴图为 delete.png。

设置完成后，ListButton 子对象的结构如图 4-58 所示，效果如图 4-59 所示。

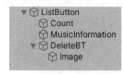

图 4-58　ListButton 子对象结构

Count　MusicInformation　DeleteBT

图 4-59　ListButton 效果图

（15）将 ListButton 创建完成后，将 DeleteBT 子对象关闭。在 Project 面板中右击，在弹出的快捷菜单中选择 Create→Prefab，创建一个预制件，将其命名为 ListButton。然后将游戏场景中的 ListButton 拖曳给该预制件，完成设置。

（16）场景的搭建已经基本结束，下面介绍本示例脚本的开发及使用。首先创建一个 C# 脚本 MusicBtnListener.cs，该脚本的主要功能为监听主界面中所有按钮的触控事件。具体代码如下。

```csharp
using UnityEngine;
using System.Collections;
using UnityEngine.UI;
public class MusicBtnListener : MonoBehaviour
{
    public Button bplay;                                    //播放按钮
    public Button bnext;                                    //下一首按钮
    public Button blist;                                    //显示列表按钮
    public Button bsound;                                   //声音按钮
    public Button bbackMenu;                                //返回主界面按钮
    public GameObject MusicPlayer;                          //播放器主界面
    public GameObject MusicList;                            //音乐列表
    private bool setSound = false;                          //是否正在设置声音
    private bool showList = false;                          //是否显示列表
    void Start() {
        blist.onClick.AddListener(OnListBtnClick);          //给显示列表按钮添加点击监听
        bplay.onClick.AddListener(OnPlayBtnClick);          //给播放按钮添加点击监听
        bsound.onClick.AddListener(OnSoundBtnClick);        //给声音按钮添加监听
        bbackMenu.onClick.AddListener(OnListBtnClick);      //返回主菜单按钮添加监听
    }
    void OnListBtnClick() {                                  //显示列表与返回主菜单按钮监听方法
        showList = !showList;                                //更改是否显示列表标志位
        MusicList.SetActive(showList);                       //设置主菜单界面是否显示
    }
    void OnPlayBtnClick() {                                  //播放按钮监听
        Debug.Log("play");                                  //打印点击
    }
    void OnSoundBtnClick() {                                 //音量按钮点击监听
        setSound = !setSound;                               //更改标志位是否为设置状态
        bsound.transform.GetChild(0).gameObject.SetActive(setSound);  //开启/关闭 背景遮罩
        bsound.transform.GetChild(1).gameObject.SetActive(setSound);  //开启/关闭 音量滑块
}}
```

说明： 创建好脚本后，将该脚本挂载在 Canvas 游戏对象上，并将其中的按钮分别拖曳到脚本上，如图 4-60 所示。该脚本的内容较为简单，在 Start 方法中将每个按钮的监听方法设置好，然后对应每个方法实现相应的单击功能即可，如第 21～32 行即为定义的 3 个按钮的单击监听方法。

图 4-60　按钮拖曳到脚本上

（17）接下来创建脚本 MusicListBtnListener.cs，该脚本挂载在 Canvas 游戏对象上，用于初始化音乐列表，并包含了音乐列表界面中每个按钮的监听。具体代码如下。

```
using UnityEngine;
using System.Collections;
using UnityEngine.UI;
public class MusicListBtnListener : MonoBehaviour {
    public AudioClip[] ac;                              //音乐资源数组
    public GameObject List;                             //列表游戏对象
    public GameObject musicBT;                          //制作好的 ListButton 预制件
    public Button bEdit;                                //编辑按钮
    private ArrayList alb = new ArrayList();            //动态数组 储存在列表中的歌曲
    private bool isEdit = false;                        //当前是否为编辑模式标志位
    void Start() {
        for(int i = 0; i < ac.Length; i++) {           //生成按钮
            GameObject bt = Instantiate(musicBT);       //实例化预制件
            bt.GetComponent<RectTransform>().
            SetParent(List.GetComponent<RectTransform>());  //设置父对象
            bt.GetComponent<RectTransform>().localScale = Vector3.one;      //调整大小
            bt.GetComponent<RectTransform>().localPosition = Vector3.zero;  //调整位置
            string[] musicInfomation = ac[i].name.Split('-');   //按照 '-' 符号拆分音乐名
            bt.transform.Find("Count").GetComponent<Text>().text = "" + (i + 1);  //设置编号
            bt.transform.Find("MusicInformation").GetComponent<Text>().text =  //歌手 名称
            string.Format("<size=12>{0}</size>" + "\n<size=15>{1}</size>",
            musicInfomation[0], musicInfomation[1]);
            //设置 MusicInformation 的显示
            bt.GetComponent<Button>().onClick.AddListener(
            //给实例化的按钮添加监听
            delegate() {
                this.onListElementBtnClick(bt);
```

```
                    //添加一个带有"GameObject"参数类型的监听
                });
                Button bdelete = bt.transform.Find("DeleteBT").GetComponent<Button>();
                //获取删除按钮
                bdelete.onClick.AddListener(              //给删除按钮添加监听
                delegate() {                              //委托
                    this.OnDeleteBthClick(bt);            //添加一个带参数的监听方法
                });}

List.GetComponent<RectTransform>().sizeDelta =
new Vector2(400, ac.Length * 50 + (ac.Length - 1) * 5);
//根据内容设置列表的大小
bEdit.onClick.AddListener(OnEditBtnListener);              //编辑
for(int i = 0; i < List.transform.childCount; i++) {
    //添加到动态数组
    alb.Add(List.transform.GetChild(i));
    //将 list 的子对象添加到动态列表
    }}
public void onListElementBtnClick(GameObject bt) {
    //每个 UI 列表中的按钮点击监听
    Debug.Log("this is bt" + bt.name);
    //打印按钮信息
    }
void OnEditBtnListener() {
    isEdit = !isEdit;
    //设置当前是否为编辑模式
    foreach(Transform go in alb) {
        //遍历动态列表
        go.transform.Find("DeleteBT").gameObject.SetActive(isEdit);         //将删除按钮开启/关闭
}}
void OnDeleteBthClick(GameObject bt) {                     //删除按钮监听
    alb.Remove(bt.transform);                             //从动态列表中移除 bt
    Destroy(bt);                                          //删除 bt 游戏对象
    UpdateMusicArrayListButtonText();                     //更新列表
}
void UpdateMusicArrayListButtonText() {                   //更新列表方法
    foreach(Transform go in alb) {                        //遍历动态数组
    go.transform.Find("Count").GetComponent<Text>().text =
    "" + (alb.IndexOf(go.transform) + 1);                 //重新设置编号
    }
    List.GetComponent<RectTransform>().sizeDelta =
    new Vector2(400, (alb.Count + 1) * 50);              //重新设置列表的长度
}}
```

（18）最后的运行效果如图 4-61 和图 4-62 所示。

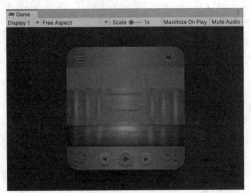

图 4-61　播放器界面

图 4-62　音乐列表界面

4.5　小结

Unity 的游戏内置 UI 系统，用于快速直观地创建游戏内用户界面。Unity 的 UI 系统在实际的应用开发中经常用到，本章简单地介绍了 UI 的入门与实践，还有 UI 的特效、事件以及自动布局等内容大家可以参考官方文档，在后面的实战项目环节有关于游戏和 UI 的配合使用，通过实际的应用开发进一步地了解 UI。

第 5 章 综合小案例

本章导读

经过前几章的学习，我们了解了 Unity 的基本概念和重要特性。接下来，我们通过两个小案例来进入 Unity 的开发。在案例中，将我们之前所学习到的知识点融合起来，并且对于输入控制、脚本编写等方面有一个初步的了解，为我们后续的案例开发打下基础。

本章要点

- 场景准备
- 添加游戏模型对象
- 脚本控制
- UI 在案例中的应用
- 输入控制详解

5.1 小球碰碰碰

小球碰碰碰是 Unity 官方案例的一个小游戏，是 Unity 入门级的一个案例教程，本案例包含了键盘控制、刚体、碰撞器、UI 等内容，是掌握 Unity 开发技能的入门学习教程，运行效果如图 5-1 所示。接下来，我们来详细介绍这个案例。

图 5-1　运行效果

5.1.1　场景准备

（1）在 Hierarchy 窗口内新建一个 Plane 对象（右击→3D Object→Plane），重命名为 Ground，重置它的 Transform 组件，点击右上角的小三点图标，再点击 Reset，如图 5-2 所示。

（2）在 Scale 属性里 X 和 Z 的值改为 2，将 Ground 在水平面方向放大一倍。

（3）在 Project 窗口里新建文件夹 Materials（右击→Create→Folder），用来存放新建的材质球。

（4）在新建的 Materials 文件夹里新建一个材质球（选中 Materials 文件夹，右击→Create →Materials），重命名为 Background。选中材质球，点击 Albedo 后的取色器，选取颜色，如图 5-3 所示。

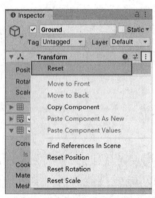

图 5-2　重置 Transform

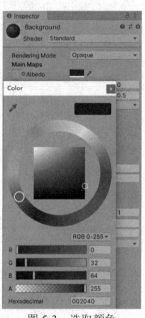

图 5-3　选取颜色

（5）将材质球拖到 Ground 对象上，设置地板的颜色，如图 5-4 所示。

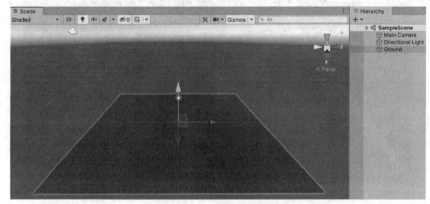

图 5-4　设置地板颜色

（6）在Hierarchy窗口里新建空对象（右击→Create Empty），重命名为Walls，重置Transform组件。选中 Walls 对象，创建子对象 Cube（右击→3D Object→Cube）。设置 Position 值为(0,0,10)，Scale 值为(20.5,1,0.5)，重命名为 North Wall。

（7）选中 North Wall，按下 Ctrl+D，复制另外三个 Wall 对象，分别命名为 South Wall，Position 值为(0,0,-10)，Scale 值(20.5,1,0.5)。West Wall，Position 值为(-10,0,0)，Scale 值为(0.5,1,20.5)，East Wall，Position 值为(10,0,0)，Scale 值为(0.5,1,20.5)。设置完成后效果如图 5-5 所示。

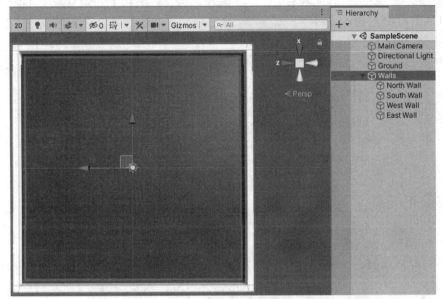

图 5-5　四条围墙效果

5.1.2　转动的立方体

接下来，我们在地板上放置创建旋转的立方体。在中心点之外，有一圈小的立方体，并且运行游戏后，立方体会自动地旋转。这里，我们会使用编写脚本的方式来实现旋转的过程。

（1）在 Hierarchy 窗口内新建空物体，重命名为 PickUps，重置 Transform 组件。选中 PickUps，新建子对象 Cube，并重命名为 PickUp。把这个小立方体的 Position 值设为(0,0.5,6.87)，Rotation 值设为(45,45,45)，Scale 值设为(0.5,0.5,0.5)。

（2）在 Project 窗口里的 Materials 文件夹内新建另一个材质球，重命名为 Pick Up，选中材质球，点击 Albedo 后的取色器，选取颜色为黄色。

（3）将材质球拖到刚刚创建的 PickUp 对象上。勾选 Box Collider 属性里的 Is Trigger 选项（之后小球碰到小立方体能忽视碰撞）。如图 5-6 所示。

（4）给 PickUp 对象添加标签"PickUp"，点击 Tag 旁边的下拉菜单，选择"Add Tag"，如图 5-7 所示。

点击+号按钮，添加 PickUp 标签，如图 5-8 所示。

点击 Save 保存。PickUp 对象选择标签"PickUp"，如图 5-9 所示。

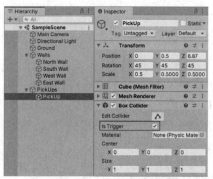

图 5-6　勾选 Is Trigger 选项

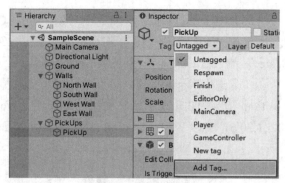

图 5-7　添加标签

图 5-8　设置标签名

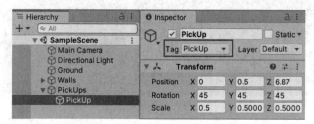

图 5-9　选取标签

（5）在 Project 窗口里的 Scripts 文件夹内新建脚本文件 Rotator.cs。
打开脚本文件，编辑代码如下：

```
public class Rotator : MonoBehaviour {
    void Update ()
    {
        transform.Rotate (new Vector3 (15, 30, 45) * Time.deltaTime);
    }
}
```

这里使用了 Tramsform 类里的 Rotate 方法，Rotate 会以给定的向量值进行旋转，这里 Vector3(15,30,45)表示一个向量值。Update 函数是每帧调用，如果当前的帧率是每秒 120 帧，那表示 Update 函数每秒执行了 120 次，这样旋转速度太快。需要乘上 Time.deltaTime 系数，表示把帧率时间变成普通的以秒为单位时间，即每秒调用 Update 函数一次。

（6）在 Project 窗口内新建文件夹 Prefabs，将 PickUp 小立方体拖入 Project 窗口下变成预制体，并删除在 Hierarchy 窗口里的 PickUp 对象。

（7）在 Project 窗口里的 Scripts 文件夹内新建脚本文件 CreateCubes.cs，并挂载在 PickUps

空对象上，具体代码如下：

```
public class CreateCubes : MonoBehaviour
{
    public float cubeNum=12;
    public GameObject cube;
    void Start()
    {
        float c_angle = 360.0f / cubeNum;
        for (int i = 0; i < cubeNum; i++)
        {
            float x = 7 * Mathf.Sin((c_angle * i) * Mathf.PI / 180.0f);
            float y = 7 * Mathf.Cos((c_angle * i) * Mathf.PI / 180.0f);
            GameObject gobj = Instantiate(cube, transform);
            gobj.transform.position = new Vector3(x, 0.5f, y);
        }
    }
}
```

在以上代码中，新建变量 cubeNum，初始值为 12，表示生成 12 个小立方体。这个变量为公共变量，可以在 Inspector 窗口内更改这个值，根据需求增加或减少小立方体的个数。

定义 GameObject 对象 cube，表示对应预制体对象。在函数 Start 内，用 360 度除以要生成的小立方体个数，从而得到每个立方体间隔角的角度数，接下来将角度数转换成弧度数，利用正弦和余弦函数计算出每个立方体在 X、Z 平面上的坐标。利用循环语句则可以得出 12 个点的坐标，并利用预制体生成 PickUp 对象。在语句 Instantiate(cube, transform) 中，transform 表示所有产生的 cube 对象都是 PickUps 的子对象，每个子对象都有不同的 Position 值，在这里是以中心点为圆心，7 米的半径（这个值可以适当调整）的圆周上的 12 个点，从而实现小立方的均匀排列。

（8）点击运行，则可以看到在 PickUps 下产生了 12 个小立方体 PickUp(Clone)，围绕中心点均匀排列，并自动旋转，如图 5-10 所示。

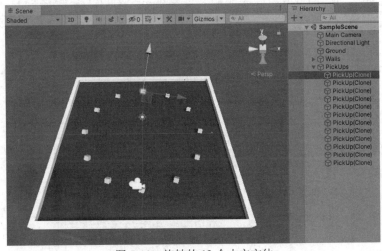

图 5-10　旋转的 12 个小立方体

5.1.3　小球滚动

脚本控制物体
转动与移动

（1）在 Hierarchy 窗口内新建小球对象（右击→3D Object→Sphere），重置 Transform 组件后，重命名为 Player。设置 Position 值为(0,0.5,0)，其他值不变。

（2）给小球添加刚体属性，选中 Player 对象，在 Inspector 窗口内点击 Add Component 按钮，选中 Physics→Rigidbody。我们将通过物理的运动让小球滚动起来。

（3）在 Project 窗口内新建文件夹 Scripts，在 Scripts 内新建脚本文件 PlayerController.cs（选中 Scripts 文件夹，右击→Create→C# Script），重命名为 PlayerController，挂载在 Player 对象上。

（4）在 PlayerController 类中添加如下变量：

```
public float speed;
private Rigidbody rb;
```

以上代码中，speed 表示小球的速度值，我们是通过给小球施加力量让小球滚动，rb 是刚体组件。

（5）在函数 Start 中获取刚体组件。

```
rb = GetComponent<Rigidbody>();
```

（6）为了使小球的滚动速率在不同的运行平台上都保持一致，这里引入 FixedUpdate 函数，这个函数区别于 Update 函数的地方在于，Update 函数是每帧调用，FixedUpdate 函数是固定间隔时间调用，默认的时间间隔是 0.02s，可以在工具栏的 Edit→Project Settings→Time 选项卡里修改这个值。具体实现过程如下：

```
void FixedUpdate()
{
    float moveHorizontal = Input.GetAxis("Horizontal");
    float moveVertical = Input.GetAxis("Vertical");
    Vector3 movement = new Vector3(moveHorizontal, 0.0f, moveVertical);
    rb.AddForce(movement * speed);
}
```

在以上代码中，使用了 Unity 自带的输入系统 Input。打开工具栏的 Edit→Project Settings→Input Manager，如图 5-11 所示。

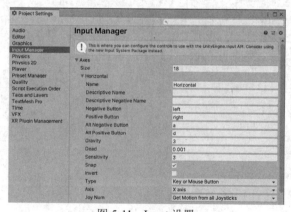

图 5-11　Input 设置

展开 Axes，默认有 18 个子项，分别对应键盘、鼠标、操纵杆等外部输入设备。通过对参数值的修改来调整输入设备的操作，在后面的内容中还会对 Input 内容做详细讲解。

这里的 Horizontal 和 Vertical 属性分别对应键盘上控制方向的键，Horizontal 对应 AD 键和小键盘方向键上的左右，Vertical 对应 WS 键和小键盘方向键上的上下键。

Input.GetAxis("Horizontal")表示当左右控制的 AD 键或左右方向键按下时，返回一个[-1,1]之间的浮点值，同理 Input.GetAxis("Vertical")则表示 WS 键和上下键按下后也返回[-1,1]之间的值。将获取到的值变成一个矢量：Vector3(moveHorizontal, 0.0f, moveVertical)，然后在这个方向上施加一个力：rb.AddForce(movement * speed)，speed 作为力的系数，可以代表力的大小，从而决定小球的速度。这样，小球就能在玩家控制的上下左右方向里进行滚动。

（7）运行游戏，通过 WASD 键或者上下左右方向键来控制小球的滚动方向。Speed 值没有给定初始值，运行后，需要在 Inspector 窗口内输入一个速度值，否则小球不能滚动。滚动效果如图 5-12 所示。

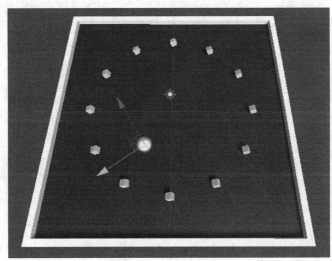

图 5-12　控制小球滚动

5.1.4　得分显示与游戏结束

当小球碰到小立方体后，立方体消失，并得分。得分的显示通过 UI 来实现。具体实现过程如下：

（1）在 Hierarchy 窗口内新建 Canvas（右击→UI→Canvas），新建 Canvas 后会自动生成一个 EventSystem 对象，表示了 UI 组件事件对象。在 Canvas 的渲染模式里选择 Screen Space-Overlay，表示画布直接渲染在屏幕上，如图 5-13 所示。

（2）在 Canvas 下新建两个 UI 组件 Text（选中 Canvas，右击→UI→Text），并重命名为 Count Text 和 Win Text，Count Text 表示碰撞得分，Win Text 表示结束后的显示。选中 Count Text，设置它的对齐锚点位置为左上角，点击 Anchor Presets 的左上角位置，如图 5-14 所示。

设置 Pos 值为(10,-10,0)，Pivot 的值为(0,1)，Text 的文字改为：Count Text，对齐位置不变，为左上对齐，点击 Color 取色器，更改颜色为白色，如图 5-15 所示。

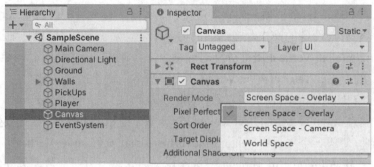

图 5-13　选取画布渲染模式

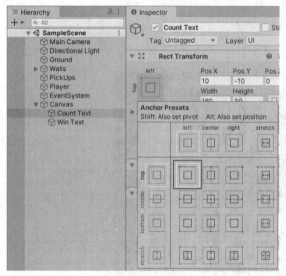

图 5-14　锚点选择

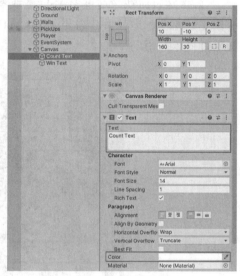

图 5-15　文本设置

（3）Win Text 的位置设置为屏幕居中，不修改锚点位置，Pos 值为（0,75,0），Text 修改为 Win Text，对齐方式为上下左右居中，字号大小改为 24，颜色为白色。设置完成后，可以在 Game 视图内看到如图 5-16 所示效果。

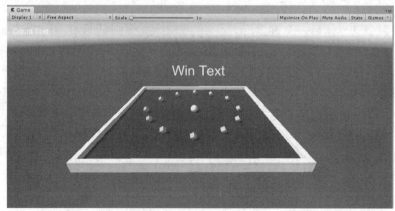

图 5-16　Game 视图效果

（4）将文档显示的控制代码添加到 PlayerController 中，打开 PlayerController 文件，添加如下变量：

```
public Text countText;
public Text winText;
private int count;
```

添加 Text 对象变量 countText 和 winText，添加 Text 类时，需要导入 UnityEngine.UI 包，需要在头部添加 "using UnityEngine.UI;" 代码。countText 和 winText 变量分别对应两个 Text 对象。自定义变量为 count，为临时变量，用来计算分数。

在函数 Start 内初始化变量：

```
count = 0;
winText.text = "";
```

count 值初始化为 0，将 winText 文本框内的内容设为空字符串，则最开始的文本框不显示内容。

（5）自定义函数 SetCountText。

```
void SetCountText()
{
    countText.text = "Count: " + count.ToString();
    if (count >= 12)
    {
        winText.text = "You Win!";
    }
}
```

当函数被调用时，得分文本显示分数的变化，当得分大于 12 分时，显示 "You Win！"，游戏结束。

（6）小球碰到立方体，立方体消失，这里是通过小球碰撞器的触发来实现的。在 PlayController 类里添加函数 OnTriggerEnter，此函数为 Unity 工具函数，表示游戏对象进入到当前物体的碰撞器时触发调用。具体代码如下：

碰撞体实现

```
void OnTriggerEnter(Collider other)
{
    if (other.gameObject.CompareTag("PickUp"))
    {
        other.gameObject.SetActive(false);
        count = count + 1;
        SetCountText();
    }
}
```

在上面代码中，函数的参数 other 表示其他碰撞体对象，在这里，触碰到小球后消失的物体特指小立方体，所以这里通过标签来判断碰到小球对象的其他物体是不是立方体，如果是，则将立方体的 Active 设为 false，即相当于取消了此物体在 Hierarchy 窗口内的显示，则立方体消失。同时，计分变量 count 加 1，并调用函数 SetCountText，将分数的变化显示在屏幕上。

碰撞后的得分处理

（7）保存代码后，将相应的对象拖入 PlayerController 属性，如图 5-17 所示。

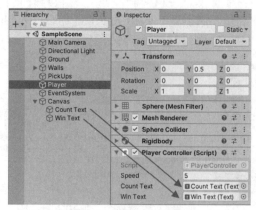

图 5-17　拖入对应属性

（8）点击运行游戏，输入速度值，运行效果如图 5-18 所示。

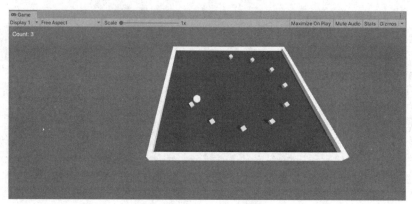

图 5-18　Game 运行效果

5.1.5　摄像头的跟随

从运行效果可以看到，滚动、碰撞、计分的功能都能正常实现，但是视觉效果不好。是因为摄像头是固定位置，没有随着小球的移动而移动，并且是平视角度，要调整摄像头的视角。摄像头的设置如下：

（1）调整摄像头的 Transform 组件，设置 Position 值为(0,9.5,-10)，Rotation 值为(45,0,0)，调整为俯视视角。

（2）在 Project 窗口的 Scripts 文件夹内新建脚本文件 CameraController.cs，并挂载在 Main Camera 上。具体代码如下：

```
public class CameraController : MonoBehaviour {
    public GameObject player;
    private Vector3 offset;
    void Start ()
    {
        offset = transform.position - player.transform.position;
    }
    void LateUpdate ()
```

```
    {
        transform.position = player.transform.position + offset;
    }
}
```

在 Start 函数内确定了摄像头和小球的距离，在 LateUpdate 函数里，让摄像头的位置随着小球的移动而移动，保持固定的偏移量。这里 laterUpdate 函数执行在其他 Update 函数之后，一般用于摄像头跟随的处理。

（3）将小球对象 Player 拖动到属性 player 上。

（4）保持项目，运行游戏，查看完整效果。如图 5-19 所示。

图 5-19　运行效果展示

5.2　自行车控制

在上一个案例里，我们通过 Input Manager 管理键盘输入，下面我们通过自行车运动的案例来讲解 Input Manager 中重要属性。

5.2.1　资源导入

将 bk.unitypackage 导入场景中，导入的资源中包含自行车模型和地板所需材质，如图 5-20 所示。

图 5-20　导入的资源

自行车和地板都包括默认贴图和法线贴图。

5.2.2　车轮控制

（1）新建场景（工具栏 File→New Scene），命名为 MyBicycle，保存在 Scenes 文件夹中。

（2）在 Hierarchy 窗口内新建一个 Plane，重置 Transform，重命名为 Ground。将 Project 窗口内 Floor 内的 Floor 材质球拖到 Plane 上。

（3）将 Project 窗口内 BicycleModel 文件夹内的 Bicycle 模型，拖到场景内。Position 值和 Rotation 值都设为 0，Scale 值设为（0.01,0.01,0.01）。为适应地板的大小，将自行车模型缩小，如图 5-21 所示。

图 5-21　自行车与地板

（4）展开 Hierarchy 窗口下的 Bicycle 模型，如图 5-22 所示。

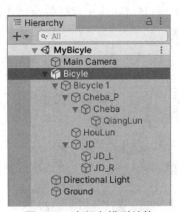

图 5-22　自行车模型结构

自行车模型由车架部分 Bicycle1，前车部分 Cheba_P（包括车把 Cheba 和前轮 QianLun），后轮部分 HouLun，还有车拐部分 JD（包括左脚蹬和右脚蹬）。

（5）在 Scripts 文件夹内新建脚本文件 BicycleController.cs 文件，并挂载在模型 Bicycle 上。

（6）在 BicycleController 类中添加如下变量：

```
public Transform LunZi_F, LunZi_B;
public Transform CheGuai;
```

```
public Transform JiaoDeng_L, JiaoDeng_R;
public Transform CheBa;
public Transform CheBaChild;
public float speed;
```

小车的运动使用 Transform 组件的移动和旋转的函数，使用直接声明 Transform 变量，Lunzi_F 和 Lunzi_B 分别表示前轮和后轮，CheGuai 表示车拐，JiaoDeng_L 和 JiaoDeng_R 分别对应左脚蹬和右脚蹬。并将相应的属性与模型部件对应上，如图 5-23 所示：

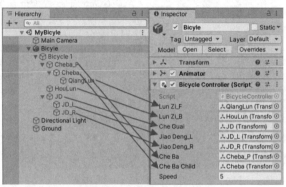

图 5-23　模型与脚本对应

（7）在函数 Update 中加入如下代码：

```
float lunziSpeed = Input.GetAxis("Horizontal") * speed;
if (lunziSpeed != 0)
{
    LunZi_F.Rotate(0, 0, -lunziSpeed);
    LunZi_B.Rotate(0, 0, -lunziSpeed);
}
```

车轮的控制与
惯性的情况

（8）保存代码，点击运行，当按下 W 键使轮子向前转动起来，按 S 键轮子向后旋转。因为自行车的车轮并不能向后转动，所以这里我们应该只设置 W 键向前转动，不能设置 S 键使轮子向后转动。我们需要重新设置 Input Manager 的选项。

点击工具栏的 Edit→Project Settings→Input Manager 打开输入管理页面，展开 Axes，右击 Vertical 选项，点击 Duplicate Array Element，如图 5-24 所示。

图 5-24　复制元素

点击后复制了 Vertical 元素，展开后，将 Name 属性改为 LunZi，修改后如图 5-25 所示。

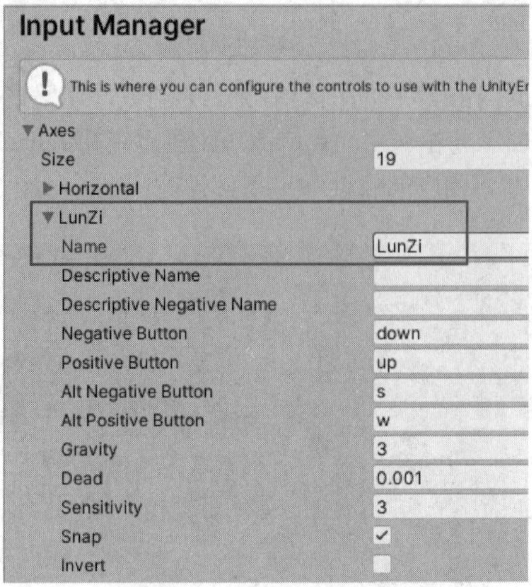

图 5-25　新增的 LunZi 元素

Input Manager 里的元素在前面章节中有介绍，这里我们来具体使用各个属性完成车轮的转动以及惯性功能。

将 Negative Button 和 Positive Button 里的 down 和 up 值删除，去掉小键盘中方向键的使用。接着删除 Alt Negative Button 里的 s，表示在负方向上的备用键 S 键也不需要。所以只有当我们按下 W 键时，轮子转动带动车辆向前进，按下 S 键没有影响。

Gravity 表示轴复原的力度，默认值是 3。按下 W 键后，车轮开始转动，当离开 W 键后，车轮立即停止转动。如果需要离开按键，车轮不是立即停止，而是有一定的惯性，那么需要将 Gravity 值调小，如调整到 0.3。运行游戏，按下 W 键后松开，车轮会慢慢恢复到停止状态。Gravity 值越接近 0，停止速度越慢，如果值小于 0，则会出现相反的情况，越来越快后停止。设置后如图 5-26 所示。

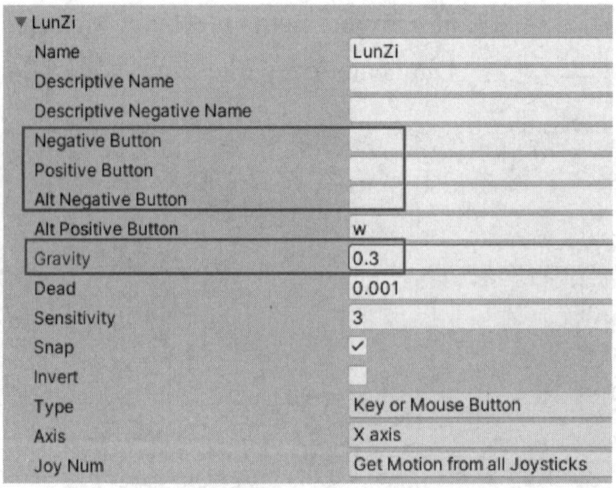

图 5-26　LunZi 元素的配置

（9）按下 W 键后，除了轮子的旋转，车拐和脚蹬也应该转动起来，并且车拐是能向后转的，和车轮一样也带有惯性。所以，和步骤 8 一样，复制元素 Vertical 为 CheGuai，配置参数值如图 5-27 所示。

车拐与脚蹬的转动

CheGuai	
Name	CheGuai
Descriptive Name	
Descriptive Negative Name	
Negative Button	
Positive Button	
Alt Negative Button	s
Alt Positive Button	w
Gravity	0.3
Dead	0.001
Sensitivity	3
Snap	✓
Invert	
Type	Key or Mouse Button
Axis	X axis
Joy Num	Get Motion from all Joysticks

图 5-27　CheGuai 元素配置

在函数 Update 中添加如下代码：

```
float jiaodengSpeed = Input.GetAxis("CheGuai") * speed;
if (jiaodengSpeed != 0)
{
    CheGuai.Rotate(0, 0, -jiaodengSpeed);
    JiaoDeng_L.Rotate(0, 0, jiaodengSpeed);
    JiaoDeng_R.Rotate(0, 0, jiaodengSpeed);
}
```

在以上代码中，车拐和轮子的转动方向一致，而脚蹬作为车拐的子对象，转动方向和车拐的方向相反，则脚蹬能一直处于水平位置。保存代码后，点击运行，可以看到效果如图 5-28 所示。

图 5-28　车拐和脚蹬转动

5.2.3 车把控制

车体的转向与联动

按下控制左右方向的 AD 键，控制车把的转向。车把整体在 Z 轴有一个向上的倾斜 18.83，并且车把的左右转动应该有限制值。

（1）在 BicycleController 类中添加私有变量 CheBaLimit：

```
private float CheBaLimit = 45f;
```

CheBaLimit 表示转向的最大角度为 45 度。接下来，打开 Input 配置，复制 Horizontal 元素命名为 CheBa。当我们按下 AD 键后，车轮转向，但不需要回位，并且灵敏度可以适当降低，所以设置 Gravity 为 0，Sensitivity 为 0.2，如图 5-29 所示。

CheBa	
Name	CheBa
Descriptive Name	
Descriptive Negative Name	
Negative Button	
Positive Button	
Alt Negative Button	a
Alt Positive Button	d
Gravity	0
Dead	0.001
Sensitivity	0.2
Snap	✔
Invert	
Type	Key or Mouse Button
Axis	X axis
Joy Num	Get Motion from all Joysticks

图 5-29　CheBa 元素设置

（2）在 Update 函数中添加如下代码：

```
float CheBaRot = Input.GetAxis("CheBa") * CheBaLimit;        //45 度
if (CheBaRot != 0)
{
    CheBa.localEulerAngles = new Vector3(0, CheBaRot, 18.83f);
}
```

在上面的代码中，通过按下 AD 键来控制基于 Y 轴的角度，并限制在[-45,45]度之间，在 Z 轴上填入 18.83f，这是车把固有的角度值。

（3）保存代码，点击运行后按下左右键可以控制车把的转动。

5.2.4 车辆前进

输入控制的细节调控

按下 W 键，除了车轮和车拐转动，车辆也应该由车轮转动带动车辆前进，并且在前进的时候转动车把，车辆也应该能相应的转向。实现过程如下：

（1）车辆的速度可以借用 lunziSpeed 值，车辆的转动也要和车把的转动值 CheBaRot 对应起来，在函数 Update 内添加如下代码：

```
if (lunziSpeed != 0)
{
    transform.Rotate(0, lunziSpeed * CheBaRot * Time.deltaTime * 0.1f, 0);
```

```
        Vector3 dir = CheBaChild.right * lunziSpeed * Time.deltaTime*0.1f;
        transform.Translate(dir, Space.World);
    }
```

在上面的代码中车辆的转动采用 Rotate 函数，为了防止转动和前进速度过快，都乘了 0.1 的系数，在前进方向上以车把的子物体为基准（CheBaChild 在 X 轴方向为水平），取 CheBaChild 的右边方向（当车把转动时，车辆方向跟着变化）为前进方向。

（2）保存代码，运行游戏，控制 WAD 键，则能看到自行车的前进与转向，如图 5-30 所示。

图 5-30　车辆的前进与转向

5.2.5　摄像头跟随

参考 5.1.5 节，将摄像头移动到车的后上方，脚本文件 CameraController.cs 挂载在 Main Camera 上，把跟随对象 Bicycle 拖动到脚本属性 Player 上，完成摄像机跟随。

摄像机的跟随

5.3　小结

本章讲解了两个小案例，主要讲解了基本的脚本与游戏对象之间的控制，主要对应于键盘鼠标这类常用外设的输入控制，并结合之前的物理、UI 等知识点，完成小案例的开发，既融合之前所学的知识点，又为后续的综合案例开发打下基础。后续的章节会继续在实际开发案例中带领大家掌握 Unity 的开发技术。

第6章　实战案例：星际飞船游戏

本章将介绍经典 Unity3D 游戏案例——星际飞船游戏。通过案例巩固 Unity3D 基本操作和功能，进行综合实训。案例主要实现功能：（1）键盘控制飞船移动；（2）键盘控制子弹发射并射击目标；（3）随机生成障碍对象（行星、敌机）；（4）计分系统；（5）游戏对象的生命周期管理；（6）重新开始。

- Unity 碰撞检测
- Unity 键盘及鼠标控制
- 随机生成游戏对象
- Unity UGUI 系统
- 游戏对象的生命周期管理

创建游戏区域

6.1　创建游戏区域

在开发星际飞船游戏初始，应完成项目工程的创建、游戏资源的导入和游戏区域的创建。

6.1.1　创建项目

打开 Unity Hub，选择 Unity 2019.4.14 的 3D 模板项目工程，将项目名称命名为 MySpaceShooter，并将项目放置在合适位置，点击【创建】按钮完成创建，如图 6-1 所示。

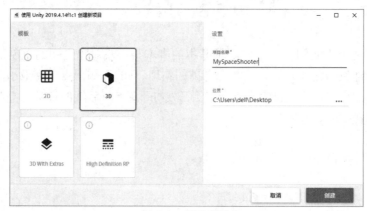

图 6-1　创建项目

6.1.2 导入资源

在项目工程中点击菜单栏中 Assets→Import Package→Custom Package，如图 6-2 所示，选择随书资源中的 SpaceShootAssets.unitypackage 文件。弹出导入对话框后，点击【All】按钮，点击【Import】导入。

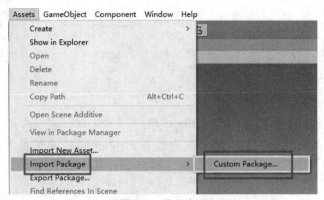

图 6-2　导入资源

将 SampleScene 场景另存为 MySpaceShooter，方法是：右击 SampleScene，选择 Save Scene As，将场景另存为在项目工程的 Assets\Scenes 下，命名为 MySpaceShooter。

保存后，将 Assets\Scenes 文件夹中的 SampleScene 场景删除，如图 6-3 所示。

图 6-3　删除场景

6.1.3 添加游戏背景

首先对 MySpaceShooter 场景搭建游戏背景，共有两个步骤：①添加星空图片背景；②添加 StarField 粒子效果，使其画面效果更优，游戏更具沉浸感。

1. 添加星空图片背景

（1）创建一个 3D 对象 Quad 作为背景对象。创建方法为：选择菜单栏里的 GameObject→3D Object→Quad，如图 6-4 所示。将其重命名为 BackGround。重置（Reset）其 Transform 组件。移除其挂载的 Mesh Collider 组件。

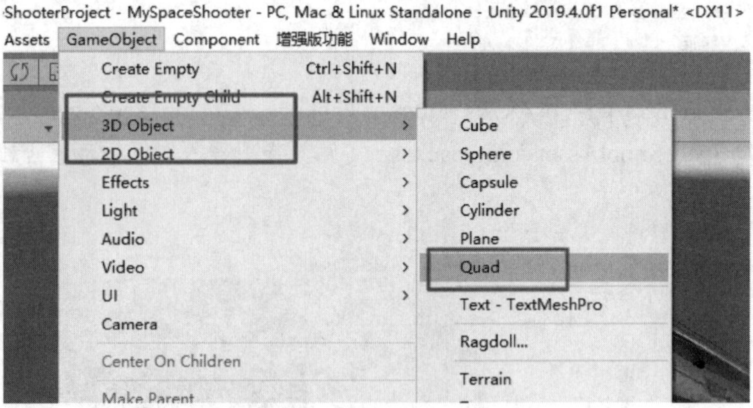

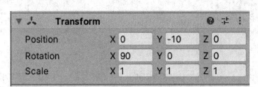

图 6-4　创建 Quad 对象

（2）调整 BackGround 对象的 Transform 组件的 Rotation 属性为（X=90,Y=0,Z=0），将 BackGround 对象绕 X 轴逆时针旋转 90 度，并设置 Position 属性的 Y 值为-10，如图 6-5 所示。

Transform						
Position	X	0	Y	-10	Z	0
Rotation	X	90	Y	0	Z	0
Scale	X	1	Y	1	Z	1

图 6-5　BackGround 对象 Transform 组件的设置

（3）为 BackGround 对象添加纹理贴图。在 Project 窗口中的 Assets/Textures 目录下，找到纹理图片 tile_nebula_green_dff 文件，将其拖动至 BackGround 对象上，如图 6-6 所示。在 Inspector 窗口，设置 BackGround 对象纹理的 Shader 模式为 Unlit/Texture，如图 6-7 所示。

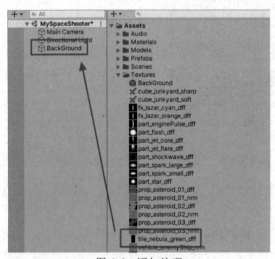

图 6-6　添加纹理

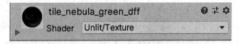

图 6-7　修改 Shader 模式

（4）运行游戏，会发现纹理图片的大小与 Game 视图的大小不匹配。为解决该问题，需在 Inspector 窗口中改变其 Scale 属性值，同时在 Game 视图中观察 BackGround 尺寸的变化。值得注意的是，纹理图片 tile_nebula_green_dff 的尺寸为 1024×2048，宽高比为 1:2。在

改变 Scale 属性时应保持 X 值和 Y 值为 1:2 的比例关系。经过试验，设置 Scale 的值为
（X=15,Y=30,Z=1），如图 6-8 所示。

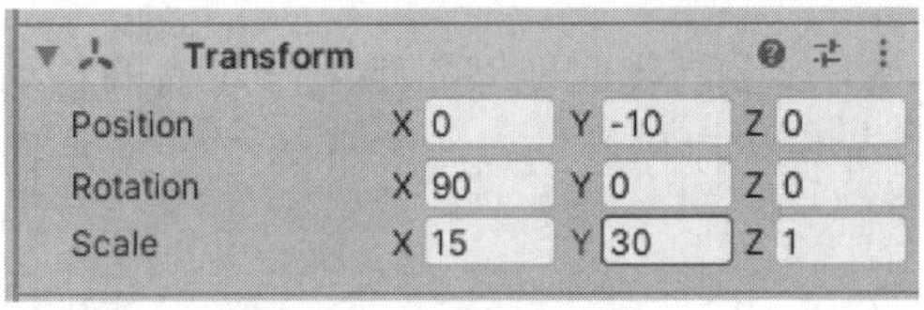

图 6-8　调整 Transform

2. 添加 StarField 粒子效果

为了使游戏画面更加真实，为背景添加带有动态的粒子效果，来模拟星辰。

在 Project 窗口中，找到 Assets/Prefabs/VFX/Starfield 目录下的预制体文件 StarField。双击
打开 StarField 对象，可以看到两个子对象，均挂载了粒子系统组件（Particle System），用于产
生星的粒子效果，如图 6-9 所示。其中：子对象 part_starField 用于生成较大的星星粒子效果；
子对象 part_starField_distant 用于生成较小的星星粒子效果。

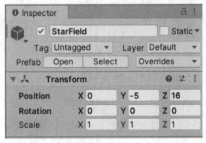

图 6-9　StarField 粒子效果

将预制体 StarField 拖动到 Hierarchy 窗口中。修改 StarField 对象 Transform 组件 Position
的 Y 轴为-5，使 StarField 对象在背景 BackGround 之上，如图 6-10 所示。

图 6-10　调整 Transform 组件

6.2 制作飞船对象

飞船是本游戏的核心，用户控制飞船能够实现上下左右的移动控制、子弹发射，并且飞船可与行星、敌机及敌机炮弹发生碰撞并销毁。本小节主要解决飞船的创建与移动控制。

6.2.1 创建飞船对象

（1）在 Project 窗口中，将 Assets/Models 目录下的模型文件 vehicle_playerShip 拖动到 Hierarchy 窗口，重命名为 PlayerShip，如图 6-11 所示。对其 Transform 组件右击，选择 Reset 进行重置，如图 6-12 所示。

创建飞船对象

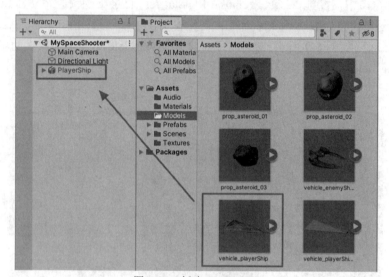

图 6-11 创建 PlayerShip

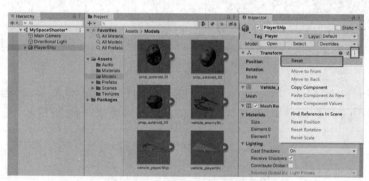

图 6-12 重置 Transform 组件

（2）为使飞船受力的作用，赋予其物理属性，对 PlayerShip 对象添加 Rigidbody 组件。在 Hierarchy 窗口中选中 PlayerShip，在右侧 Inspector 窗口中单击 Add Component 按钮，搜索 Rigidbody，添加 Rigidbody 组件，如图 6-13 所示。为使飞船不受到重力影响而产生下坠效果，在 Rigidbody 组件面板中取消勾选 Use Gravity 选项，如图 6-14 所示。

图 6-13 添加 Rigidbody 组件

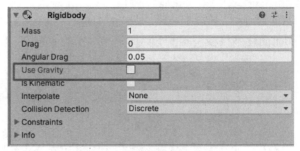

图 6-14 取消勾选 Use Gravity

（3）为使飞船能与行星等对象发生碰撞，还需要赋予 PlayerShip 对象碰撞体组件。在 Hierarchy 窗口中，选中 PlayerShip 对象。在 Inspector 窗口中单击 Add Component 按钮，搜索 Mesh Collider，添加网格碰撞体，如图 6-15 所示。

图 6-15 添加网格碰撞体

网格碰撞体（Mesh Collider），采用网格资源（Mesh Asset）构建碰撞体。网格碰撞体若标记了凸体（Convex），就可以与其他碰撞体发生碰撞。

查看 PlayerShip 对象的 Mesh Collider 组件，其 Mesh 属性为模型 vehicle_ playerShip 的网格，如图 6-16 所示。选中该网格模型，在右侧预览视图中可看到该网格模型包含了非常多的细小三角面片，如图 6-17 所示。该网格模型较为复杂，在进行碰撞检测时需要消耗大量的计算资源，会降低游戏的执行效率。若使用简化模型，可以减少碰撞计算。

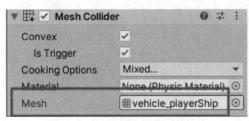

图 6-16 网格碰撞体 Mesh 属性

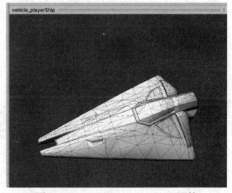

图 6-17 vehicle_ playerShip 网格

在 Project 窗口中，将 Assets/Models/vehicle_playerShip_collider 文件夹下的 player_ship_collider 简化网络模型拖到 PlayerShip 对象的 Mesh Collider 组件的 Mesh 属性上，如图 6-18 所示。

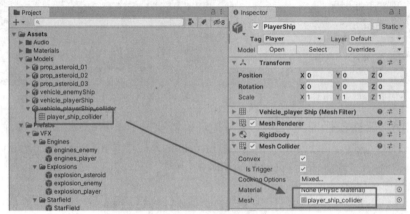

图 6-18　替换网格

勾选 Mesh Collider 组件的 Convex 和 Is Tigger 选项，将 Mesh Collider 设置为触发器。

（4）为使飞船更具动态效果，为飞船尾部添加火焰的粒子特效。在 Project 窗口下，找到 Assets/Prefabs/VFX/Engines 下的 engines_player 预制体对象，拖动到 PlayerShip 对象上，使其成为 PlayerShip 对象的子对象。将 engines_player 对象的 Transform 组件 Position 改为（X=0,Y=0,Z=-0.75），如图 6-19 所示。

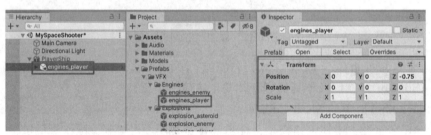

图 6-19　添加火焰粒子特效

（5）设置摄像机参数，使摄像机正对飞船上方。设置 Main Camera 对象的 Transform 组件的 Rotation 属性值为（X=90,Y=0,Z=0），让摄像机绕 X 轴逆时针进行 90 度旋转。设置 Main Camera 对象的 Transform 组件的 Position 属性值为（X=0,Y=10,Z=5），调整摄像机的位置，使其在飞船的上方，如图 6-20 所示。

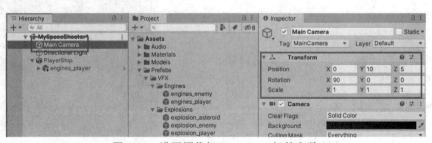

图 6-20　设置摄像机 Transform 组件参数

将 Main Camera 对象的 Camera 组件中的 Projection 选项设置为 Orthographic（正交投影），使摄像机的投影方式为正交投影。将 Size 设置为 10；Clear flags 设置为 Solid Color；Background 设置为黑色，如图 6-21 所示。

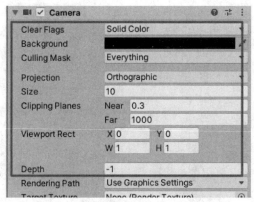

图 6-21　设置摄像机 Camera 组件参数

键盘控制飞船

6.2.2　实现键盘控制飞船移动

这一小节，我们将通过脚本代码实现控制飞船移动的游戏功能。在开始编写脚本代码前，为项目层次更加清晰，创建_Scripts 文件夹用来存放所有的脚本文件。在 Project 窗口中，右击 Assets 文件夹，选择 Create→Folder，创建文件夹 "_Scripts"，接下来创建的所有脚本都放在此文件夹中，如图 6-22 所示。

图 6-22　_Scripts 文件夹

（1）创建 PlayerShipController.cs 脚本。在 Project 窗口中，右击 Assets/_Scripts 文件夹，选择 Create→C# Script，并命名为 "PlayerShipController"，将该脚本挂载在 PlayerShip 对象上，用于实现键盘控制飞船移动的功能，如图 6-23 所示。

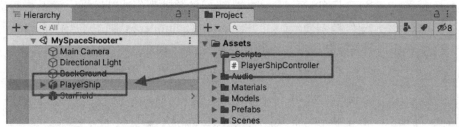

图 6-23　添加脚本

（2）为实现键盘控制飞船移动的功能，首先需要实时监听键盘输入事件是否发生，并设置 Rigidbody 刚体组件中的 velocity 速度参数。使用 Input Manager→Axes 中的 Horizontal 轴和 Vertical 轴分别表示水平方向和垂直方向上的键盘输入，点击 Edit→Project Settings→Input Manager 查看，如图 6-24 所示。

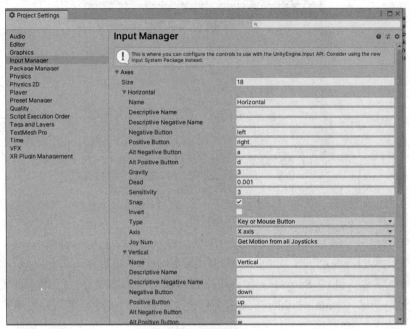

图 6-24　Input Manager

在 PlayerShipController.cs 脚本的 FixedUpdate 函数中，添加如下代码实现功能。其中利用 Input 类的 GetAxis 函数获得水平方向和垂直方向上的输入。Vector3 变量 movement 表示移动速度，该速度是由水平和垂直输入量组成的矢量。最终将计算得到的 movement 赋值给 velocity 参数实现飞船的运动。

```
private void FixedUpdate()
{
    float moveHorizontal = Input.GetAxis("Horizontal")
    float moveVertical = Input.GetAxis("Vertical");
    Vector3 movement = new Vector3(moveHorizontal,0.0f, moveVertical);
    GetComponent<Rigidbody>().velocity=movement;
}
```

（3）运行游戏，发现虽可以通过键盘控制飞船的移动，但速度过慢，且无法调整速度。为解决这一问题，添加速度控制变量。在 PlayerShipController.cs 脚本的类中添加一个公有类型的成员变量 speed，用来控制速度。将其初始值设置为 10.0f。

```
public class PlayerShipController: MonoBehaviour
{
    public float speed = 10.0f;
    …//此处省略显示脚本中已添加的代码，这些代码应保持不变。
}
```

并在该脚本的 FixedUpdate 函数中将 GetComponent<Rigidbody>().velocity=movement;语句，修改为 GetComponent<Rigidbody>().velocity=movement*speed;

```
private void FixedUpdate()
{
    float moveHorizontal = Input.GetAxis("Horizontal")
    float moveVertical = Input.GetAxis("Vertical");
    Vector3 movement = new Vector3(moveHorizontal,0.0f, moveVertical);
    GetComponent<Rigidbody>().velocity=movement*speed;
}
```

在 PlayerShip 对象的 Inspector 窗口中，找到 PlayerShipController 脚本组件，可在此处对 speed 值进行调节，控制移动的速度。

（4）运行游戏，可以通过上下左右操控飞船且速度适宜。但持续按压上、下、左、右任意键将会出现飞船飞出游戏窗口范围的问题，如图 6-25 所示。为解决这一问题，需要对飞船添加限制移动范围的代码。

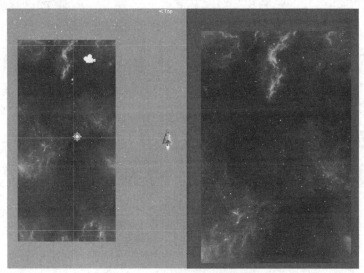

图 6-25　飞船飞出游戏窗口范围

（5）在 PlayerShipController.cs 脚本中添加 4 个 float 类型的变量，分别为 minX，maxX，minZ，maxZ，用于表示飞船移动时 X 的最小值、X 的最大值、Z 的最小值、Z 的最大值，进行飞行范围的限定。

```
public class PlayerShipController: MonoBehaviour
{
    public float minX, maxX, minZ, maxZ;
    public float speed = 10.0f;
    …//此处省略显示脚本中已添加的代码，这些代码应保持不变。
}
```

（6）将 PlayerShip 对象拖动到背景的左上角和右下角，能得到游戏边界范围。X 的最小值为-6，X 的最大值为 6，Z 的最小值为-3.5，Z 的最大值为 14。将四个值填入 PlayerShipController 脚本组件对应位置，如图 6-26 所示。

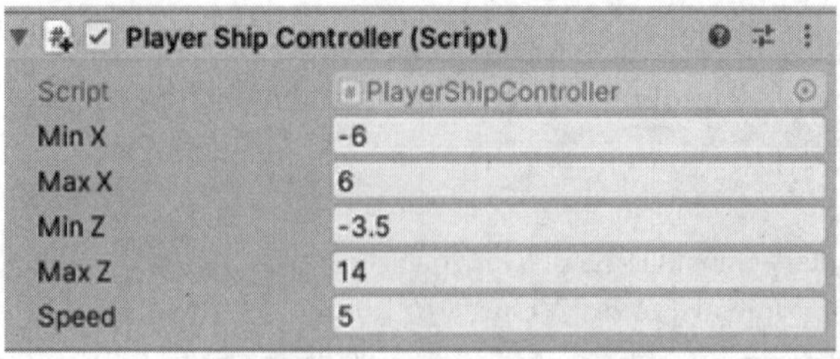

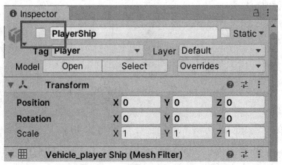

图 6-26　限定飞船的移动范围

（7）利用 Mathf.Clamp 函数，将飞船固定在上述范围中。该函数原型为：

public static float Clamp (float value, float min, float max);

当 value 的值小于 min 时，返回值为 min；当 value 的值大于 max 时，返回值为 max。
在 PlayerShipController.cs 脚本的 FixedUpdate 函数中修改添加以下代码：

```
private void FixedUpdate()
{
    float moveHorizontal = Input.GetAxis("Horizontal");
    float moveVertical = Input.GetAxis("Vertical");
    Vector3 movement = new Vector3(moveHorizontal, 0.0f, moveVertical);
    Rigidbody rb = GetComponent<Rigidbody>();
    rb.velocity = movement * speed;
    rb.position = new Vector3( Mathf.Clamp(rb.position.x, minX, maxX),
    0, Mathf.Clamp(rb.position.z, minZ, maxZ));
}
```

（8）运行游戏，可通过按键移动飞船，飞船不再飞出游戏区域范围。

6.3　制作子弹

子弹是飞船发射的武器。子弹通过点击鼠标左键或左 Ctrl 键发射。子弹实现的功能包括：击碎行星、击碎敌机。本小节主要讲解子弹的制作和子弹的发射。

6.3.1　创建子弹

为了更方便制作，首先将 PlayerShip 飞船对象隐藏，等待子弹制作完成后，再让其显示。取消勾选 PlayerShip，即可完成隐藏，如图 6-27 所示。

图 6-27　隐藏 PlayerShip 对象

（1）对 Hierarchy 窗口中的空白区域右击，点击 Create Empty 新建一个空游戏对象，重置 Transform 组件，修改名字为 Bullet，如图 6-28 所示。

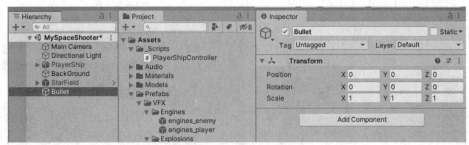

图 6-28　创建 Bullet 对象

（2）由于子弹将与游戏中的障碍物（如行星、敌机等）发生碰撞，并触发事件。因此为 Bullet 添加 Rigidbody 组件，并取消勾选 Use Gravity，使其不受重力影响，如图 6-29 所示。

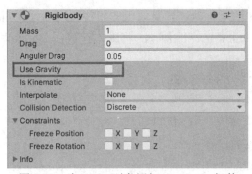

图 6-29　为 Bullet 对象添加 Rigidbody 组件

（3）对 Bullet 新建一个 Quad 的子对象，用于保存子弹材质。新建的过程为：右击 Bullet 对象，选择 3D Object→Quad。将 Quad 对象重命名为 VFX。重置其 Transform 组件，将其绕 X 轴旋转 90 度，并移除 Mesh Collider 组件，如图 6-30 所示。将 Project 窗口中 Assets/Materials 文件夹下的材质 fx_bolt_orange 拖动到 VFX 上。完成后，可以在场景中看到子弹，如图 6-31 所示。

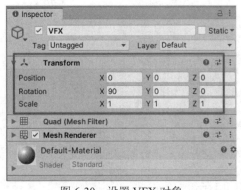

图 6-30　设置 VFX 对象

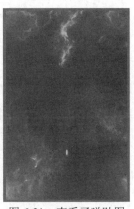

图 6-31　查看子弹贴图

（4）继续为 Bullet 对象添加一个 Capsule Collider 组件。将胶囊体的 Direction（方向）调整为 Z-Axis，设置 Radius 半径为 0.03，Height 高度为 0.6，如图 6-32 所示，图 6-33 为在场景中添加了碰撞体的子弹的显示。

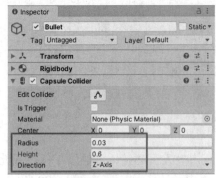

图 6-32　设置 Capsule Collider 组件

图 6-33　添加了碰撞体的子弹

（5）为了使每颗子弹的运行轨迹都是向上的直线，对 Bullet 对象添加控制移动的代码。在_Scripts 文件夹下新建 BulletMove.cs 脚本，将脚本挂载在 Bullet 对象上，在脚本中添加以下代码：

```
public class BulletMove : MonoBehaviour
{
    public float speed = 6.0f;
    void Start()
    {
        GetComponent<Rigidbody>().velocity = transform.forward * speed;
    }
}
```

其中 transform.forward 表示世界坐标下 Z 轴的正方向。

运行游戏，子弹朝着 Z 轴正方向运动。

（6）子弹并非是在任意时刻都存在于项目中，而应是点击鼠标左键或按下左 Ctrl 键后动态生成的，因此需要将 Bullet 制作成预制体。在 Project 窗口下的 Assets 文件夹下新建_Prefabs 文件夹，将场景中的 Bullet 对象拖到_Prefabs 文件夹中。拖入之后，Hierarchy 窗口中的 Bullet 对象前的图标由灰变蓝，如图 6-34 所示。

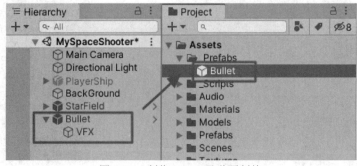

图 6-34　制作 Bullet 子弹预制体

创建预制体后，将 Hierarchy 窗口中的 Bullet 对象删除。并将 PlayerShip 飞船对象恢复显示。

6.3.2 发射子弹

（1）子弹发射的位置为飞船移动过程中的当前位置，并利用 Input Axis 中的"Fire1"完成发射，即按下左 Ctrl 键或点击鼠标左键发射子弹。

在 PlayerShipController.cs 脚本中添加以下代码。定义 GameObject 类的对象 shot_Prefab 用于表示 Bullet 预制体。

```
public class PlayerShipController : MonoBehaviour
{
    public GameObject shot_Prefab;
    …//此处省略显示脚本中已添加的代码，这些代码应保持不变。
}
```

在 PlayerShipController.cs 脚本的 Update 函数中添加判断语句，如果"Fire1"响应，即左 Ctrl 或鼠标左键被按下，则动态生成子弹，生成的位置为飞船 PlayerShip 对象所在位置，旋转与飞船一致。

```
void Update()
{
    if(Input.GetButton("Fire1"))
    {
        Instantiate(shot_Prefab,transform.position,transform.rotation);
    }
}
```

将 Project 窗口中，Assets_Prefabs 文件夹下的 Bullet 预制体拖动到 PlayerShip 对象 PlayerShipController 组件的 Shot_Prefab 项中，如图 6-35 所示。

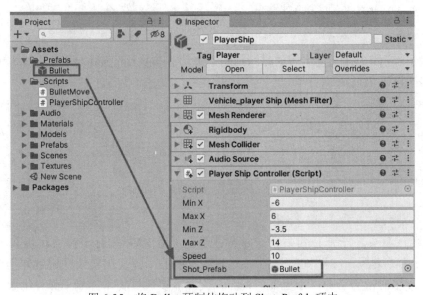

图 6-35 将 Bullet 预制体拖动到 Shot_Prefab 项中

（2）运行游戏，按下鼠标左键会出现子弹连续发射且堆积的问题，如图 6-36 所示。为解决这一问题，设置子弹发射的间隔时间。用 fireRate 表示两颗子弹间的间隔时间，nextFireTime 表示下一颗子弹的最早发射时间。两参数之间的关系应为：nextFireTime=当前子弹发射的时刻 +fireRate。用系统时间 Time.time 表示子弹发射的当前时刻。

图 6-36　子弹连续发射堆积

在 PlayerShipController.cs 脚本中添加 fireRate 和 nextFireTime 两个参数，代码如下：

```
public class PlayerShipController : MonoBehaviour
{
    …//此处省略显示脚本中已添加的代码，这些代码应保持不变。
    public GameObject shot_Prefab;
    public float fireRate = 0.5f;
    private float nextFireTime = 0.0f;
    …//此处省略显示脚本中已添加的代码，这些代码应保持不变。
}
```

对发射子弹语句进行修改，增加时间判断条件，对 PlayerShipController.cs 脚本中的 Update 函数添加修改以下代码：

```
void Update()
{
    if(Input.GetButton("Fire1")&&Time.time>nextFireTime)
    {
        nextFireTime = Time.time + fireRate;
        Instantiate(shot_Prefab,transform.position,transform.rotation);
    }
}
```

（3）运行游戏，子弹正常发射。仔细观察运行游戏并发射子弹后，场景中存在多个 Bullet(Clone)游戏对象，如图 6-37 所示，这表明发射的子弹飞出游戏区域后并不会消失。当发射的子弹较多时，势必会占用更多的资源，因此需要通过脚本控制子弹飞出游戏区域后自行销毁。

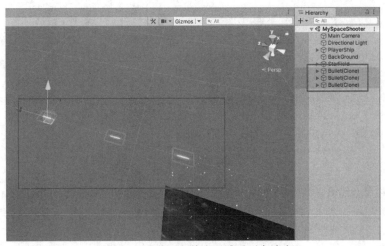

图 6-37   子弹飞出游戏区域后不会消失

（4）在 BulletMove.cs 脚本的 Update 函数中添加以下代码。若子弹运动到游戏区域的上边界时，将子弹销毁。即子弹移动的过程中，若 Position 的 Z 值大于等于游戏区域上边界的位置 16 时，销毁子弹。

```
void Update()
{
    if(transform.position.z>=16.0f)
    {
        Destroy(gameObject);
    }
}
```

（5）运行游戏观察，子弹飞出游戏区域时被销毁。

6.4 制作行星

制作行星

在场景中制作被射击物体行星。行星对象的行为包括：

（1）在游戏区域上边界随机生成，且以随机角度旋转并下坠。

（2）当行星被子弹击中时，行星与子弹同时销毁。

（3）当行星与飞船发生碰撞时，行星与飞船同时爆炸，游戏结束。

6.4.1 创建行星

创建行星阶段，共创建三种行星。以创建第一个行星对象为例，进行详细讲解，其余两个创建过程与第一个操作一致。

（1）新建空游戏对象 Asteroid_1，重置其 Transform 组件。添加 Capsule Collider 组件，勾选 Is Trigger。添加 Rigidbody 组件，取消勾选 Use Gravity。

（2）将 Project 窗口中 Assets/Models 下的 prop_asteroid_01 模型拖动到 Asteroid_1 对象下，成为 Asteroid_1 的子对象，如图 6-38 所示。为了更方便制作，将 Hierarchy 窗口中的 PlayerShip 对象隐藏。

图 6-38　拖动行星模型

（3）调整 Asteroid_1 对象 Capsule Collider 组件中的参数，方向 Direction 调整为 Z 轴，半径 Radius 设为 0.5，高度 Height 设为 1.5。调整后碰撞体较好的包裹住行星模型，如图 6-39 所示。

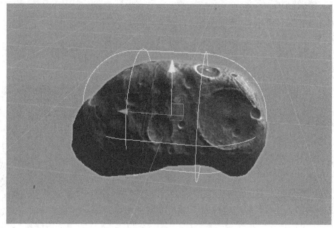

图 6-39　调整碰撞体参数

（4）通过代码实现行星随机旋转的功能。在 Project 窗口中，Assets_Scripts 文件夹下新建 RandomRotation.cs 脚本，并将其挂载在 Asteroid_1 对象上。

对 RandomRotation.cs 脚本中添加以下代码，其中 angularVelocity 表示角速度矢量，Random.insideUnitSphere 返回半径为 1 的球体内的随机点。

```
public class RandomRotation: MonoBehaviour
{
    public float ratio = 10.0f;
    void Start()
    {
        GetComponent<Rigidbody>().angularVelocity = Random.insideUnitSphere * ratio;
    }
}
```

（5）多次运行游戏，发现每一次行星旋转的方向随机且不同。但是行星的旋转速度会随运行时间的增加而变慢。这是因为 Asteroid_1 对象的 Rigidbody 组件的角速度阻力 Angular Drag 的值为 0.05，行星对象受空气阻力影响。将该值设为 0 后，行星旋转速度将不再变慢，如图 6-40 所示。

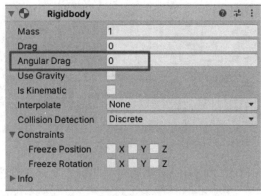

图 6-40 角速度阻力 Angular Drag

6.4.2 行星碰撞事件

行星碰撞事件包括以下两种：①当飞船发射的子弹击中行星时发生碰撞，行星和子弹都将销毁。②当飞船与行星发生碰撞后，二者均被销毁。

（1）在 Project 窗口下，Assets_Scripts 文件夹下新建脚本 DestroyByCollision.cs，将其挂载在 Asteroid_1 对象上。在脚本中添加进入触发器 OnTriggerEnter 事件函数，并在该函数添加以下代码：

```
public class DestroyByCollision: MonoBehaviour
{
    private void OnTriggerEnter(Collider other)
    {
        Destroy(other.gameObject);
        Destroy(gameObject);
    }
}
```

当碰撞发生时，销毁掉行星对象，同时也销毁掉和行星发生碰撞的对象。

（2）将 Asteroid_1 的 Transform 的 Position 的 Z 值调整为 5，并激活 PlayerShip 飞船对象。运行游戏并按下鼠标左键发射子弹，子弹射中行星后两者同时消失。再次运行游戏并操纵飞船撞击行星，飞船与行星同时消失。

（3）添加碰撞爆炸的粒子特效，使游戏更真实动感。在 DestroyByCollision.cs 脚本中添加两个变量，astExplosion 表示行星爆炸粒子特效，shipExplosion 表示飞船爆炸粒子特效：

```
public class DestroyByCollision: MonoBehaviour
{
    public GameObject astExplosion;
    public GameObject shipExplosion;
    …//此处省略显示脚本中已添加的代码，这些代码应保持不变。
}
```

（4）在 Project 窗口中，将 Assets/Prefabs/VFX/ Explosions 目录下的 explosion_asteroid 预制体拖动到 ast Explosion 项中，explosion_player 预制体拖动到 ship Explosion 项中，如图 6-41 所示。

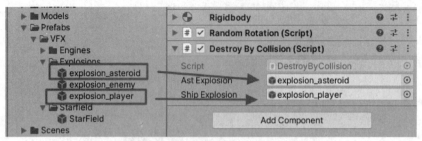

图 6-41　设置爆炸粒子特效预制体

（5）为区分飞船和子弹，将 PlayerShip 飞船对象的标签 Tag 设置为 Player，如图 6-42 所示。

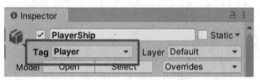

图 6-42　设置 PlayerShip 标签

（6）修改 DestroyByCollision.cs 中的 OnTriggerEnter 函数，实现爆炸粒子特效的动态生成。加入以下代码后，在行星销毁时在行星位置上，通过 Instantiate 函数动态生成行星爆炸粒子特效。若撞击行星的对象为飞船，则通过 Instantiate 函数动态生成飞船爆炸粒子特效。

```
private void OnTriggerEnter(Collider other)
{
    Destroy(other.gameObject);
    Destroy(gameObject);
    GameObject.Instantiate(astExplosion, transform.position, transform.rotation);
    if(other.tag=="Player")
    {
        GameObject.Instantiate(shipExplosion, other.transform.position, other.transform.rotation);
    }
}
```

（7）运行游戏，如图 6-43 所示为飞船与小行星碰撞后的爆炸效果。

图 6-43　爆炸效果

6.4.3　行星运动

行星的运动方向为沿 Z 轴负方向运动，且当行星运行到游戏区域的下边界时，应销毁行星，释放资源。

（1）在 Project 窗口中，Assets_Scripts 文件夹下新建 AsteroidMove.cs 脚本，将脚本挂载在 Asteroid_1 对象上，并参照子弹运动的脚本添加以下代码，但由于行星向 Z 轴的负方向运动，因此 speed 设置为-6：

```
public class AsteroidMove: MonoBehaviour
{
    public float speed = -6.0f;
    void Start()
    {
        GetComponent<Rigidbody>().velocity = transform.forward * speed;
    }
}
```

（2）当行星运动至游戏区域的下边界外时，应将行星销毁。游戏区域下边界 Z 值为-6，因此在 Update 函数中判断行星的 Z 值是否小于-6，判断条件为真时，则销毁行星。在 AsteroidMove.cs 脚本的 Update 函数中添加如下代码：

```
void Update()
{
    if (transform.position.z <= -6.0f)
    {
        Destroy(gameObject);
    }
}
```

（3）按照上述步骤，继续制作其他两种形态的行星。亦可使用 Ctrl+D 快捷键，复制粘贴 Asteroid_1 对象 2 次，并重命名为 Asteroid_2 和 Asteroid_3。将行星对象下的模型分别替换成 Assets/Models 文件夹下的 prop_asteroid_02 模型和 prop_asteroid_03 模型，如图 6-44 所示。

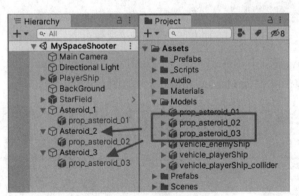

图 6-44　制作其他两种形态的行星

（4）调整 Asteroid_2 对象的 Capsule Collider 组件的 Radius 半径值为 0.5，Height 高度值为 1.2，Direction 为 X-Axis。使碰撞体包裹行星 Asteroid_2 对象，如图 6-45 所示。

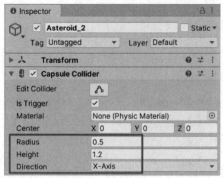

图 6-45　调整 Asteroid_2 对象

（5）仿照上述步骤，调整 Asteroid_3 对象的 Capsule Collider 组件的 Radius 半径值为　0.65，Height 高度值为 1.5，Direction 为 X-Axis。使碰撞体包裹行星 Asteroid_3 对象。

6.4.4　随机生成行星

行星随机产生的逻辑如下：①每次出现的行星从 3 种行星中随机生成；②行星生成的位置，在游戏区域的上边界随机生成。实现以上功能的操作步骤如下：

（1）在 Hierarchy 窗口下，将 Asteroid_1、Asteroid_2 和 Asteroid_3 对象，拖动到 Assets/_Prefabs 文件夹下，制作成预制体。并将 Hierarchy 窗口中的 Asteroid_1、Asteroid_2 和 Asteroid_3 三个对象删除，如图 6-46 所示。

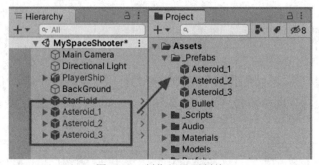

图 6-46　制作行星预制体

（2）在 Hierarchy 窗口中，创建一个空游戏对象 AsteroidController 作为行星发射控制器，重置其 Transform，将 Tag 设为 GameController，如图 6-47 所示。

图 6-47　制作行星发射控制器

（3）在 Project 窗口中，Assets_Scripts 文件夹下新建 AsteroidController.cs 脚本，并将脚本挂载到 AsteroidController 对象上。在脚本中添加以下代码：

```csharp
public class AsteroidController : MonoBehaviour
{
    public GameObject Asteroid_1;
    public GameObject Asteroid_2;
    public GameObject Asteroid_3;

    private Vector3 launcherPos;
    private GameObject asteroid;

    void launchAsteroid()
    {
        launcherPos.x = Random.Range(-6, 7);
        launcherPos.y = 0.0f;
        launcherPos.z = 14.0f;
        int astNum = Random.Range(1, 4);
        if(astNum==1)
        {
            asteroid = Asteroid_1;
        }
        else if (astNum ==2)
        {
            asteroid = Asteroid_2;
        }
        else
        {
            asteroid = Asteroid_3;
        }
        GameObject.Instantiate(asteroid, launcherPos,Quaternion.identity);
    }
    void Start()
    {
        launchAsteroid();
    }
}
```

代码中，变量 Asteroid_1、Asteroid_2、Asteroid_3 用来存放三种行星的预制体。将 Assets/_Prefabs 中的 Asteroid_1、Asteroid_2、Asteroid_3 预制体拖动到 AsteroidController 组件对应项中，如图 6-48 所示。

变量 launcherPos 用于表示生成行星的位置。launcherPos 的 x 值应为游戏区域 X 轴方向上的随机值，X 轴方向上的最大值为 6，最小值为-6。因此利用 Random.Range(-6, 7)语句，即可生成-6 至 6 中的随机值。launcherPos 的 y 值设为 0，launcherPos 的 z 值设为游戏区域 Z 轴方向上的最大值 14。

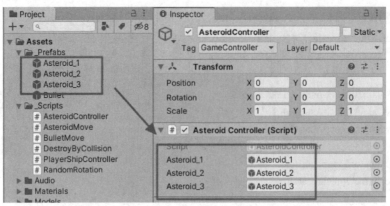

图 6-48　给 Asteroid_1、Asteroid_2、Asteroid_3 变量赋值

变量 asteroid 用于表示随机生成的行星预制体。利用 int ast = Random.Range(1, 4);语句在 1 至 3 中随机生成值，对应三种行星的编号。若 ast=1，则随机生成的行星为 Asteroid_1；若 ast=2，则随机生成的行星为 Asteroid_2；若 ast=3，则随机生成的行星为 Asteroid_3。

利用 GameObject.Instantiate(asteroid, launcherPos, Quaternion.identity);语句实例化 asteroid 对象，行星生成的位置为 launcherPos，Quaternion.identity 表示行星生成无旋转。

在 Start 函数中调用 launchAsteroid 函数。

（4）多次运行游戏，可以发现每次运行生成的行星不同，生成的位置也不同，如图 6-49 所示。

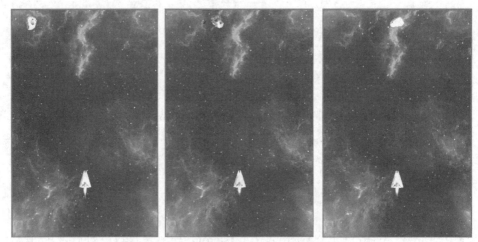

图 6-49　运行游戏观察行星生成位置和形态

（5）连续生成行星。在 AsteroidController.cs 脚本中添加变量 asteroidCount 用于表示生成行星的数量，代码如下。

```
public class AsteroidController : MonoBehaviour
{
    public int asteroidCount = 10;
    …//此处省略显示脚本中已添加的代码，这些代码应保持不变。
}
```

　　修改 AsteroidController.cs 脚本中 launchAsteroid 函数，利用 for 循环结构，重复生成 10 个行星，代码如下：

```
void launchAsteroid()
{
    for (int i = 0; i < asteroidCount; i++)
    {
        launcherPos.x = Random.Range(-6, 7);
        launcherPos.y = 0.0f;
        launcherPos.z = 14.0f;
        int astNum = Random.Range(1, 4);
        if (astNum == 1)
        {
            asteroid = Asteroid_1;
        }
        else if (astNum == 2)
        {
            asteroid = Asteroid_2;
        }
        else
        {
            asteroid = Asteroid_3;
        }
        GameObject.Instantiate(asteroid, launcherPos, Quaternion.identity);
    }
}
```

　　（6）运行游戏，可以发现由于同时生成了 10 颗行星，行星之间相互碰撞而发生了销毁，如图 6-50 所示。为解决这一问题，行星生成需要间隔时间。利用协程类 WaitForSeconds 完成。

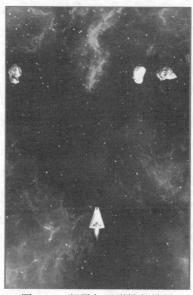

图 6-50　行星相互碰撞并销毁

（7）在 AsteroidController.cs 脚本中添加 waitTime 变量，表示相邻 2 个行星生成之间的间隔时间长度，将其默认值设为 0.5 秒。

```
public class AsteroidController : MonoBehaviour
{
    public float waitTime = 0.5f;
    …//此处省略显示脚本中已添加的代码，这些代码应保持不变。
}
```

并将 launchAsteroid 函数的返回值修改为 IEnumerator，利用 yield return 语句返回 WaitForSeconds 实例。代码修改如下：

```
IEnumerator launchAsteroid()
{
    for (int i = 0; i < asteroidCount; i++)
    {
        launcherPos.x = Random.Range(-6, 7);
        launcherPos.y = 0.0f;
        launcherPos.z = 14.0f;
        int astNum = Random.Range(1, 4);
        if (astNum == 1)
        {
            asteroid = Asteroid_1;
        }
        else if (astNum == 2)
        {
            asteroid = Asteroid_2;
        }
        else
        {
            asteroid = Asteroid_3;
        }
        GameObject.Instantiate(asteroid, launcherPos, Quaternion.identity);
        yield return new WaitForSeconds(waitTime);
    }
}
```

（8）修改 Start 函数中 launchAsteroid 函数的调用方法：

```
void Start()
{
    StartCoroutine(launchAsteroid());
}
```

（9）运行游戏，可以发现随机且有间隔地向下方发射 10 颗行星，如图 6-51 所示。

（10）若想使行星不断产生，直到游戏结束，需让发射行星的代码无限循环。因此修改 AsteroidController.cs 脚本的 launchAsteroid 函数，在 for 循环结构外添加无限循环的代码，添加方式如下：

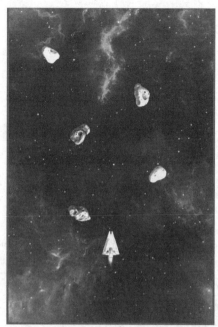

图 6-51 随机有间隔的发射 10 颗行星

```
IEnumerator launchAsteroid()
{
    while (true)
    {
        for (int i = 0; i < asteroidCount; i++)
        {
            …//此处省略显示脚本中已添加的代码，这些代码应保持不变。
        }
    }
}
```

（11）运行游戏，可以发现行星不断产生。通过控制上下左右键和点击鼠标左键，尝试射击功能后，细心的读者可能会发现行星爆炸和飞船爆炸的粒子特效并不会销毁，这显然会影响游戏运行的效率。为解决这一问题，在 Project 窗口中，Assets_Scripts 文件夹下新建 DestroyExplosion.cs 脚本，将其挂载在 Project 窗口中，Assets\Prefabs\VFX\Explosions 文件夹下的 explosion_asteroid 和 explosion_player 预制体上。在 DestroyExplosion.cs 脚本的 Start 函数中添加以下代码，使游戏对象在生存 2 秒后，消失。

```
public class DestroyExplosion: MonoBehaviour
{
    void Start()
    {
        Destroy(gameObject, 2.0f);
    }
}
```

Unity 应用开发与实战（微课版）

制作敌机

6.5 制作敌机

开始敌机的制作前，首先分析敌机应实现的目标：

（1）敌机从游戏区域 X 轴方向上来回移动，Z 轴方向上由正向负移动。呈 "Z 字" 扫射。

（2）敌机自动的有间隔的发射炮弹，炮弹击中飞船时，飞船销毁，游戏结束。

（3）飞船发射子弹击中敌机时，敌机销毁。

（4）飞船与敌机发生碰撞时，敌机与飞船同时销毁，游戏结束。

6.5.1 创建敌机

（1）为更加方便制作敌机，首先将 Hierarchy 窗口中的 AsteroidController 对象隐藏起来，如图 6-52 所示。

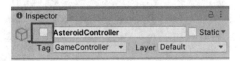

图 6-52　隐藏 AsteroidController 对象

（2）将 Project 窗口中 Assets\Models 文件夹下的 vehicle_enemyShip 模型拖入到场景中，改名为 EnemyShip，如图 6-53 所示。

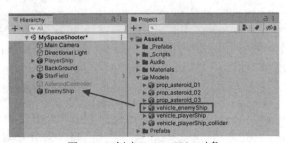

图 6-53　创建 EnemyShip 对象

（3）为敌机加入尾部火焰特效。将 Project 窗口中，Assets\Prefabs\VFX\Engines 文件夹下的 engines_enemy 粒子特效拖入到 EnemyShip 下，使其成为敌机 EnemyShip 对象的子物体，运行后如图 6-54 所示。

图 6-54　添加 EnemyShip 对象尾部火焰特效

（4）由于敌机将受力的作用并发生碰撞。对 EnemyShip 对象添加 Rigidbody 组件，并取消勾选 Use Gravity 选项，使敌机不受重力，如图 6-55 所示。继续添加 Mesh Collider 组件，勾选 Convex 和 Is Trigger 选项。Mesh 网格选择为模型自带网格，如图 6-56 所示。

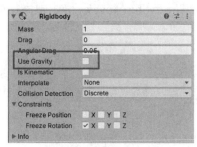

图 6-55　Rigidbody 组件

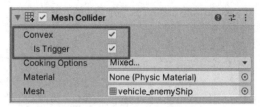

图 6-56　Mesh Collider 组件

6.5.2　敌机 Z 字运动

（1）在 Project 窗口中，Assets_Scripts 文件夹中新建 EnemyShipMove.cs 脚本，将其挂载在 EnemyShip 对象上。分析敌机 EnemyShip 的移动特性可以发现，其在 X 轴方向和 Z 轴方向均有运动。

X 轴方向上运动的特点是，当 EnemyShip 横向运动至游戏区域 X 轴方向上的边界时，方向应立刻反向。因此，使用标志位 forwardFlag 表示当前敌机运动的方向，若 forwardFlag 为-1，则表示向 X 轴负方向运动，若 forwardFlag 为 1，则表示向 X 轴正方向运动。在 EnemyShipMove.cs 脚本中，设置 forwardFlag 初始值为-1，使飞船一开始朝 X 轴负方向运动。并设置 x 轴方向运动的速度为-6。代码如下：

```
public class EnemyShipMove: MonoBehaviour
{
    private int forwardFlag = -1;//-1 表示向 X 轴负向移动，1 表示向正向移动
    public float xSpeed = -6.0f;
}
```

在 EnemyShipMove.cs 脚本的 Update 函数中添加敌机是否飞出游戏区域的判断语句。若同时满足，敌机的 position 的 x 值小于游戏区域 X 轴最小值-6 且运行方向向左两个条件，则说明敌机飞出左边界，需改变敌机运行方向，且将 forwardFlag 标识更改为 1。若同时满足，敌机的 position 的 x 值大于游戏区域 X 轴最大值 6 且运行方向向右两个条件，则敌机飞出右边界，需改变敌机运行方向，且将 forwardFlag 标识更改为-1。代码如下：

```
void Update()
{
    if(transform.position.x<-6&& forwardFlag == -1)
    {
        xSpeed = 6.0f;
        forwardFlag = 1;//敌机 X 轴运动方向反向
    }
    if (transform.position.x > 6&& forwardFlag == 1)
    {
```

```
            xSpeed = -6.0f;
            forwardFlag = -1; //敌机 X 轴运动方向反向
        }
    }
```

在 X 轴上运动的同时，敌机也朝着 Z 轴负方向运动，在 EnemyShipMove.cs 脚本中添加如下语句，新建表示 Z 轴运动速度的变量 zSpeed：

```
public class EnemyShipMove: MonoBehaviour
{
    public float zSpeed = -2.0f;
    …//此处省略显示脚本中已添加的代码，这些代码应保持不变。
}
```

在 EnemyShipMove.cs 脚本的 Update 函数的最后，添加给敌机速度进行赋值代码：

```
void Update()
{
    …//此处省略显示脚本中已添加的代码，这些代码应保持不变。
    GetComponent<Rigidbody>().velocity = new Vector3(xSpeed, 0, zSpeed);
}
```

（2）运行游戏，敌机呈 Z 字运动，如图 6-57 所示。

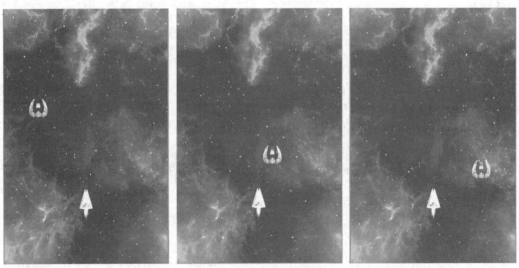

图 6-57　敌机 Z 字运动

（3）管理敌机的生命周期，使其运行到游戏区域外时销毁。在 EnemyShipMove.cs 脚本的 Update 函数的最后添加以下代码：

```
void Update()
{
    …//此处省略显示脚本中已添加的代码，这些代码应保持不变。
    if(transform.position.z<=-6.0f)
    {
        Destroy(gameObject);
    }
}
```

（4）将之前隐藏的 AsteroidController 对象激活后，运行游戏，会发现行星与敌机之间会发生碰撞并且销毁，显然这是不符合逻辑的。为解决这一问题，首先需将敌机的 Tag 设置为 Enemy。在 EnemyShip 的 Tag 下拉框中，点击 Add Tag 按钮，在设置中点击【+】号，输入标签名 Enemy，点击【Save】保存，如图 6-58 所示。保存后，将 EnemyShip 的标签选择为 Enemy，如图 6-59 所示。

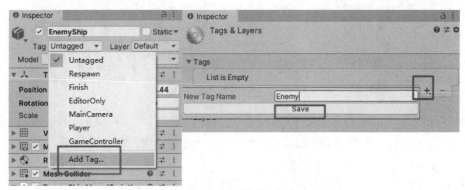

图 6-58　添加 Enemy 标签

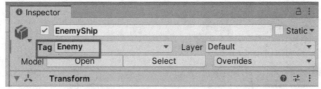

图 6-59　选择 Enemy 标签

（5）修改 DestroyByCollision.cs 脚本，在 OnTriggerEnter 函数的最开始添加如下代码，判断如果发生碰撞的游戏对象标签为 Enemy，则发生销毁，直接 return：

```
private void OnTriggerEnter(Collider other)
{
    if(other.tag=="Enemy")
    {
        return;
    }
    …//此处省略显示脚本中已添加的代码，这些代码应保持不变。
}
```

（6）运行游戏，行星和敌机相互不干扰。

6.5.3　制作敌机炮弹

为了更好地制作敌机炮弹，先将 PlayerShip 对象和 AsteroidController 对象隐藏。

（1）在 Hierarchy 窗口中，新建空游戏对象 EnemyBullet，重置其 Transform 组件；设置其标签 Tag 为 Enemy。在 EnemyBullet 下新建一个子物体 Quad 对象，重命名为 VFX，并将其绕 X 轴旋转 90 度。移除 VFX 的 Mesh Collider 组件。将 Project 窗口中的 Assets\Materials 文件夹下的材质 fx_enemyShip_engines_mat 拖动到 VFX 下，如图 6-60 所示。

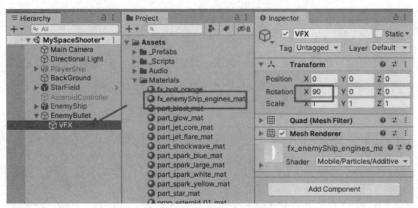

图 6-60　制作 EnemyBullet

（2）对 EnemyBullet 对象添加 Rigidbody 组件，并取消勾选 Use Gravity 选项。继续添加 Capsule Collider 组件，设置 Direction 为 Z-Axis，Radius 为 0.06，Height 为 1，如图 6-61 所示。

（3）炮弹的运动方向与行星的运动方向一致，因此将 AsteroidMove.cs 脚本挂载在 EnemyBullet 对象上即可。为使炮弹的运动速度和行星的运动速度有区别，选择 EnemyBullet 对象，Inspector 窗口中将 AsteroidMove 脚本组件的 speed 调整为-8，如图 6-62 所示。

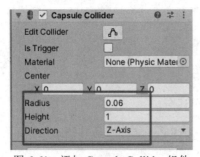

图 6-61　添加 Capsule Collider 组件

图 6-62　设置速度值

（4）将 EnemyBullet 对象拖动至 Project 窗口中的 Assets_Prefabs 文件夹中，制作成预制体，如图 6-63 所示，并在 Hierarchy 窗口中将 EnemyBullet 对象删除。

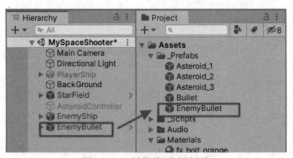

图 6-63　制作炮弹预制体

（5）与飞船发射子弹不同，敌机自行发射若干颗炮弹，且炮弹发射的间隔时间随机。在 Assets_Scripts 文件夹下新建 EnemyBulletController.cs 脚本，将其挂载在 EnemyShip 上。在脚本中定义 enemyBullet 变量，用于保存炮弹预制体，代码如下：

```
public class EnemyBulletController: MonoBehaviour
{
    public GameObject enemyBullet;

}
```

将 EnemyBullet 预制体拖动到对应项中，如图 6-64 所示。

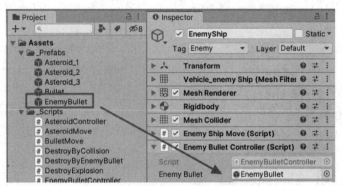

图 6-64　赋值 EnemyBullet 预制体

（6）为使炮弹发射的间隔时间随机，在 EnemyBulletController.cs 脚本定义三个变量 minRate、maxRate 和 waitTime，分别用来表示最短间隔时间、最长间隔时间和随机间隔时间，并对三个变量设置默认值，代码如下：

```
public class EnemyBulletController: MonoBehaviour
{
    public GameObject enemyBullet;
    public float minRate = 0.5f;
    public float maxRate = 2.5f;

    private float waitTime=1.0f;
}
```

在 EnemyBulletController.cs 脚本自定义返回值为协程类的 laucherEnemyBullet 函数，用于控制炮弹的发射，代码如下：

```
IEnumerator laucherEnemyBullet()
{
    yield return new WaitForSeconds(waitTime);
    while (true)
    {
        waitTime = Random.Range(minRate, maxRate);
        GameObject eBullet = GameObject.Instantiate(enemyBullet, transform.position
            + new Vector3(0, 0, -0.8f), Quaternion.identity);
        yield return new WaitForSeconds(waitTime);
    }
}
```

敌机生成 1 秒后，再发射炮弹。通过 Random.Range(minRate, maxRate)函数产生一个随机的炮弹发射间隔时间。在相对敌机 Z 的负方向 0.8 的位置动态生成炮弹。在脚本的 Start 函数中调用 laucherEnemyBullet 函数，代码如下：

207

```
void Start()
{
    StartCoroutine(laucherEnemyBullet());
}
```

（7）激活 PlayerShip 和 AsteroidController 对象，运行程序。观察发现，敌机炮弹并不会击中飞船，飞船子弹不会击中敌机，敌机与飞船也不会发生碰撞。因此需要通过脚本来解决这三个问题。

（8）制作炮弹击中飞船效果。在 Project 窗口下，Assets_Scripts 文件夹中添加 DestroyByEnemyBullet.cs 脚本，将其挂载在 Assets/_Prefabs 文件夹下的 EnemyBullet 预制体上。在 DestroyByEnemyBullet.cs 脚本中添加以下代码：

```
public class DestroyByEnemyBullet : MonoBehaviour
{
    public GameObject shipExplosion;

    private void OnTriggerEnter(Collider other)
    {
        if(other.tag=="Player")
        {
            Destroy(gameObject);
            Destroy(other.gameObject);
            GameObject.Instantiate(shipExplosion, transform.position, Quaternion.identity);
        }
    }
}
```

shipExplosion 变量表示飞船爆炸的粒子效果。在碰撞检测中，若与炮弹发生碰撞的物体的标签为 Player，则表示击中飞船，同时销毁炮弹和飞船，并生成飞船爆炸效果。

将 Project 窗口中，Assets\Prefabs\VFX\Explosions 文件夹下的 explosion_player 粒子特效拖动到 ship Explosion 项中，如图 6-65 所示。运行游戏，敌机炮弹可以击中飞船。

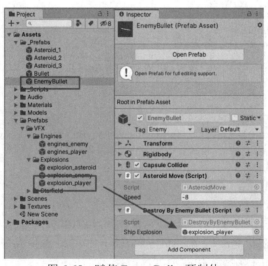

图 6-65　赋值 EnemyBullet 预制体

（9）制作飞船子弹击中敌机效果。在 Project 窗口中，为 Assets_Prefabs 文件夹下的飞船子弹 Bullet 预制体添加标签 Tag 为 PlayerBullet，如图 6-66 所示。

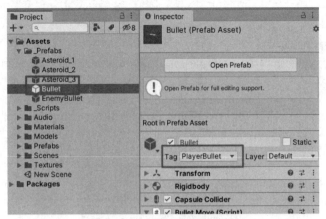

图 6-66　为飞船子弹添加标签

在 EnemyBulletController.cs 脚本中定义公有变量 enemyExplosion 和 shipExplosion，分别用来表示敌机爆炸效果和飞船爆炸效果，代码如下：

```
public class EnemyBulletController: MonoBehaviour
{
    public GameObject enemyExplosion;
    public GameObject shipExplosion;
    ……//此处省略显示脚本中已添加的代码，这些代码应保持不变。
}
```

在 Project 窗口中，将粒子特效分别拖入 EnemyShip 对象 EnemyBulletController 脚本组件的对应项中，如图 6-67 所示。

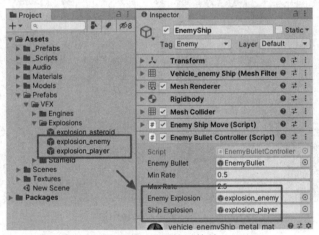

图 6-67　设置粒子特效

在 EnemyBulletController.cs 脚本中添加 OnTriggerEnter 函数，并添加如下代码，若碰撞对象的标签为 PlayerBullet，则表明敌机被飞船子弹击中，敌机和子弹同时销毁，并产生敌机爆炸效果。

```
private void OnTriggerEnter(Collider other)
{
    if (other.tag =="PlayerBullet")
    {
        Destroy(other.gameObject);
        Destroy(gameObject);
        GameObject.Instantiate(enemyExplosion, transform.position, Quaternion.identity);
    }
}
```

运行游戏前，将控制敌机对象 EnemyShip 运动的 Enemy Ship Move 脚本控件取消，方便观察，如图 6-68 所示。

图 6-68 取消 EnemyShipMove 脚本控件

运行游戏，会发现飞船发射的子弹与敌机发射的炮弹相抵在一起，并不会销毁，如图 6-69 所示。

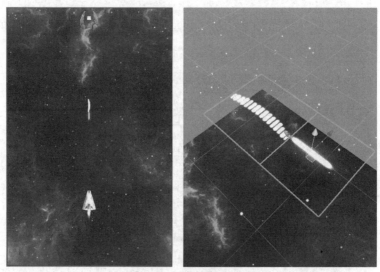

图 6-69 子弹与炮弹相抵

为解决这一问题，需在 DestroyByEnemyBullet.cs 脚本的 OnTriggerEnter 函数中，判断若炮弹碰撞对象为飞船子弹，则子弹与炮弹同时销毁。添加如下代码：

```
private void OnTriggerEnter(Collider other)
{
```

```
        if(other.tag=="PlayerBullet")
        {
            Destroy(gameObject);
            Destroy(other.gameObject);
        }
        if(other.tag=="Player")
        {
            Destroy(gameObject);
            Destroy(other.gameObject);
            GameObject.Instantiate(shipExplosion, transform.position, Quaternion.identity);
        }
    }
```

在选 Project 窗口中，勾选 Assets_Prefabs 文件夹下 EnemyBullet 预制体中的 Capsule Collider 组件的 Is Trigger 项，如图 6-70 所示。

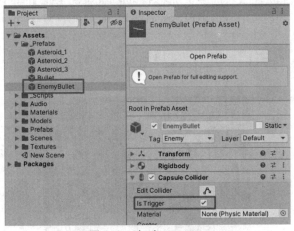

图 6-70　勾选 Is Trigger

管理敌机爆炸粒子效果的生命周期，将之前创建的 DestroyExplosion.cs 脚本挂载在 Project 窗口中 Assets/Prefabs/VFX/ Explosions 文件夹下的 explosion_enemy 预制体上，如图 6-71 所示。

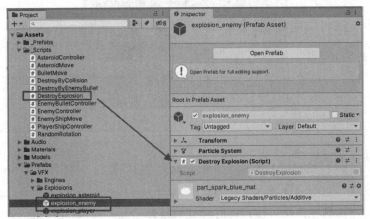

图 6-71　销毁敌机粒子效果

（10）制作敌机与飞船碰撞效果。在 EnemyBulletController.cs 脚本的 OnTriggerEnter 函数中添加以下代码：

```
private void OnTriggerEnter(Collider other)
{
    if (other.tag =="PlayerBullet")
    {
        Destroy(other.gameObject);
        Destroy(gameObject);
        GameObject.Instantiate(enemyExplosion, transform.position, Quaternion.identity);
    }
    if(other.tag=="Player")
    {
        Destroy(other.gameObject);
        Destroy(gameObject);
        GameObject.Instantiate(shipExplosion, transform.position, Quaternion.identity);
        GameObject.Instantiate(enemyExplosion, transform.position, Quaternion.identity);
    }
}
```

（11）运行游戏，查看游戏效果，如图 6-72 所示。

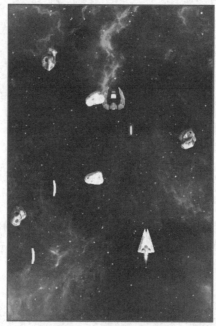

图 6-72 游戏运行画面

6.5.4 随机生成敌机

（1）制作敌机 EnemyShip 预制体。右击 Hierarchy 窗口中的 EnemyShip 对象，选择 Unpack Prefabs 选项，解除预制体关系。将 EnemyShip 对象拖动到 Project 窗口中的 Assets_Prefabs 文件夹下，重新制作成预制体。最后将 Hierarchy 窗口中的 EnemyShip 对象删除，如图 6-73 所示。

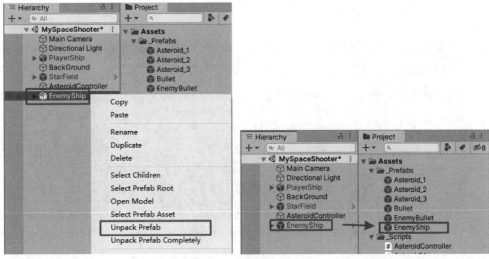

图 6-73　制作敌机预制体

（2）在 Hierarchy 窗口中新建空游戏对象 EnemyController 用于控制敌机生成，重置其 Transform 组件。在 Assets/_Scripts 文件夹中新建 EnemyController.cs 脚本，挂载在 EnemyController 游戏对象下。参考控制行星随机生成的 AsteroidController.cs 脚本，为 EnemyController.cs 脚本添加以下代码：

```
public class EnemyController : MonoBehaviour
{
    public GameObject enemyShip;
    public float startTime = 3.0f;
    public float waitTime=10.0f;

    private Vector3 launcherPos;
    IEnumerator launchEnemyShip()
    {
        yield return new WaitForSeconds(startTime);
        while (true)
        {
            launcherPos.x = Random.Range(-6, 7);
            launcherPos.y = 0.0f;
            launcherPos.z = 14.0f;
            GameObject.Instantiate(enemyShip, launcherPos, Quaternion.identity);
            yield return new WaitForSeconds(waitTime);

        }
    }
    void Start()
    {
        StartCoroutine(launchEnemyShip());
    }
}
```

将 EnemyShip 预制体拖动到 EnemyController 对应项中，如图 6-74 所示。

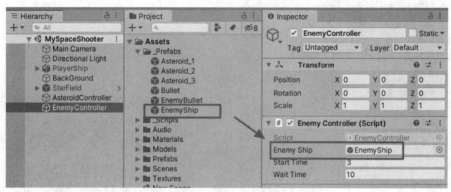

图 6-74　设置敌机预制体

（3）运行游戏，敌机随机生成。但行星障碍生成过于密集，如图 6-75 所示，因此对项目的行星生成进行优化调整。

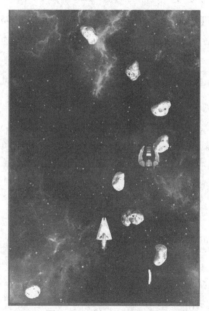

图 6-75　游戏运行画面

6.5.5　游戏优化

（1）优化行星生成的间隔时间。对 AsteroidController.cs 脚本中添加变量 startTime 表示每组行星的生成延迟时间，默认值设为 2 秒。

```
public class AsteroidController: MonoBehaviour
{
    public float startTime = 2.0f;
    …//此处省略显示脚本中已添加的代码，这些代码应保持不变。
}
```

（2）在 AsteroidController.cs 脚本中 launchAsteroid 函数的 while 结构内添加如下代码：

```
IEnumerator launchAsteroid()
{
    while (true)
    {
        yield return new WaitForSeconds(startTime);
        for (int i = 0; i < asteroidCount; i++)
        {
            ···//此处省略显示脚本中已添加的代码，这些代码应保持不变。
        }
    }
}
```

添加上述代码后，运行游戏。行星每 10 颗为 1 组，分组出现。

（3）对行星、敌机和飞机的移动速度和生成时间等功能的调整，可以通过调整脚本组件中的各项参数完成。若想达到较好的效果，读者可以自行调整。

6.6　添加音频

添加音频

为游戏添加音频，增强游戏的沉浸感。

6.6.1　添加背景音

在 Hierarchy 窗口中，选中 BackGround 游戏对象。在其 Inspector 窗口中点击 Add Component 按钮添加 Audio Source 组件。在 Project 窗口中，将 Assets\Audio 文件夹中的 music_background 音频片段，拖动到 Audio Source 组件的 AudioClip 项中。同时勾选 Play On Awake 和 Loop 选项，使背景音实现在游戏对象唤醒后立刻播放和循环播放两个功能，如图 6-76 所示。

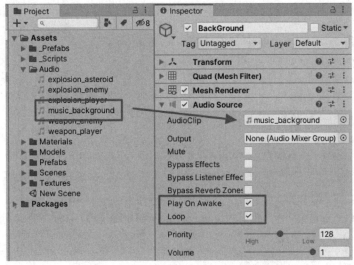

图 6-76　设置背景音的 Audio Source 组件

6.6.2 添加飞船子弹发射音效

为 Hierarchy 窗口中的 PlayerShip 游戏对象添加 Audio Source 组件。在 Project 窗口中，找到 Assets\Audio 文件夹中的 weapon_player 音频片段拖动到 AudioClip 上，取消勾选 Play On Awake 和 Loop 选项，如图 6-77 所示。

图 6-77　设置飞船的 Audio Source 组件

通过代码控制 weapon_player 音频在飞船发射子弹时生效。在 PlayerShipController.cs 脚本的 Update 函数中添加音频播放代码：

```
void Update()
{
    if(Input.GetButton("Fire1")&&Time.time>nextFireTime)
    {
        nextFireTime = Time.time + fireRate;
        Instantiate(shot_Prefab, transform.position, transform.rotation);
        GetComponent<AudioSource>().Play();
    }
}
```

6.6.3 添加敌机炮弹发射音效

在 Project 窗口中，为 Assets_Prefabs 文件夹下的 EnemyShip 预制体添加 Audio Source 组件，将 Assets\Audio 文件夹下的 weapon_enemy 音频拖入 AudioClip 项中，取消勾选 Play On Awake 和 Loop 项，如图 6-78 所示。

在 EnemyBulletController.cs 脚本的 laucherEnemyBullet 函数中添加播放音频的代码语句：

```
IEnumerator laucherEnemyBullet()
{
    yield return new WaitForSeconds(waitTime);
    while (true)
```

```
    {
        waitTime = Random.Range(minRate, maxRate);
        GameObject eBullet = GameObject.Instantiate(enemyBullet, transform.position
                    + new Vector3(0, 0, -0.8f), Quaternion.identity);
        GetComponent<AudioSource>().Play();
        yield return new WaitForSeconds(waitTime);
    }
}
```

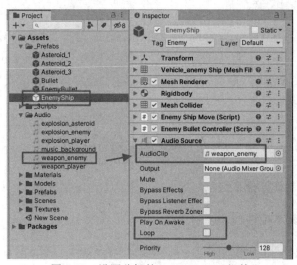

图 6-78 设置敌机的 Audio Source 组件

6.6.4 添加行星爆炸音效

在 Project 窗口中，为 Assets\Prefabs\VFX\Explosions 文件夹下的 explosion_asteroid 预制体添加 Audio Source 组件，将 Assets\Audio 文件夹下的 explosion_asteroid 音频拖入到 AudioClip 项中。勾选 Play On Awake，取消勾选 Loop，如图 6-79 所示。运行游戏后，行星爆炸时出现爆炸音效。

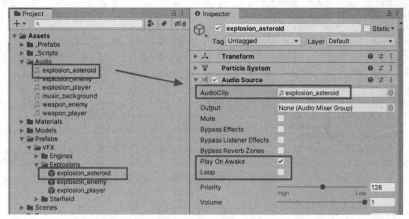

图 6-79 为行星爆炸预制体添加 Audio Source 组件

6.6.5　添加敌机爆炸音效

在 Project 窗口中，为 Assets\Prefabs\VFX\Explosions 文件夹下的 explosion_enemy 预制体添加 Audio Source 组件，将 Assets\Audio 文件夹下的 explosion_enemy 音频拖入到 Audio Clip 中。勾选 Play On Awake，取消勾选 Loop（和添加行星爆炸音效类似）。运行游戏后，敌机爆炸时出现爆炸音效。

6.6.6　添加飞船爆炸音效

在 Project 窗口中，为 Assets\Prefabs\VFX\Explosions 文件夹下的 explosion_player 预制体，为其添加 Audio Source 组件，将 Assets\Audio 文件夹下的 explosion_player 音频拖入到 Audio Clip 中。勾选 Play On Awake，取消勾选 Loop（和添加行星爆炸音效类似）。运行游戏后，飞船爆炸时出现爆炸音效。

6.7　制作计分系统

利用 Unity UGUI 制作计分系统，得分策略如下：①击中行星得 5 分；②击中敌机得 20 分。

6.7.1　创建计分文本控件

（1）在 Hierarchy 窗口中空白区域右击，选择 UI→Text。修改 Text 控件名为 Txt_Score。将其与 Canvas 左上点对齐，按住 Alt 键，在 Anchor Presets 中选择左上对齐图标，如图 6-80 所示。

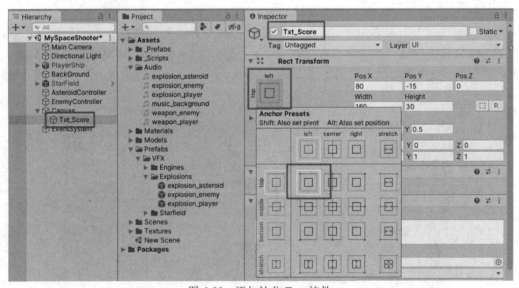

图 6-80　添加计分 Text 控件

（2）设置 Txt_Score 控件的文本内容为"得分：0"，将字号 Font Size 设置为 20，设置颜色为黄色，如图 6-81 所示。

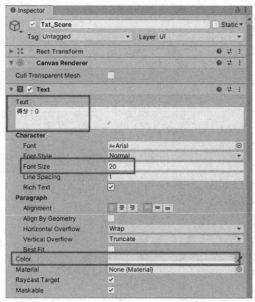

图 6-81　设置计分 Text 控件样式

6.7.2　击中行星后得分

（1）在 Project 窗口的 Assets_Scripts 文件夹中新建 AddScore.cs 脚本，并挂载在 Txt_Score 控件上。在 AddScore.cs 脚本中引用 UnityEngine.UI 命名空间，并创建用于表示总得分的 scoreSum 变量和控制分数的 addScore 函数，代码如下：

```
using System.Collections;
using System.Collections.Generic;
using UnityEngine;
using UnityEngine.UI;
public class AddScore : MonoBehaviour
{
    private int scoreSum = 0;
    public void addScore(int score)
    {
        scoreSum += score;
        GetComponent<Text>().text = "得分：" + scoreSum;
    }
}
```

（2）行星被击中后，应调用 AddScore.cs 脚本中的 addScore 函数完成分数累加和文字显示。因此需将 AddScore 类制作成单例类，以便类中的公有成员能够在类的外部被调用。在 AddScore.cs 脚本中添加如下声明：

```
public class AddScore : MonoBehaviour
{
    public static AddScore instance;
    …//此处省略显示脚本中已添加的代码，这些代码应保持不变。
}
```

并在 AddScore 类的 Awake 生命周期中添加以下代码：

```
private void Awake()
{
    instance = this;
}
```

修改 DestroyByCollision.cs 脚本中的 OnTriggerEnter 函数。当行星被子弹击中时，调用 AddScore 类中的 addScore 函数，每次击中行星加 5 分，将实参 score 设置为 5。

```
private void OnTriggerEnter(Collider other)
{
    …//此处省略显示脚本中已添加的代码，这些代码应保持不变。
    if (other.tag == "PlayerBullet")
    {
        Destroy(other.gameObject);
        Destroy(gameObject);
        AddScore.instance.addScore(5);
    }
    …//此处省略显示脚本中已添加的代码，这些代码应保持不变。
}
```

（3）运行游戏，查看得分效果，如图 6-82 所示。

图 6-82　游戏运行效果

6.7.3　击中敌机后得分

（1）在 EnemyBulletController.cs 脚本的 OnTriggerEnter 函数中调用 AddScore 类中的 addScore 函数，分值为 20。

```
private void OnTriggerEnter(Collider other)
{
    if (other.tag =="PlayerBullet")
    {
        Destroy(other.gameObject);
        Destroy(gameObject);
            GameObject.Instantiate(enemyExplosion, transform.position, Quaternion.identity);
            AddScore.instance.addScore(20);
    }
    …//此处省略显示脚本中已添加的代码，这些代码应保持不变。
}
```

（2）运行游戏，计分功能正常。

6.8 判断游戏结束

分析游戏结束的条件为：①飞船与行星相撞后，游戏结束；②飞船与敌机相撞后，游戏结束。游戏结束后，行星和敌机均不再发射，游戏区域中出现游戏结束字样和最终得分。

6.8.1 创建游戏结束文本控件

（1）右击 Hierarchy 窗口中的 Canvas 游戏对象，选择 UI→Text，新建 Text 控件，重命名为 Txt_GameOver，将宽度 Width 和高度 Height 均设为 500，将文本控件与画布中心对齐，如图 6-83 所示。

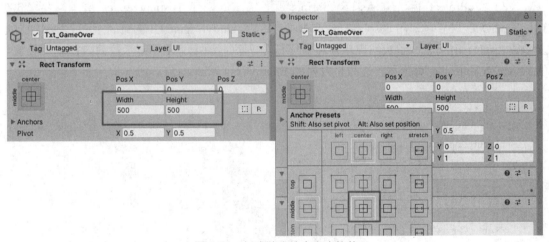

图 6-83　创建游戏结束文本控件

将文本字号 Font Size 设为 30，文本居中对齐，颜色设为黄色。文本控件的文字并非游戏运行后就显示，而应该当触发游戏结束条件后再显示"游戏结束！最终得分：XXX"字样。因此，先将 Text 的内容删除，如图 6-84 所示。

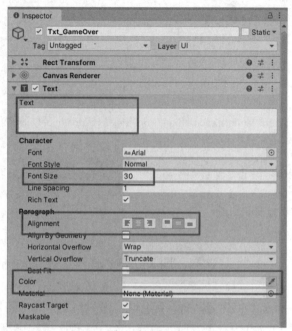

图 6-84　设计游戏结束文本控件

（2）在 AddScore.cs 脚本中，添加自定义函数 finalScore，用于获取得分，代码如下：

```
public int finalScore()
{
    return scoreSum;
}
```

（3）在 Project 窗口的 Assets_Scripts 文件夹下，新建 DisplayText.cs 脚本，并挂载在 Txt_GameOver 控件上。在 DisplayText.cs 脚本中引用 UnityEngine.UI 的命名空间，并添加自定义函数 display 用于显示游戏结束字样和最终得分，添加 destroyHinder 函数销毁控制行星发射的 AsteroidController 对象和控制敌机发射的 EnemyController 对象。添加代码如下：

```
using System.Collections;
using System.Collections.Generic;
using UnityEngine;
using UnityEngine.UI;
public class DisplayText : MonoBehaviour
{
    public static DisplayText instance;
    public GameObject AsteroidCtrl;
    public GameObject EnemyCtrl;
    private void Awake()
    {
        instance = this;
    }
    public void display()
    {
        int scoreSum = AddScore.instance.finalScore();
```

```
            GetComponent<Text>().text = "游戏结束" + "\n" + "最终得分：" + scoreSum;
    }

    public void destroyHinder()
    {
            Destroy(AsteroidCtrl);
            Destroy(EnemyCtrl);
    }
}
```

将 Hierarchy 窗口中的 AsteroidController 对象和 EnemyController 对象拖动到 DisplayText 组件对应的项中，如图 6-85 所示。

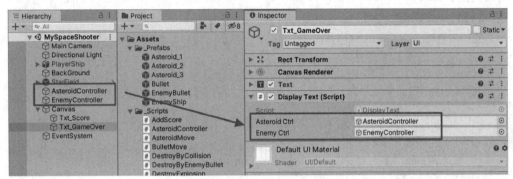

图 6-85　设置 DisplayText 组件

6.8.2　游戏结束

在行星与飞船发生碰撞、敌机与飞船发生碰撞和敌机炮弹击中飞船三处脚本代码中调用 DisplayText 类的 display 函数和 destroyHinder 函数。

（1）在 DestroyByCollision.cs 脚本的 OnTriggerEnter 函数中添加以下代码，使行星与飞船发生碰撞时结束游戏。

```
private void OnTriggerEnter(Collider other)
{
        …//此处省略显示脚本中已添加的代码，这些代码应保持不变。
        if(other.tag=="Player")
        {
            Destroy(other.gameObject);
            Destroy(gameObject);
            GameObject.Instantiate(shipExplosion,other.transform.position, other.transform.rotation);
            DisplayText.instance.display();
            DisplayText.instance.destroyHinder();
        }
}
```

（2）在 EnemyBulletController.cs 脚本的 OnTriggerEnter 函数中添加以下代码，使敌机与飞船发生碰撞时结束游戏。

```
private void OnTriggerEnter(Collider other)
{
```

```
…//此处省略显示脚本中已添加的代码，这些代码应保持不变。
if(other.tag=="Player")
{
    Destroy(other.gameObject);
    Destroy(gameObject);
    GameObject.Instantiate(shipExplosion, transform.position, Quaternion.identity);
    GameObject.Instantiate(enemyExplosion, transform.position, Quaternion.identity);
    DisplayText.instance.display();
    DisplayText.instance.destroyHinder();
}
```

（3）在 DestroyByEnemyBullet.cs 脚本的 OnTriggerEnter 函数中添加以下代码，使敌机炮弹击中飞船时结束游戏。

```
private void OnTriggerEnter(Collider other)
{
    …//此处省略显示脚本中已添加的代码，这些代码应保持不变。
    if(other.tag=="Player")
    {
        Destroy(gameObject);
        Destroy(other.gameObject);
        GameObject.Instantiate(shipExplosion, transform.position, Quaternion.identity);
        DisplayText.instance.display();
        DisplayText.instance.destroyHinder();
    }
}
```

（4）运行游戏，测试行星与飞船发生碰撞、敌机与飞船发生碰撞和敌机炮弹击中飞船三种情况，均能触发游戏结束，如图 6-86 所示。

图 6-86　游戏运行效果

6.9 重新开始游戏

游戏结束后，按下 R 键实现重新开始游戏。但需要注意的是，游戏运行中按下 R 键不应该响应重新开始游戏功能。

（1）右击 Hierarchy 窗口中的 Canvas 对象，选择 UI→Text，新建 Text 控件，重命名为 Txt_Restart。调整文本控件与 Canvas 右上对齐，设置其宽度 Width 为 200，高度 Height 为 30。将文本的内容修改为"按【R】键重新开始"，将字号 Font Size 设为 20，文本居右，颜色设置为黄色，如图 6-87 所示。文字"按【R】键重新开始"应该在游戏结束后方才显示，因此将 Text 中的内容删除。

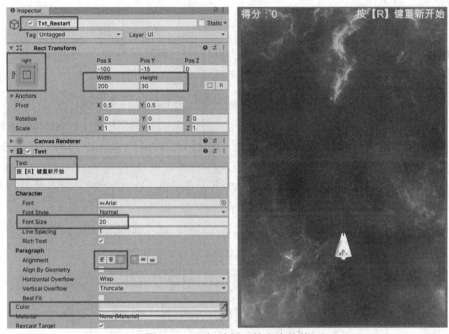

图 6-87 添加重新开始文本控件

（2）在 Project 窗口下的 Assets_Scripts 文件夹中新建 Restart.cs 脚本，将脚本挂载在 Txt_Restart 对象上，在脚本中引用 UnityEngine.UI 命名空间。将 Restart 类制作成为单例类。并定义 gameOver 变量，用于表示游戏是否结束，gameOver 的初始值为 false 表示游戏未结束。定义公有函数 setRestart，用于设置 gameOver 变量，以及用于显示"按【R】键重新开始"提示。代码如下：

```
using System.Collections;
using System.Collections.Generic;
using UnityEngine;
using UnityEngine.UI;
public class Restart : MonoBehaviour
{
    public static Restart instance;
```

```
        private bool gameOver = false;
        private void Awake()
        {
            instance = this;
        }
        public void setRestart(bool flag)
        {
            gameOver = flag;
            GetComponent<Text>().text = "按【R】键重新开始";
        }
    }
```

（3）在 DisplayText.cs 脚本中判断游戏结束的 destroyHinder 函数中调用 Restart 类的 setRestart 函数，设置游戏结束标识 gameOver 为 true。添加代码如下：

```
public void destroyhinder()
{
    Destroy(asteroidctrl);
    Destroy(enemyctrl);
    Restart.instance.setrestart(true);
}
```

（4）重新开始功能可通过重新加载 MySpaceShooter 场景来实现。在 Restart.cs 脚本中引用 UnityEngine.SceneManagement 命名空间，用于切换场景，在 Restart.cs 脚本内添加以下代码：

```
using UnityEngine.SceneManagement;
```

在 Unity 工具栏中点击 File→Build Settings，并点击 Add Open Scenes 按钮，在 Build Settings 中添加当前场景 MySpaceShooter，如图 6-88 所示。

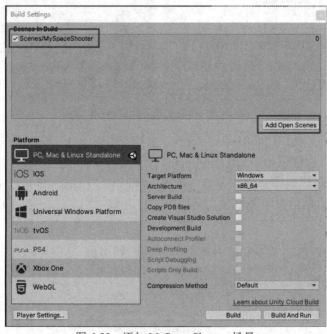

图 6-88　添加 MySpaceShooter 场景

在 Restart 脚本中的 Update 函数中添加以下代码，若游戏结束，并 R 键被按下，则调用 LoadScene 函数重新加载 MySpaceShooter 场景：

```
void Update()
{
    if(gameOver)
    {
        if(Input.GetKeyDown(KeyCode.R))
        {
            SceneManager.LoadScene("MySpaceShooter");
        }
    }
}
```

（5）运行游戏，当游戏进行中按键盘 R 键无效；当游戏结束后，按键盘 R 键重新开始。

6.10   发布游戏

将游戏发布至 PC、Mac & Linux Standalone 平台。

（1）点击工具栏中 File→Build Settings，打开 Build Settings 对话框，Platform 选择 PC,Mac & Linux Standalone，点击 Build。选择发布位置，最终发布成 MySpaceShooterProject.exe 应用程序，如图 6-89 所示。

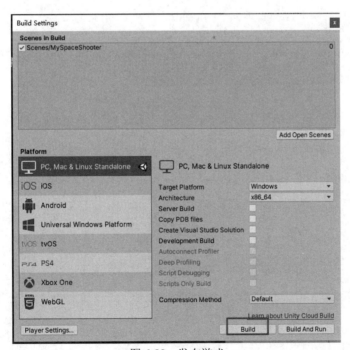

图 6-89   发布游戏

（2）双击打开 MySpaceShooterProject.exe，如图 6-90 所示，开始游戏吧。

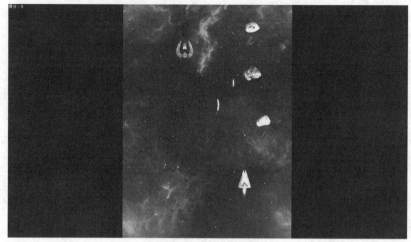

图 6-90　游戏运行效果

6.11　小结

本游戏是一款经典的受欢迎的游戏。在游戏开发的过程中，融合了物理系统、UGUI 系统、音效、输入输出等基本的应用方法。并且也展示了随机生成、动态生成等小技巧。读者在开发过程中应多体会总结，思考如何完善该案例。

第 7 章　Mecanim 动画系统

 **本章导读**

　　本章介绍 Unity 的动画系统——Mecanim。首先介绍 Mecanim 的工作流和常用 API，然后介绍动画系统在不同方面的应用，如运动状态机、人群模拟、多层 IK 绑定、武器绑定等。Mecanim 动画系统在游戏开发中经常用到，尤其是人物动画，我们通过在具体的案例中应用动画系统来让大家熟悉并掌握 Mecanim 动画系统的应用。

本章要点

- Mecanim 动画系统的工作流和常用 API
- 运动状态机
- 人群模拟
- IK 反向动力
- 武器绑定追逐

7.1　Mecanim 动画系统简介

　　Mecanim 是 Unity 中的一个丰富且精密的动画系统，可以可视化地管理复杂的动画系统。本章先简单介绍 Mecanim 动画系统的工作流和相关术语，然后选择 Mecanim 动画系统中常用的一些 API 进行讲解。这些 API 在后面的案例分析中会多次出现，我们会逐个讲解几个不同的场景，以便大家掌握 Mecanim 系统的主要功能。

7.1.1　Mecanim 动画系统的工作流

　　Mecanim 动画系统是 Unity 公司从 Unity 4.0 版开始引入的新的动画系统，它提供了如下 4 种功能。

　　（1）针对人形角色提供了一种特殊的工作流，包括 Avatar 的创建和对肌肉定义（Muscle definitions）的调节。

　　（2）动画重定向（Retargeting）的能力，可以非常方便地把动画从一角色模型应用到其他角色模型上。

　　（3）提供了可视化的 Animation 编辑器，可以便捷地创建和预览动画片段。

　　（4）提供了可视化的 Animator 编辑器，可以直观地通过动画参数 Transition 等管理各个动画状态间的过渡。

Mecanim 的工作流如图 7-1 所示。

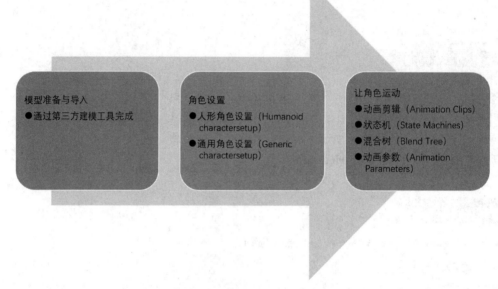

图 7-1　Mecanim 的工作流

7.1.2　Mecanim 动画系统中的术语

Avatar 介绍

以下是 Mecanim 中一些常见的术语：

（1）Animation Clip（动画片段）：可用于角色或简单动画的动画数据，一般包含一个简单的动作单元，如 Idle、Run 和 Walk 等，在本章的后面将多次使用这些常用的动作。我们可以在 Animation Preview 窗口中预览这些动作。

（2）Body Mask（身体遮罩）：用于包括或排除身体骨骼部位的一种控制方式。比如角色在进行射击动作时，只用手臂和头部进行瞄准，其他身体部位则保持静止。

（3）Animation Curve（动画曲线）：动画曲线可以附加到动画片段上来控制动画中模型的状态。

（4）Avatar（化身）：电影《阿凡达》里主角通过专门的连接设备将自己的灵魂转移到他的化身上。Avatar 的字面意思就是指化身，在 Mecanim 中则表示将一个骨架重定向到另一个骨架上的接口。

（5）Retargeting（重定向）：能够把为一个模型创建的动画复用到另外的模型上。

（6）Rigging（绑定）：为网格模型建立一个骨架的层次结构和关节的过程。该动作在第三方建模工具（如 3DMax 和 Maya 等）中完成。

（7）Skinning（蒙皮）：把骨骼关节绑定到角色网格模型或"皮肤"的过程。骨骼动作也在第三方建模工具（如 3DMax 和 Maya 等）中完成。

（8）Root Motion（根动作）：角色根级（指能控制角色移动的部位）的动作。它可用来决定角色的运动是否由动画本身或者外部逻辑来控制。本案例中多个场景中角色的运动都是由动画本身控制的。

（9）Animation Layer（动画层）：一个动画层包括了一个动画状态机，这个动画状态机能够控制整个或部分模型的一系列动画。

（10）Animation State Machine（动画状态机）：一种用来控制动画状态间过渡关系的图，每个状态由一个混合树或单一动画片段组成。如图 7-2 所示，在 Unity 中新建一个 Animator Controller 时会默认创建 Entry、Any State 和 Exit 三个动画状态，而且三个状态用不同的颜色标示。

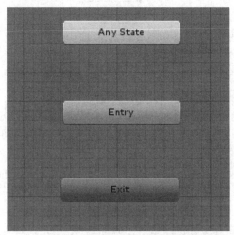

图 7-2　Unity 中的默认状态

（11）Blend Tree（混合树）：基于 float 类型的参数对相似的动画片段进行连续混合。

（12）Animation Parameters（动画参数）：用于在脚本和 Animator Controller 之间通信。其中一些参数可以在脚本中通过 API 设定，并且可在 Animator Controller 中使用；另一些参数则基于动画片段中的自定义曲线（Custom Curves），可以通过脚本 API 来采样。

（13）Inverse Kinematic（IK，反向动力学）：它可以用在基于场景中的各种对象来控制角色身体部位的运动。对"反向动力学"比较通俗的理解就是，当角色看到前面有个苹果时，角色的手臂就知道应该如何运动才能到达苹果的位置并拿到苹果。

7.2　Mecanim 动画系统常用 API 介绍

本节将列出 Mecanim 动画脚本中一些常用的 API。

7.2.1　与动画状态控制相关的 API

1．Animator 类

Animator 类是脚本中控制 Mecanim 动画系统的核心接口，它的类层次如图 7-3 所示。它也是一个组件，因此可以绑定到游戏对象上。

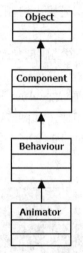

图 7-3   Animator 类的继承

几乎每一个 Mecanim 动画控制脚本都少不了 Animator 类的如下几个成员函数：

（1）SetFloat/GetFloat/SetInteger/GetInteger/SetBool/GetBool/SetTrigger/GetTrigger 用于设置相应类型的动画参数。

（2） SetIKPosition 、 SetIKPositionWeight 、 SetIKRotation 、 SetIKRotationWeight 、SetLookAtPosition、Set LookAtWeight 用于设置反向动力学的位置/旋转/观察方向的值与权重，与此对应的还有一系列 Get 函数。

（3）StringToHash 是静态函数，用于从动画状态的名称得到该动画状态的 Hash ID，其返回值类型为 int。

（4）GetCurrentAnimatorStateInfo、GetNextAnimatorStateInfo 用于得到当前/下一个动画状态。

在本章接下来的案例分析中还会看到该类的其他函数。

2. MonoBehaviour 中与 Animator 相关的回调函数

（1）回调函数 OnAnimatorMove 用于在动画运动时修改动画的 Root motion。该函数在 OnAnimatorIK 之前调用。读者在后面的章节中可以看到该回调函数的应用。

该函数的声明为：

```
void OnAnimatorMove();
```

（2）回调函数 OnAnimatorIK 用于建立动画的 IK（反向动力学）。前述 Animator 类中的一系列 IK 相关的函数，如 SetIKPosition/GetIKPosition 等都是在该回调函数中调用的。

该函数的声明为：

```
void OnAnimatorIK(int layerIndex);
```

其参数为动画层的序号。

7.2.2 Character Controller（角色控制器）

在接下来的案例讲解中，将多次用到 Character Controller 组件（如图 7-4 所示），在前面章节有过简单介绍，在这一章中有具体的应用。

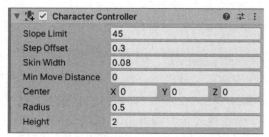

图 7-4 Character Controller 组件

角色控制器组件允许在仅受制于碰撞影响的情况下很容易地控制物体的运动，而不用处理刚体，也无需考虑重力的作用。通常在人物模型上加上这个组件后，就可以通过函数 Simple Move/Move 控制模型的运动了。

图 7-5 表示了类 Character Controller、Collider 及 Rigidbody 之间的关系。一般而言，在角色上添加了 Character Controller 组件后，就不需要再添加 Collider 和 Rigidbody 了。

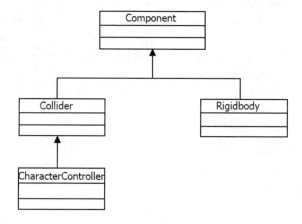

图 7-5 CharacterController、Collider 及 Rigidbody 之间的关系

在类 Character Controller 中有 SimpleMove、Move 和 OnControllerColliderHit 几个重要的函数。

1. SimpleMove

SimpleMove 函数的声明为：

```
public bool SimpleMove(Vector3 speed);
```

它表示以一定的速度移动角色控制器，其单位是 m/s。该函数将忽略 Y 轴上的速度。在使用该函数时，重力会被自动运用。建议每帧只调用一次 Move 或 SimpleMove。该函数返回值表示是否着地。

在如下脚本中，实现了根据输入轴方向以速度 speed 移动 CharacterController 组件，脚本中的变量 cc 表示绑定在游戏对象上的 CharacterController 组件，下同。

```
cc = GetComponent<CharacterController>();
moveDir = new Vector3(Input.GetAxis("Horizontal"), 0,Input.GetAxis("Vertical"));
moveDir = transform.TransformDirection(moveDir);
cc.SimpleMove(speed * moveDir);
```

2. Move

Move 函数的声明为：

```
public CollisionFlags Move(Vector3 motion);
```

它用于通过外力来移动控制器，并沿着碰撞体滑动，且该外力只受限于碰撞。该函数不考虑任何重力影响。

在如下脚本中，实现了根据输入轴方向以速度 speed 移动 CharacterController 组件，且处理了 CharacterController 件沿 Y 轴方向的跳跃动作。

```
void Update ()
{
        if(cc.isGrounded)
        {
        moveDir = new Vector3(Input.GetAxis("Horizontal"), 0,   Input.GetAxis("Vertical"));
        moveDir = transform.TransformDirection(moveDir);
        moveDir *= speed;
        if(Input.GetButton("Jump"))
           moveDir.y = jumpSpeed;
        }
        moveDir.y -= gravity * Time.deltaTime;
        cc.Move(moveDir * Time.deltaTime);
}
```

3. OnControllerColliderHit

OnControllerColliderHit 的声明为：

```
void OnControllerColliderHit(Controller hit)
```

当 Character Controller 组件在运动中与碰撞体发生碰撞后，会触发该函数的调用，进而可以在函数内部处理碰撞事件。

如下脚本中实现了在发生碰撞后，使 CharacterController 组件沿着推动力的方向以一定的速度运动的功能。

```
void OnControllerColliderHit(ControllerColliderHit hit)
{
        Rigidbody body = hit.collider.attachedRigidbody;
        if(body == null || body.isKinematic)
            return;
        if(hit.moveDirection.y < -0.3f)
            return;
        Vector3 pushDir = new Vector3(hit.moveDirection.x, 0, hit.moveDirection.z);
        body.velocity = pushDir * pushPower;
}
```

读者可以在随书资源里找到上面的完整代码和示例。

7.3 Animator Controller

本节将学习 Animator Controller 的实现过程和原理。

7.3.1 创建场景

（1）新建一个场景，重命名为 My Animator Controller，将其保存在目录 Assets/_Scenes 下。

（2）添加环境对象。从 Project 窗口的 Assets/Prefabs 目录下找到预制体 tutorialArena_01_static，并拖放到场景中，重命名为 Environment。重置其 Transform 组件，勾选 Static 选项，并为此对象生成 Lightmaps。

（3）添加角色。从 Project 窗口的 Assets/Characters/U_Character 目录下找到模型 U_Character_REF，并拖放到场景中，重命名为 Player。重置其 Transform 组件，然后设置其 Tag 为 Player。根据上面 Environment 对象的位置，调整 Player 对象到合适高度和位置，使 Player 对象站立在地面上，并且不要与环境中的其他物体触碰到。

（4）在 Player 对象上添加一个 Character Controller 组件（在 Component→Physics 菜单下），如图 7-6 所示，设置其 Center 的值为(0,1.01,0)，其他属性保持默认值。

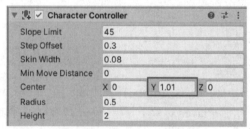

图 7-6 设置 Player 的 Character Controller 组件

（5）添加箱子模型。从 Project 窗口的 Assets/Finished/Models 目录下找到模型 propCrate，将其拖到场景中，重置其 Transform 组件。设置 Transform 组件的 Position 值为(1.72,0.3,-14.63)。移除其 Animation 组件。然后再为其添加 Box Collider 和 RigidBody 两个组件，保留默认设置。

（6）复制箱子模型。选中 propCrate 对象，按 Ctrl+D 组合键或依次单击菜单 Edit→Duplicate 并复制 propCratet 对象（这里可以复制多个箱子模型），然后保持 Transform 组件的 Y 值不变，任意设置 X、Z 值，使箱子模型均匀分布在场景中。

（7）整理 propCrate 对象。创建一个空的游戏对象 Crates，重置其 Transform 组件，将前面添加的多个 propCrate 对象都拖到 Crates 下，使它们成为 Crates 的子对象。

（8）添加跨栏架模型。从 Project 窗口的 Assets/Finished/Models 目录下找到模型 propHurdle，将其拖到场景中，重置其 Transform 组件，然后调整 Transform 组件 Position 的 X 和 Z 值，确保其不与场景中的其他物体碰撞。

此时若在场景中观察模型，发现模型如图 7-7 所示，这是由于 propHurdle 的子对象 propHurdle_collision 中开启了 Mesh Renderer，即跨栏模型的外表面显示的是碰撞体。因此需要取消勾选该 Mesh Renderer 组件或将其移除掉，此时该模型显示如图 7-8 所示。

（9）复制和整理跨栏架模型。复制多份 propHurdle 对象，并修改各对象的 X 和 Z 值，使它们均匀分布在场景中。然后创建一个空游戏对象，重命名为 Hurdles，重置 TransForm 组件，将前面的各个 propHurdle 对象都拖动到 Hurdles 下。读者可以试着给各个跨栏架模型添加不同的旋转系数，这样模型在场景中会呈现不同的朝向。

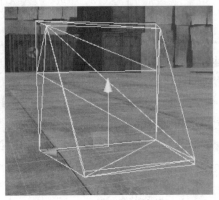

图 7-7　模型的碰撞体

图 7-8　跨栏模型

（10）添加灯光。由于在 Unity 中新建场景时会默认创建一个 Directional Light 对象，所以不必再创建灯光对象。在此设置其 Shadow Type 为 Soft Shadows，其他属性如 Intensity 和 Bias 的值等请读者根据需要自行设置。

7.3.2　创建动画控制器

创建动画控制器操作步骤如下：

（1）在 Project 窗口的 Assets/_Animators 目录下新建一个 Animator Controller，重命名为 MyAnimatorAC，并将其拖动到 Player 对象上。由于在本场景中将通过动画来控制角色的运动，所以需要勾选 Animator Controller 组件的 Apply Root Motion 选项。

（2）在 Animator 编辑器中添加如下参数：

人物与动画机的处理

1）表示速度的 Float 型变量 Speed。

2）表示角色运动方向的 Float 型变量 Direction。

3）表示角色是否处于跳跃状态的 Bool 型变量 Jump。

4）表示角色是否处于打招呼状态的 Bool 型变量 Hi。

添加完成后各动画参数如图 7-9 所示。

人物的转弯

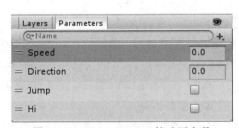

图 7-9　MyAnimatorAC 的动画参数

（3）在 Base Layer 中新建一个空的动画状态，重命名为 Idle，设置其 Motion 属性为 IdleShort，并勾选 Foot IK 选项。

（4）在 Base Layer 中新建一个 Blend Tree 类型的状态，重命名为 Run，并双击进行编辑。如图 7-10 所示，选择 Parameter 为 Direction，并设置其范围为(-1,1)。保持勾选 Automate Thresholds 选项，然后在 Motion 列表中依次添加 RunLeft、Run、RunRight 三个动画片段。

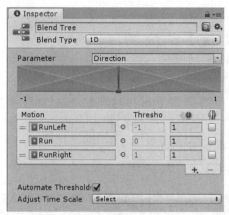

图 7-10　设置动画状态 Run

设置完成后，Blend Tree 的状态如图 7-11 所示。

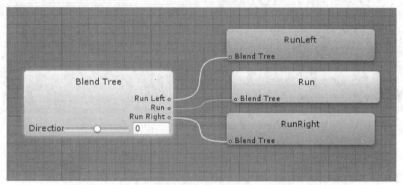

图 7-11　Blend Tree 的 Motion 列表

（5）在 Animator 编辑器中返回到 Base Layer 动画层。如图 7-12 所示，在 Project 窗口中搜索动画片段 Jump，然后将其拖放到 Animator 编辑器中创建状态 Jump。

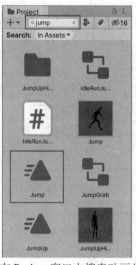

图 7-12　在 Project 窗口中搜索动画片段 Jump

（6）创建状态间的 Transitions：

1）当角色从状态 Idle 过渡到 Run 时的条件为的 Speed 值大于 0.1，同时去除对 HasExitTime 项的勾选。反过来从状态 Run 过渡到 Idle 时的条件为 Speed 的值小于 0.1，同时去除对 HasExitTime 项的勾选。

人物的跑动与跳跃

2）当角色从状态 Run 过渡到 Jump 时的条件为 Jump 等于 true，同时去除对 HasExitTime 项的勾选；反过来由状态 Jump 过渡到 Run 时，则保留默认条件，即 ExitTime 的值等于 0.9。

创建完成后各动画状态间的关系如图 7-13 所示。

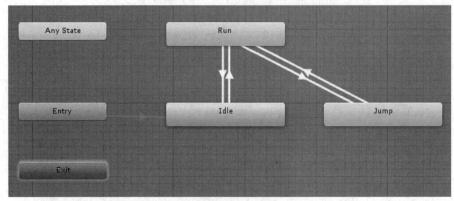

图 7-13　Base Layer 上的各动画状态及 Transitions

（7）在本案例中，Player 角色会有一个 Say Hi 并打招呼的动作，该动作只要一只手臂挥动即可，其他身体部位保持不动要实现这样的动作功能，需要在 Animator 编辑器中新建一个动画层 Arm Layer，并在该层上创建如图 7-14 所示的两个状态：状态 Empty 为空状态；状态 Wave 的创建方法请参考前面 Base Layer 上 Jump 状态的创建过程，其中 Wave 状态 Motion 的属性为动画片段 Wave。

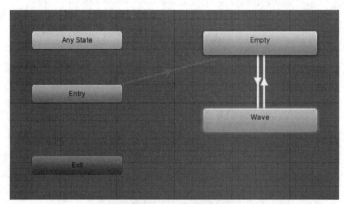

图 7-14　Arm Layer 上的动画状态

设置 Empty 和 Wave 两个状态之间的过渡条件如下：

1）角色从状态 Empty 过渡到 Wave 的条件为参数 Hi 等于 true，同时取消勾选 Has Exit Time 选项。

2）角色从状态 Wave 过渡到 Empty 的条件为默认条件，即 ExitTime 的值等于 0.93。

（8）在 Project 窗口的 Assets/_Avatar Mask 目录下新建一个 Avatar Mask 对象，重命名为 RightArmAvatar，并设置只有右手可以运动，如图 7-15 所示。

（9）在 Arm Layer 中，如图 7-16 所示，设置 Weight 的值为 1，并设置 Mask 属性为前面创建的 RightArmAvatar。

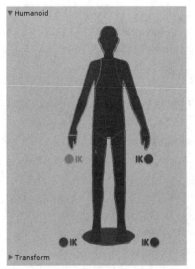

图 7-15　设置 Right ArmAvatar Humanoid

图 7-16　设置 Arm Layer

在 Mecanim 动画系统中默认动画层 Base Layer 的权重总是 1，而其他层的权重必须手动设置。如果不在此处设置 Arm Layer 层的权重，也可以在脚本中用下面的代码来设置：

```
if(animator.layerCount>= 2)
    animator.SetLayerWeight(1, 1);
```

7.3.3　角色运动控制

在本场景中，当玩家用左右方向键控制角色移动时，角色会左右跑动；当玩家在角色跑动中按下 Fire1 键时，角色会跳跃；当按下 Fire2 键时，角色会挥动手臂打招呼。值得注意的是，角色的运动状态由动画控制，操作步骤如下：

（1）在 Project 窗口的 Assets/_Scripts 目录下新建一个子目录 Animator Controller，然后在该目录内新建一个脚本 AnimatorMove.cs，并将其绑定到 Player 对象上。

（2）在 Animator Move 类中加入如下变量：

```
protected Animator animator;
public float DirectionDampTime = .25f;
```

其中，变量 DirectionDampTime 表示参数 Direction 插值的时间，animator 表示 player 对象 Animator 上的组件。

（3）在函数 Start 中初始化变量 animator。

```
void Start ()
{
        animator = GetComponent<Animator>();
```

```
        /*if(animator.layerCount >= 2)
            animator.SetLayerWeight(1, 1);*/
}
```

注释部分的代码可根据 Arm Layer 层的设置来决定是否启用：若已经在 Animator 编辑器中设置动画层 Arm Layer 的 Weight 值为 1，则不需要去除代码注释；若未设置，则需去除代码注释，通过此脚本来设置该层的 Weight，其中 Arm Layer 层的序号为 1。

（4）在函数 Update 中加入对左右键处理的功能：

```
void Update ()
{
    if (animator == null)
        return;
        AnimatorStateInfo stateInfo = animator.GetCurrentAnimatorStateInfo(0);
    if (stateInfo.IsName("Base Layer.Run"))
    {
        if (Input.GetButton("Fire1"))
        animator.SetBool("Jump", true);
    }
    else
    {
        animator.SetBool("Jump", false);
    }
    if(Input.GetButtonDown("Fire2") && animator.layerCount >= 2)
    {
    animator.SetBool("Hi", !animator.GetBool("Hi"));
    }
    float h = Input.GetAxis("Horizontal");
    float v = Input.GetAxis("Vertical");
    animator.SetFloat("Speed", h*h+v*v);
    animator.SetFloat("Direction", h, DirectionDampTime, Time.deltaTime);
}
```

在上面的代码中：

1）类 Animator 的成员函数 GetCurrentAnimatorStateInfo 用于得到指定层上的状态信息，其声明为：

```
AnimatorStateInfo GetCurrentAnimatorStateInfo(int layerIndex);
```
该函数的参数为动画层的序号。

2）AnimatorStateInfo.IsName("Base Layer.run")用于判断当前是否处于 Base Layer 层的 Run 状态，即角色是否处在跑动的状态。

3）Input.GetButton("Fire1")及后面的语句表示若玩家按下 Fire1 键后，设置 Jump 参数为 true，角色开始跳跃动作。这也与之前的设计吻合：角色只有在跑动的过程中按下 Fire1 键才能实现跳跃的动作；若角色当前在 Idle 状态，按下 Fire1 键不会进入跳跃状态。

4）animator.SetFloat("Speed",h*h+v*v);表示用水平和垂直输入轴的值为动画参数 Speed 赋值，这是一个近似值。读者可以试试用严格意义上的合成速度值 Mathf.Sqrt(h*h+v*v)（如图7-17 所示）来设定速度大小，看效果有什么不同。

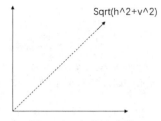

图 7-17　合成速度值

5）速度的方向由水平输入轴的方向决定，即左右方向键。

（5）运行游戏。如图 7-18 所示，当按下左右方向键时，角色可以向左右跑动，按下左 Alt 键时角色挥右手，在角色跑动过程中按下左 Ctrl 键时角色跳跃。需要注意的是，由于摄像机位置固定在 Game 视图中，角色很容易就会跑出视野区域，下面将介绍摄像机跟随角色运动的逻辑。

图 7-18　游戏运行画面

7.3.4　摄像机运动控制

让摄像机跟随角色运动的操作步骤如下：

（1）在 Project 窗口的 Assets/_Scripts 目录下新建脚本 CameraMover.cs，并将其绑定到 Main Camera 对象上。由于此脚本可能在接下来的其他案例中被复用，所以将其放在 Scripts 目录下。

（2）在类 CameraMover 中加入如下变量：

```
public Transform follow;
public float distanceAway = 5.0f;
public float distanceUp = 2.0f;
public float smooth = 1.0f;
private Vector3 targetPosition;
```

其中：

1）follow 表示 Camera 要对准的目标对象的 Transform 组件。

2）distanceAway 表示 Camera 在目标对象后面的距离。

3）distanceUp 表示 Camera 在目标对象上方的高度。

4）smooth 表示插值系数。

5）targetPosition 表示目标位置。

（3）在函数 LateUpdate 中加入下面的代码：

```
void LateUpdate ()
{
    targetPosition = follow.position + Vector3.up * distanceUp - follow.forward * distanceAway;
    transform.position = Vector3.Lerp(transform.position, targetPosition, Time.deltaTime * smooth);
    transform.LookAt(follow);
}
```

其中：

1）可参考图 7-19 来理解上面求解 targetPosition 的代码。其中，图中虚线部分矢量为 follow.position+Vector3.up*distanceUp，也等于 targetPosition+follow.forward*distanceAway，所以 targetPosition 等于虚线表示的矢量与 follow.forward* distanceAway 之差。

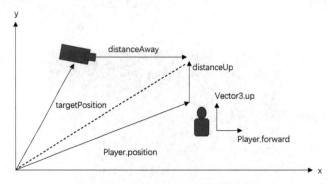

图 7-19　targetPosition 的计算原理

注意：在上面的代码中，假定了摄像机总是在角色背后 distanceAway 距离处，且在角色头顶上方 distanceUp 的高度处。若读者希望修改摄像机的方位，可以参考图 7-19 修改 targetPosition 的计算公式。

2）transform. Look At 用于实现类似 BillBoard 的效果，使摄像机总是正对着目标方位。

（4）从 Hierarchy 窗口中拖动 Player 对象到脚本 CameraMover 的变量上完成赋值。

（5）运行游戏，如图 7-20 所示，当角色运动时摄像机会跟随角色移动；按下左 Alt 键时，角色挥手。

图 7-20　运行效果

7.3.5　添加提示文字

下面在场景中添加用于提示玩家操作的文字，具体操作步骤如下：

（1）在 Project 窗口的 Assets/_Scripts/Animator Controller 目录下新建一个脚本 MyAnimatorUI.cs，并将其拖动到对象 Environment 上。

（2）在 MyAnimatorUI 类中加入函数 OnGUI，并添加提示文字的代码：

```
void OnGUI()
{
    GUILayout.Label("运动时按 Fire1 键（左 Ctrl 键）实现跳跃动作。按 Fire2 键（左 Alt 键）实现打招呼的动作。");
}
```

注意：由于该脚本中含有文字，所以该脚本的编码必须是 UTF-8。

（3）运行游戏。如图 7-21 所示，Game 视图的左上角显示了相应的提示文字。

图 7-21　在 Game 视图中显示提示文字

7.4　Crowd Simulation 场景

在 Crowd Simulation 场景中将实现如下的目标：游戏开始时不断产生 Dude 人形模型并随机运动；若玩家按下 Fire 键则不断随机产生 Teddy 熊模型，直到设定的总数。

7.4.1　创建场景

创建场景操作步骤如下：

（1）由于本节中的场景与 7.3 节中的类似，所以可以将场景 MyAnimator Controller 复制一份，并重命名为 MyCrowd，在下面的步骤中将根据需要对场景作出调整。

（2）为了让场景看起来更空旷，以便能看清人群，可以移除 Environment 对象的三个子对象 ramp_001、ramp_002 和 ramp003，并移动场景中间箱柜的位置，使中间部分空出来。

具体地，读者可以在 Scene 视图中先将场景在 XZ 平面投影后再移动箱柜模型，从而避免改变它们的 XZ 平面值。

（3）在 Hierarchy 窗口中移除原来场景中的对象 Crates 和 Hurdles。

（4）添加 Dude 和 Teddy 对象：

1）从 Project 窗口的 Assets/Characters/DudeLow 目录下找到模型 Dude_low，将其拖动到 Hierarchy 窗口中，重命名为 Dude。请读者自行调整 Dude 对象的方位。

2）从 Project 窗口的 Assets/Characters/Teddy 目录下找到模型 Teddy，将其拖动到 Hierarchy 窗口中，再调整 Teddy 的方位。

设置完成后 Game 视图中各角色的位置如图 7-22 所示，此时场景中有三个角色，即 Player、Dude 和 Teddy。

图 7-22　在场景视图里角色的位置

7.4.2　创建动画控制器

创建动画控制器的操作步骤如下：

（1）在 Project 窗口的 Assets/_Animators 目录下将 My AnimatorAC 复制一份，重命名为 MyCrowdAC，将其拖动到对象 Dude 和 Teddy 上。勾选对象 Dude 和 Teddy 上 Animator 组件的 Apply Root Motion 选项。

（2）双击 MyCrowdAC，在 Animator 编辑器中修改动画参数如下：

1）表示角色运动速度的 Float 型变量 Speed。

2）表示角色运动方向的 Float 型变量 Direction。

3）表示角色跳跃状态的 Bool 型变量 Jump。

4）表示角色俯冲状态的 Bool 型变量 Dive。

修改完成后各动画参数如图 7-23 所示。

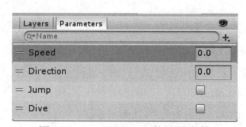

图 7-23　MyCrowdAC 的动画参数

（3）在 Base Layer 上保持 Idle、Run 和 Jump 三个状态以及它们之间的过渡关系不变；再仿照前面添加状态 Jump 的步骤添加一个新的状态 Dive，实现俯冲的动作。

（4）创建状态 Run 与 Dive 间 Transitions 的：

1）由状态 Run 过渡到 Dive 的条件为 Dive 等于 true，取消勾选 Has Exit Time 选项。

2）由状态 Dive 过渡到 Run 的条件为默认条件，即 Exit Time 的值等于 0.9。

创建完成后，Base Layer 层上各动画状态间的关系如图 7-24 所示。

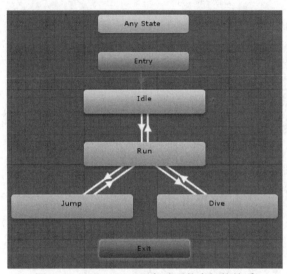

图 7-24　Base Layer 层各动画状态间的关系

（5）勾选 Base LayerIK 的 Pass 选项，移除 Arm Layer 层。

（6）移除 Environment 对象上的脚本 My AnimatorUI.cs。

（7）运行游戏。如图 7-25 所示，上面三个角色都进入 Idle 状态。

图 7-25　运行效果

7.4.3　生成人群

生成人群的操作步骤如下：

（1）在 Project 窗口的 Assets/_Scripts 目录下新建一个子目录 Crowd Simulation，在新目

录下新建一个脚本 PlayerGenerator.cs，并将其拖动到 Environment 对象上。

（2）在脚本中加入如下变量：

```
public GameObject dude;
public GameObject teddy;
public int showCount = 0;
public int maxPlayerCount = 50;
static int count = 0;
static float lastTime = 0;
private float timeSpan = 0.1f;
```

上面各变量的含义是：

1）dude 和 teddy 分别表示 Dude 和 Teddy 对象。

2）showCount 表示已经实例化的对象数量。

3）maxPlayerCount 表示允许实例化的最大数量默认为 50。之所以要设定这样的值，是因为不断实例化的对象会消耗系统资源，也可以为实例化的对象设定一个生命周期时限，超过时限则自动销毁。

4）count 用来记录实例化的对象数量。

5）lastTime 用来记录上一帧的时间，从而保证间隔足够长的时间才能实例化新对象。

6）timeSpan 则描述了间隔时间。

（3）在函数 Start 中初始化变量：

```
void Start ()
{
    lastTime = Time.time;
}
```

（4）在函数 Update 中加入以下代码：

```
void Update ()
{
    if(count < maxPlayerCount)
    {
        bool fired = Input.GetButton("Fire1");
        if((Time.time - lastTime) > timeSpan)
        {
            if(dude != null && !fired)
                Instantiate(dude, Vector3.zero, Quaternion.identity);
            if(teddy != null && fired)
                Instantiate(teddy, Vector3.zero, Quaternion.identity);
            lastTime = Time.time;
            ++count;
            showCount = count;
        }
    }
}
```

当已经实例化的对象数量小于 maxPlayerCount 且间隔时间大于设定值时：

1）若玩家未单击 Fire1 键，则实例化 Dude 对象。

2）若玩家单击 Fire1 键，则实例化 Teddy 对象。

（5）为 PlayerGenerator 脚本中的变量 Dude 和 Teddy 赋值。

（6）运行游戏。如图 7-26 所示，在 Hierarchy 窗口中可观察到不断有角色对象被实例化出来，但是由于实例化的位置固定（位于 Vector3.zero 处），如图 7-27 所示，实例化的对象都重叠在一起了。

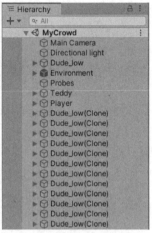

图 7-26　实例化的对象　　　　　　　　图 7-27　实例化的对象有重叠

下面将加入控制人群运动，使实例化的对象随机运动起来的逻辑。

7.4.4　人群随机运动的控制

控制人群随机运动的操作步骤如下：

（1）在 Project 窗口的 Assets/_Scripts/Crowd Simulation 目录下新建一个脚本 CrowdMovement.cs，将其分别拖动到对象 Dude 和 Teddy 上。

（2）在类 CrowdMovement 中加入如下变量：

```
public float AvatarRange = 25;
private Animator animator;
private float SpeedDampTime = .25f;
private float DirectionDampTime = .25f;
private Vector3 TargetPosition = Vector3.zero;
```

其中：

1）AvatarRange 用于通过 Random.Range(-AvatarRange,AvatarRange) 来随机确定 TargetPosition 的各坐标分量。

2）animator 表示绑定在游戏对象上的 Animator 组件。

3）SpeedDampTime 和 DirectionDampTime 分别表示插值动画参数 Speed 和 Direction 的时间。

4）TargetPosition 表示实例化对象的目标位置。

（3）在函数 Start 中初始化变量 animator。

```
void Start ()
{
```

```
        animator = GetComponent<Animator>();
}
```

（4）在函数 Update 中加入以下代码，以实现 Dude 和 Teddy 对象的随机运动：

```
void Update ()
{
        if(animator == null) return;

        int r = Random.Range(0, 50);
        animator.SetBool("Jump", r == 20);
        animator.SetBool("Dive", r == 30);
        print("animator.rootPosition == transform.position is " + (animator.rootPosition ==
                transform.position).ToString());
        if(Vector3.Distance(TargetPosition, animator.rootPosition) > 5)
        {
                animator.SetFloat("Speed", 1, SpeedDampTime, Time.deltaTime);
                Vector3 curentDir = animator.rootRotation * Vector3.forward;
                Vector3 wantedDir = (TargetPosition - animator.rootPosition).normalized;

                if(Vector3.Dot(curentDir,wantedDir) > 0)
                {
                        animator.SetFloat("Direction",Vector3.Cross(curentDir,wantedDir).y,
                                DirectionDampTime, Time.deltaTime);
                }
                Else
                {
                        animator.SetFloat("Direction", Vector3.Cross(curentDir,wantedDir).y > 0 ? 1 : -1,
                                DirectionDampTime, Time.deltaTime);
                }
        }
        else
        {
                animator.SetFloat("Speed", 0, SpeedDampTime, Time.deltaTime);
                if(animator.GetFloat("Speed") < 0.01f)
                {
                        TargetPosition = new Vector3(Random.Range(-AvatarRange,AvatarRange), 0,
                                Random.Range(-AvatarRange,AvatarRange));
                }
        }
}
```

在上面的代码中：

1）Random.Range(0,50)返回 0~50 的一个随机数，进而通过判断该随机数是否等于 20 或者 30 来为 Jump 和 Dive 赋值，以达到随机赋值的效果。

2）Vector3.Distance(TargetPosition,animator.rootPosition)计算了两个 Vector3 坐标点间的距离。值得注意的是，Vector3.Distance(v1,v2)的值与(v1-v2).Magnitude 相等，读者可以试着修改后对比效果。

3）这里可能有个疑问：animator.rootPostion 代表了游戏对象上 animator 组件的位置，而 Animator 组件本身并不包含位置信息，这个值是否与游戏对象的 Transform 组件位置一样?答案是肯定的，读者可以试着在脚本中加入如下的语句进行测试：

```
print("animator.rootPosition == transform.position is " +
(animator.rootPosition == transform.position).ToString());
```

4）Vector3.Dot(curentDir, wantedDir)>0 判断了两个向量点乘的积是否为正，在数学上，向量 a 和 b 间点乘定义为 Dot(a,b)=|a|*|b|*acos(a)，其中 a 为向量间的夹角。若两者间夹角大于 90 度，则点乘为负值，如图 7-28 所示。

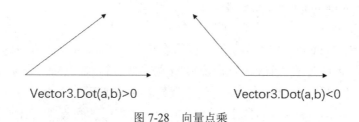

图 7-28   向量点乘

（5）运行游戏。如图 7-29 所示，可以看到 Dude 和 Teddy 对象在场景中随机运动。

图 7-29   运行效果展示

7.5 Inverse Kinematics Example 场景

在前面介绍 Mecanim 的术语时，已经简单介绍过 IK。IK 表示 Inverse Kinematics，即反向动力学，它是一种与前向动力学对应的运动关系，一般来说骨骼动画都是传统的从父结点骨骼到子结点骨骼的带动方式（即前向动力学的工作方式），但在有些情况下，如行走时踩到一块石头后落脚点比预设动画位置要高时，这时候就需要了。IK 是指骨骼动画从子结点骨骼到父结点骨骼的带动方式。

在本场景中要实现的目标是：在 Game 视图中勾选"激活 IK"选项后，在 Unity 编辑器中移动 Effector 对象的位置时，角色的身体会跟随运动。

7.5.1 创建场景

反向动力学对动作的影响

创建场景的操作步骤如下所示：

（1）将基于 7.4 节人群模拟中的场景来创建本场景。在 Project 窗口的 Assets/_Scenes 目录下复制场景 MyCrowd，重命名为 MyIK。

（2）移除原场景中的 Dude 和 Teddy 对象以及 Environment 对象上绑定的相关脚本。由于本节专注于讲解 IK 相关的知识点不需要角色移动，所以移除 Player 对象上的 Character Controller 组件和 AnimatorMove.cs 脚本。

（3）调整 Camera 的方位使角色位于场景中央，再调整角色的方位，使角色正对着我们。具体地，若要保持 Camera 在角色前上方，可以设置脚本 CameraMover 中的 distanceAway 变量为负值（具体原因请参考之前对 CameraMover 脚本的分析），然后再设置合适的 distanceUp 值，使角色以合适的尺寸居于屏幕中央，便于观察下面 IK 的动作效果。

调整结束后，Main Camera 对象上 CameraMover 脚本组件的各变量值如图 7-30 所示。

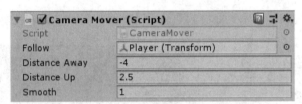

图 7-30　CamerMover 脚本设置

运行游戏，Game 视图中角色的位置如图 7-31 所示。

图 7-31　Game 视图中角色的位置

（4）选中 Player 对象，创建一个空的子对象，重命名为 Effectors，并重置其 Transform 组件。

（5）创建一个 Sphere 对象，重命名为 Body Effector，并将其设定为 Effectors 的子对象，重置其 Transform 组件，设置其 Scale 的值为(0.1,0.1,0.1)。如图 7-32 所示，调整 Effectors 的方位，使球形对象位于角色正前方。

图 7-32　球体位于角色的位置

（6）将 Body Effector 对象复制 5 份，并分别重命名为控制左脚运动的 Left foot Effector、控制右脚运动的 Right foot Effector、控制左手运动的 Left hand Effector、控制右手运动的 Right hand Effector 和控制颈部运动的 Lookat Effector。此时不需要修改各个对象的方位，这将在后面通过脚本来实现 IK 功能。

（7）由于在这一节中将应用反向动力学，所以需要在 My AnimatorController 的 Base Layer 中勾选 IK Pass 项，若未勾选，在后面控制球形运动时，角色身体则不会跟着运动。

7.5.2　IK 功能实现

IK 功能的实现操作步骤如下：

（1）在 Project 窗口的 Assets/_Scripts 目录下新建一个子目录 IK。在新目录下新建一个脚本 My.cs，并将其拖动到 Player 对象上。

（2）在类 MyIK 中加入以下变量：

```
public Transform bodyObj = null;
public Transform leftFootObj = null;
public Transform rightFootObj = null;
public Transform leftHandObj = null;
public Transform rightHandObj = null;
public Transform lookAtObj = null;
Private Animator avatar;
Private bool ikActive=false;
```

其中：

1）前面的六个变量分别对应 Effectors 对象下的六个子控制对象。

2）avatar 表示角色对象的 Animator 组件。

3）ikActive 表示玩家是否勾选激活 IK 选项。

（3）在 Inspector 窗口中为上述 6 个子控制对象赋值，如将 Body Effector 赋值给 Body Obj，将 Left foot Effector 赋值给 Left Foot Obj。

（4）在函数 Start 中初始化变量 avatar。

```
avatar = GetComponent<Animator>();
```

（5）在函数 Update 中加入以下代码：

```
void Update ()
{
```

```
            if(!ikActive)
            {
                if(bodyObj != null)
                {
                    bodyObj.position = avatar.bodyPosition;
                    bodyObj.rotation = avatar.bodyRotation;
                }
                if(leftFootObj != null)
                {
                    leftFootObj.position = avatar.GetIKPosition(AvatarIKGoal.LeftFoot);
                    leftFootObj.rotation     = avatar.GetIKRotation(AvatarIKGoal.LeftFoot);
                }
                if(rightFootObj != null)
                {
                    rightFootObj.position = avatar.GetIKPosition(AvatarIKGoal.RightFoot);
                    rightFootObj.rotation     = avatar.GetIKRotation(AvatarIKGoal.RightFoot);
                }
                if(leftHandObj != null)
                {
                    leftHandObj.position = avatar.GetIKPosition(AvatarIKGoal.LeftHand);
                    leftHandObj.rotation     = avatar.GetIKRotation(AvatarIKGoal.LeftHand);
                }
                if(rightHandObj != null)
                {
                    rightHandObj.position = avatar.GetIKPosition(AvatarIKGoal.RightHand);
                    rightHandObj.rotation     = avatar.GetIKRotation(AvatarIKGoal.RightHand);
                }
                if(lookAtObj != null)
                {
                    lookAtObj.position = avatar.bodyPosition + avatar.bodyRotation * new Vector3(0,0.5f,1);
                }
            }
}
```

在上面的代码中：

1）未激活 IK 时，各控制对象（Effectors 的子对象）的位置从 avatar 上获得。

2）角色躯干部分的位置和旋转系数由 Animator 组件的 bodyPosition 和 bodyRotation 来设置。

3）在设置角色的左手位置时，调用 Animator 类的成员函数 GetIKPosition，并指定 IK 目标为左脚，即 AvatarIKGoal.LeftFoot，这样 GetIKPosition 就会返回 IK 计算出的目标点（左脚）的位置。与此类似，GetIKRotation 则返回 IK 目标点的旋转量，其返回的是一个 Quaternion 对象。

4）avatar.bodyPosition+avatar.bodyRotation*new Vector3(0,0.5f,1)表示将控制颈部的控制球放在角色前上方。

（6）若玩家激活 IK，则 Player 对象身体各部位的位置由球形控制器决定，这里需要在 OnAnimatorIK 中加入如下代码：

```
void OnAnimatorIK(int layerIndex)
{
    if(avatar == null)
```

```
        return;
    if(ikActive)
    {
        avatar.SetIKPositionWeight(AvatarIKGoal.LeftFoot, 1.0f);
        avatar.SetIKRotationWeight(AvatarIKGoal.LeftFoot, 1.0f);
        avatar.SetIKPositionWeight(AvatarIKGoal.RightFoot, 1.0f);
        avatar.SetIKRotationWeight(AvatarIKGoal.RightFoot, 1.0f);
        avatar.SetIKPositionWeight(AvatarIKGoal.LeftHand, 1.0f);
        avatar.SetIKRotationWeight(AvatarIKGoal.LeftHand, 1.0f);
        avatar.SetIKPositionWeight(AvatarIKGoal.RightHand, 1.0f);
        avatar.SetIKRotationWeight(AvatarIKGoal.RightHand, 1.0f);
        avatar.SetLookAtWeight(1.0f, 0.3f, 0.6f, 1.0f, 0.5f);
        if(bodyObj != null)
        {
            avatar.bodyPosition = bodyObj.position;
            avatar.bodyRotation = bodyObj.rotation;
        }

        if(leftFootObj != null)
        {
            avatar.SetIKPosition(AvatarIKGoal.LeftFoot,leftFootObj.position);
            avatar.SetIKRotation(AvatarIKGoal.LeftFoot,leftFootObj.rotation);
        }

        if(rightFootObj != null)
        {
            avatar.SetIKPosition(AvatarIKGoal.RightFoot,rightFootObj.position);
            avatar.SetIKRotation(AvatarIKGoal.RightFoot,rightFootObj.rotation);
        }
        if(leftHandObj != null)
        {
            avatar.SetIKPosition(AvatarIKGoal.LeftHand,leftHandObj.position);
            avatar.SetIKRotation(AvatarIKGoal.LeftHand,leftHandObj.rotation);
        }
        if(rightHandObj != null)
        {
            avatar.SetIKPosition(AvatarIKGoal.RightHand,rightHandObj.position);
            avatar.SetIKRotation(AvatarIKGoal.RightHand,rightHandObj.rotation);
        }
        if(lookAtObj != null)
        {
            avatar.SetLookAtPosition(lookAtObj.position);
        }
    }
    else
    {
        avatar.SetIKPositionWeight(AvatarIKGoal.LeftFoot,0);
        avatar.SetIKRotationWeight(AvatarIKGoal.LeftFoot,0);
        avatar.SetIKPositionWeight(AvatarIKGoal.RightFoot,0);
```

```
            avatar.SetIKRotationWeight(AvatarIKGoal.RightFoot,0);
            avatar.SetIKPositionWeight(AvatarIKGoal.LeftHand,0);
            avatar.SetIKRotationWeight(AvatarIKGoal.LeftHand,0);
            avatar.SetIKPositionWeight(AvatarIKGoal.RightHand,0);
            avatar.SetIKRotationWeight(AvatarIKGoal.RightHand,0);
            avatar.SetLookAtWeight(0.0f);
        }
    }
```

在上面的代码中：

1）当玩家激活 IK 后，设置身体各部位的 IK 权重为 1.0，这样身体各部位会运动到目标位置。

2）当玩家禁用 IK 后，设置身体各部位的 IK 权重为 0，这样身体各部位会回到初始设定的位置。

（7）最后，在场景中添加一个提示性标签，并提供一个是否激活 IK 的勾选项，在 OnGUI 函数中添加如下代码：

```
void OnGUI()
{
        GUILayout.Label("激活 IK 然后在场景中移动 Effector 对象观察效果");
        ikActive = GUILayout.Toggle(ikActive, "激活 IK");
}
```

（8）运行游戏。在 Game 视图中勾选"激活 IK"复选框，在 Hierarchy 窗口中选中 Player，然后在 Inspector 窗口中修改各个控制球的位置，如图 7-33 所示，在 Game 视图中可以看到角色相应的肢体部位也会跟着运动。

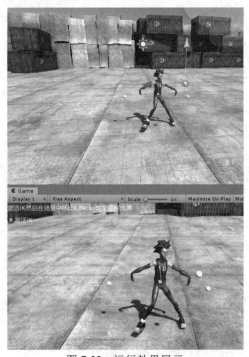

图 7-33　运行效果展示

7.6 Teddy Bear Bazooka 场景

Teddy Bear Bazooka 场景中要实现的目标是：

1）方向键控制 Player 对象运动。

2）按 Fire2 键为 Player 对象绑定或者卸下武器（火箭炮）。

3）按 Fire1 键为 Player 对象发射炮弹，若击中 Teddy 熊，则熊倒地毙命。

7.6.1 创建场景与动画控制器

创建场景与动画控制器的操作步骤如下：

（1）由于本场景与人群模拟类似，故可以在 Project 窗口的 Assets/_Scenes 目录下复制场景文件 MyCrowd，并重命名为 MyBazooka。

（2）在 Hierarchy 窗口中选中 Player 对象，移除 Character Controller 组件和 Animator Move 脚本。选中 Environment 对象，移除脚本。选中 Teddy 对象，移除脚本。

（3）为 Player 对象添加动画控制器：在 Project 窗口的 Assets/_Animators 目录下将 MyCrowdAC 复制一份，重命名为 MyWeaponAC，并将其拖动到 Player 对象上。

（4）双击 MyWeaponAC 进入 Animator 编辑器，勾选 Base Layer 上的 IK Pass 选项。新建一个动画层 HandIK。如图 7-34 所示，勾选 HandIK 上的 IK Pass 选项，用以在此动画层上实现角色抬火箭炮时双手抬起的动作。

设置完成后，两个动画层的状态如图 7-35 所示，请注意动画层标题右边的 IK 标志，它表示这两个动画层均支持 IK。

图 7-34　勾选 HandIK 上的 IK Pass

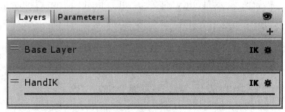

图 7-35　动画层 Base Layer 和 HandIK

（5）在 Animator 编辑器中修改的动画参数如下：

1）表示角色对象运动速度的 Float 型变量 Speed。

2）表示角色对象运动方向的 Float 型变量 Direction。

3）表示角色对象瞄准状态的 Float 型变量 Aim。

4）表示角色对象射击状态的 Float 型变量 Fire。

大家可能会疑惑为什么要设置瞄准和射击的状态为 Float 型变量，而非 Bool 型，我们将在后面抬放火箭炮和射击的脚本中得到答案。

添加完成后的各动画参数如图 7-36 所示。

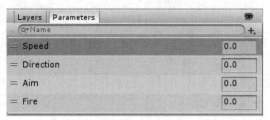

图 7-36　参数设置

（6）在 Base Layer 中删除动画状态 Jump 和 Dive。

（7）在 Hierarchy 窗口中移除对象 Dude，为 Teddy 对象添加一个 Capsule Collider 组件，参考图 7-37 来设置其属性。

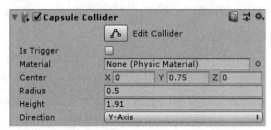

图 7-37　Teddy 的 Capsule Collider 组件

（8）为 Teddy 对象添加动画控制器：在 Project 窗口的 Assets/_Animator 目录下将 MyCrowdAC 复制一份，重命名为 MyBearAC，并将其拖动到对象 Teddy 上。

（9）在 Animator 编辑器中修改 MyBearAC 的参数如下：

1）表示 Teddy 对象运动速度的 Float 型变量 Speed。

2）表示 Teddy 对象运动方向的 Float 型变量 Direction。

3）表示 Teddy 对象跳跃状态的 Bool 型变量 Jump。

4）表示 Teddy 对象俯冲状态的 Bool 型变量 Dive。

5）表示 Teddy 对象垂死状态的 Bool 型变量 Dying。

添加完成后各动画参数如图 7-38 所示。

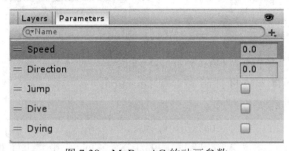

图 7-38　MyBearAC 的动画参数

（10）保持动画状态 Idle、Run、Jump 和 Dive 及其过渡关系不变。

（11）从 Assets 目录中搜索动画片段 Dying 和 Reviving，将它们拖动到 Animator 编辑器中创建动画状态 Dying 和 Reviving。

（12）为各动画状态创建 Transitions：

1）创建 Any State 过渡到 Dying 状态的 Transition，过渡条件为 Dying==true。

2）创建 Dying 过渡到 Reviving 状态，以及从 Reviving 过渡到 ldle 的 Transition，过渡条件为默认值，由 Exit Time 决定过渡时刻。

创建完成后各动画动态如图 7-39 所示。

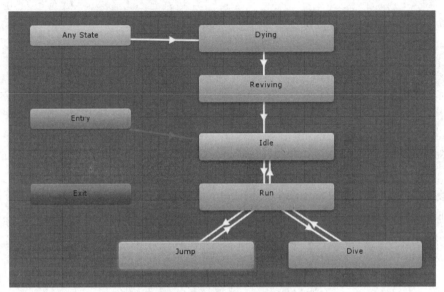

图 7-39　动画状态及 Transitions

7.6.2　Teddy 对象随机运动的控制

在添加角色抬放火箭炮和射击之前，先为 Teddy 对象添加随机运动的功能，其操作步骤如下：

（1）在 Project 窗口的 Assets/_Scripts 目录下新建一个子目录 Weapon，然后在该目录下新建一个脚本 MyBear.cs，并将其绑定到 Teddy 对象上。

（2）在类 My Bear 中加入如下变量：

```
public float AvatarRange = 25;
private Animator avatar;
private float SpeedDampTime = .25f;
private float DirectionDampTime = .25f;
private Vector3 TargetPosition = new Vector3(0,0,0);
```

这里读者可能发现上面的变量与 7.4.4 节中脚本 CrowdMovement.cs 中的变量相同。Teddy 随机运动的代码大部分与 7.4.4 中 Teddy、Dude 对象的运动代码类似，对于相同的代码在此不再赘述，下面将着重讲解与 CrowdMovement.cs 中代码不同的地方。

（3）在函数 Start 中初始化变量：

```
void Start ()
{
    avatar = GetComponent<Animator>();
}
```

（4）在函数 Update 中加入随机运动的代码。由于 Teddy 的大部分运动代码与 7.4.4 节中脚本 CrowdMovement.cs 相同，在此不再进行全面讲解，仅对其中更新部分的代码进行讲解。

```
void Update ()
{
    if(avatar == null) return;
    //前面的代码与 7.4.4 节中脚本 CrowdMovement.cs 的 Update 里代码相同
    …
    var nextState = avatar.GetNextAnimatorStateInfo(0);
    if (nextState.IsName("Base Layer.Dying"))
    {
        avatar.SetBool("Dying", false);
    }
}
```

在上面的代码中：

1）函数 GetNextAnimatorStateInfo 用于返回指定动画层上的下一个动画状态信息，这里指定的动画层序号为 0，即 Base Layer。注意，该函数仅适用于正在进行中的 Transition。

2）参考图 7-40 所示的 Transition 关系理解上面的代码。在 Base Layer 上若下一个状态为 Dying，则设置参数 Dying 为 False，而 Any State 到 Dying 的 Transition 为默认条件，即表示在 Transition Exit Time 之后会自动进入 Reviving 状态，然后再经过 Transition Exit Time 之后，Teddy 对象会进入 Idle 状态，这样就实现了"复活"的效果。

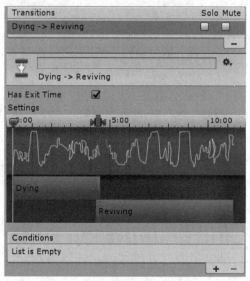

图 7-40　死亡到复活的 Transitions

（5）在函数 OnCollisionEnter 中加入对炮弹击中 Teddy 碰撞事件的处理。

```
void OnCollisionEnter(Collision collision)
{
    if (avatar != null)
    {
        AnimatorStateInfo currentState = avatar.GetCurrentAnimatorStateInfo(0);
```

```
        AnimatorStateInfo nextState = avatar.GetNextAnimatorStateInfo(0);
        if (!currentState.IsName("Base Layer.Dying") && !nextState.IsName("Base Layer.Dying"))
        {avatar.SetBool("Dying", true); }
    }
}
```

上面的代码表示：在 Base Layer 上，若当前动画状态不是 Dying，且下一个状态也不是 Dying，则当 Teddy 受到炮弹攻击时，设置动画参数 Dying 为 true。

7.6.3 抬放火箭炮控制

实现抬放火箭炮控制操作步骤如下：

（1）在 Project 窗口的 Assets/_ScriptsWaon 目录下新建一个脚本 MyBazooka.cs，并将其绑定到 Player 对象上。

（2）在类 My Bazooka 中加入如下变量：

```
public GameObject targetA = null;
public Transform leftHandPos = null;
public Transform rightHandPos = null;
public GameObject bazoo = null;
public GameObject bullet = null;
public Transform spawn = null;
private Animator animator;
private bool load = false;
```

上面各变量的含义是：

1）targetA 表示目标对象，这里指角色射击时的"猎物"——Teddy Bear。

2）leftHandPos 和 rightHandPos 分别用于表示角色的左、右手做抬起动作时的位置。

3）bazoo 表示角色射击时所使用的武器——火箭炮对象，它在场景中显示为一个横着的圆柱体。

4）bullet 表示角色射击时的炮弹。

5）spawn 表示角色射击时炮弹的发射点。

6）animator 表示角色对象上的 Animator 组件。

7）load 表示火箭炮是否抬起。

（3）在函数 Start 中初始化变量 animator：

```
void Start ()
{
    animator = GetComponent<Animator>();
}
```

（4）在函数 Update 中加入如下代码，实现对动画参数值的更新。

```
void Update ()
{
    if(animator == null)
        return;

    animator.SetFloat("Aim", load ? 1 : 0, .1f, Time.deltaTime);
```

```
        float aim = animator.GetFloat("Aim");

        if(Input.GetButton("Fire2"))
        {
            if(load && aim > 0.99) { load = false; }
            else if(!load && aim < 0.01) load = true;
        }

        //这部分运动逻辑与之前场景中的相同
        float h = Input.GetAxis("Horizontal");
        float v = Input.GetAxis("Vertical");

        animator.SetFloat("Speed", h*h+v*v);
        animator.SetFloat("Direction", h, 0.25f, Time.deltaTime);

        float fire = animator.GetFloat("Fire");

        if(Input.GetButton("Fire1") && fire < 0.01 && aim > 0.99)
        {
            animator.SetFloat("Fire",1);

            if(bullet != null && spawn != null)
            {
                GameObject newBullet = Instantiate(bullet, spawn.transform.position ,
                    Quaternion.Euler(0, 0, 0)) as GameObject;
                Rigidbody rb = newBullet.GetComponent<Rigidbody>();
                if(rb != null)
                {
                    rb.velocity = spawn.transform.TransformDirection(Vector3.forward * 20);
                }
            }
        }
        else
        {
            animator.SetFloat("Fire",0, 0.1f, Time.deltaTime);
        }
}
```

在上面的代码中，后半部分的代码与之前场景中角色运动的代码相同，下面来讲解前半部分的代码。

1）当 Fire2 键未被按下时，变量 load 初始值为 false，此时动画参数 Aim 和变量 aim 被设定为 0。

2）当 Fire2 键被按下时，经过以下代码中的用户输入处理后，变量 load 被更新为 true，同时动画参数 Aim 和变量 aim 被更新为 1；当 Fire2 键再次被按下时，变量 load 又被重新更新为 false，动画参数 Aim 和变量 aim 又被设置为 0。

```
if(load && aim > 0.99) { load = false; }
        else if(!load && aim < 0.01){ load = true;}
```

（5）加入回调函数 OnAnimatorlK，它将实现角色抬起双手瞄准目标对象的功能。

```
void OnAnimatorIK(int layerIndex)
    {
        float aim = animator.GetFloat("Aim");

        // 在 Base Layer 上处理角色瞄准目标对象和火箭抬起与放下的逻辑
        if (layerIndex == 0)
        {
            if (targetA != null)
            {
                Vector3 target = targetA.transform.position;
                target.y = target.y + 0.2f * (target - animator.rootPosition).magnitude;
                animator.SetLookAtPosition(target);
                animator.SetLookAtWeight(aim, 0.5f, 0.5f, 0.0f, 0.5f);
                if (bazoo != null)
                {
                    float fire = animator.GetFloat("Fire");
                    Vector3 pos = new Vector3(0.195f, -0.0557f, -0.155f);
                    Vector3 scale = new Vector3(0.2f, 0.8f, 0.2f);
                    pos.x -= fire * 0.2f;
                    scale = scale * aim;
                    bazoo.transform.localScale = scale;
                    bazoo.transform.localPosition = pos;
                }
            }
        }
        // 在 HandIK 层上处理抬火箭时双手举起的逻辑
        if (layerIndex == 1)
        {
            if (leftHandPos != null)
            {
                animator.SetIKPosition(AvatarIKGoal.LeftHand, leftHandPos. position);
                animator.SetIKRotation(AvatarIKGoal.LeftHand, leftHandPos. rotation);
                animator.SetIKPositionWeight(AvatarIKGoal.LeftHand, aim);
                animator.SetIKRotationWeight(AvatarIKGoal.LeftHand, aim);
            }

            if (rightHandPos != null)
            {
                animator.SetIKPosition(AvatarIKGoal.RightHand, rightHandPos. position);
                animator.SetIKRotation(AvatarIKGoal.RightHand, rightHandPos. rotation);
                animator.SetIKPositionWeight(AvatarIKGoal.RightHand, aim);
                animator.SetIKRotationWeight(AvatarIKGoal.RightHand, aim);
            }
        }
```

上面的代码比较长，我们先讲解 Base Layer 层上的相关实现，在该动画层中实现了对角色朝向、火箭炮的显示与隐藏，以及火箭炮位置的设置。

1）变量 target 表示目标对象（"猎物"）的位置。

2）语句 target.y = target.y+0.2f*(traget-animator.rootPosition).magnitude；表示将变量 target 的值增加一定量，该值等于角色与目标对象间距离的 0.2 倍。

3）对函数 SetLookAtPosition 和 SetLook AtWeight 的调用会调整角色的朝向，使得角色一直朝着目标对象。

4）关于变量 bazoo 的相关代码实现了如下功能：

- 通过更新 bazoo 对象 Transform 组件的 localScale，来控制火箭炮对象的显示或隐藏。其中的关键语句是 scale=scale*aim，它实现了将 localScale 的值与变量 aim 的值关联起来：当变量 load 值为 false 时，动画参数 Aim 和变量 aim 的值为 0，此时 localScale 的值为 0，即隐藏了火箭炮对象；变量 load 的值为 true 时，动画参数 Aim 和变量 aim 的值为 1，此时 localScale 的值为 Vector3(0.2f,0.8f,0.2f)，即火箭炮对象又显示出来了。

- 通过更新 bazoo 对象 Transform 组件的 localPosition 实现了对火箭炮位置的更新。

接下来是对 HandIK 动画层的讲解，在该层中实现了角色瞄准时双手抬起、火箭炮放下时双手收起的动作。这部分的代码主要是通过调用 IK 相关函数 SetIKPosition/SetIKRotation/SetIKPositionWeight/SetIKRotationWeight 来实现各项 IK 功能。

（6）与前面各个场景一样，在场景中加入提示文字：

```
void OnGUI()
{
    GUILayout.Label("按 Fire1 键发射炮弹");
    GUILayout.Label("按 Fire2 键抬起或放下火箭炮");
}
```

（7）在 Hierarchy 窗口中新建一个 Cylinder 对象，重命名为 Bazoo，将其拖动到 Player 对象的子对象 joint_Head 下面（可通过搜索找到），使之成为后者的子对象。设置其 Transform 组件的 Position 值为(0.2,-0.06,-0.15)，Rotation 的值为(0,180,100)，Scale 的值为(0.2,0.8,0.2)。再设置 Mesh Renderer 的 Material 为 mat_ metalCorrugated_var03。

（8）选中对象 Bazoo，创建三个空的子对象，分别命名为 LeftHandle、RightHandle 和 Spawn，它们分别表示角色抬起左手的位置，角色抬起右手的位置和炮弹发射点的位置。然后设置 LeftHandler 对象 Transform 组件的 Position 值为(-.57,0,-0.65)，Rotation 的值为(0,90,-90)，Scale 的值为(0.01,0.01,0.01)；设置 RightHandle 对象 Transform 组件 Position 的值为(0.57,0,0.65)，Rotation 的值为(0,0,90)，Scale 的值为(0.01,0.01,0.01)；设置 Sawn 对象 Transfom 组件的 Position 值为(0.0,1.05,0)，Rotation 的值为(-90,0,0)，Scale 的值为(0.1,0.1,01)。创建完成后如图 7-41 所示。

（9）在 Hierarchy 窗口中新建一个 Sphere 对象，重命名为 Bullet。设置其 Transform 组件的 Position 值为(0,-2.2,0)，Rotation 的值为(0,0,0)，Scale 的值为(0.2,0.2,0.2)。为其添加一个 Sphere Collider 组件，设置其 Radius 的值为 0.5，其他属性保持默认值。再为其添加一个 Rigidbody 组件，设置其 Mass 的值为 0.1，其他属性保持默认值。最后，从 Project 窗口下搜索材质 propHurdle_DFF，找到后将其赋给 Bullet 的 Mesh RendererMaterial 组件的属性。

（10）为 MyBazooka 脚本赋值：将 Teddy 的子对象 Bip001 Spinel 赋给 Target A；将

LeftHandle 和 RightHandle 分别拖动到 Left Hand Pos 和 Right Hand Pos 上；将 Bazoo 对象赋给变量 Bazoo；将 Bullet 对象赋给变量 Bullet；将 Spawn 对象赋给变量 Spawn。设置完成后，如图 7-42 所示。

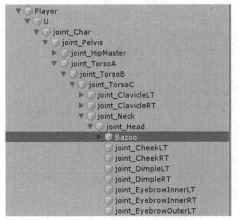

图 7-41　对象 Bazzo 的位置

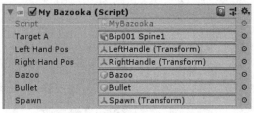

图 7-42　脚本 MyBazooka 赋值

（11）运行游戏。如图 7-43 所示，当按下 Fire2 键时角色会双手抬起火箭炮，并自动瞄准 Teddy。

图 7-43　运行效果展示

7.6.4　射击的控制

实现射击的控制操作步骤如下：

（1）双击脚本 MyBazooka.cs 打开后，在函数 Update 的末尾继续加入如下代码：

```
void Update ()
{
    …
    float fire = animator.GetFloat("Fire");

    if(Input.GetButton("Fire1") && fire < 0.01 && aim > 0.99)
    {
```

```
                    animator.SetFloat("Fire",1);

                    if(bullet != null && spawn != null)
                    {
                        GameObject newBullet = Instantiate(bullet, spawn.transform.position,
                                    Quaternion.Euler(0, 0, 0)) as GameObject;
                        Rigidbody rb = newBullet.GetComponent<Rigidbody>();
                        if(rb != null)
                        {
                            rb.velocity = spawn.transform.TransformDirection(Vector3.forward * 20);
                        }
                    }
                }
                else
                {
                    animator.SetFloat("Fire",0, 0.1f, Time.deltaTime);
                }
            }
```

上面的代码表示在场景中按下 Firel 键时，会在 spawn.transform.position 处对炮弹 bullet 实例化，然后赋给 bullet 一个向前的速度矢量。

（2）火箭炮在发射炮弹后由于反作用力会向后位移一段距离，为此可以在函数 OnAnimatorIK 中将 Base Layer 上的处理代码更新如下：

```
if (layerIndex == 0)
{
    if (targetA != null)
    {
        Vector3 target = targetA.transform.position;
        target.y = target.y + 0.2f * (target - animator.rootPosition).magnitude;
        animator.SetLookAtPosition(target);
        animator.SetLookAtWeight(aim, 0.5f, 0.5f, 0.0f, 0.5f);

        if (bazoo != null)
        {
            float fire = animator.GetFloat("Fire");
            Vector3 pos = new Vector3(0.195f, -0.0557f, -0.155f);
            Vector3 scale = new Vector3(0.2f, 0.8f, 0.2f);
            pos.x -= fire * 0.2f;
            scale = scale * aim;
            bazoo.transform.localScale = scale;
            bazoo.transform.localPosition = pos;
        }
    }
}
```

请注意上面代码中变量 fire 的作用。"pos.x-=fire*0.2f;" 表示 bazoo 对象 Transform 组件的位置会随着 fire 值而变化。

（3）运行游戏。如图 7-44 所示，当在场景中按下 Firel 键时，火箭炮发射炮弹；当击中 Teddy 后，Teddy 倒地毙命。在 Transition Exit Time 之后，Teddy 会自动复活，游戏继续进行。

图 7-44 Teddy 中弹倒地

7.7 小结

本章主要讲解了动画控制系统和动画的配合使用，通过动画控制器连接动画，再通过脚本来控制什么时候执行动画和过渡动画，介绍了动画系统中的工作流程、骨骼和角色控制器等知识点。然后通过几个官方案例介绍了动画综合应用、反向动力学以及综合案例。本章中所使用的人物动画，都是预先在建模软件中创建好的，如果我们需要有更复杂的人物动画组合，还需要预先在 3DMax、Maya 之类的建模工具中创建。

第 8 章 实战案例：噩梦射击游戏

本章导读

噩梦射击游戏是 Unity 官方案例里的一个经典小游戏，本案例涵盖了场景导入、光照设置、声音设置、人物动画、脚本控制、UI 显示等多个知识点，并且还包括了寻路、射线、粒子效果等游戏中常用的小技巧。完整地学习完本案例，对于游戏的整体开发、项目设计等内容都会有一个全面的认识。

本章要点

- 游戏资源的导入
- 人物的控制
- 敌人的控制与生成
- 开枪射击与伤害值的处理
- 得分系统与游戏重启

8.1 分析需求及准备资源

本章中将学习 Unity 官方资源库的一个经典案例——噩梦射击游戏。本案例由一个场景组成，场景是一个房间，里面有一些放大了的柜子和玩具，整体的灯光效果是夜晚，巨大的家具模型表示整个场景是在梦中。在这个游戏里主角是一个小孩，手持一个激光镭射枪。游戏开始后，从房间不同的角落中出现一些小怪物和大怪物，玩家可以通过 WSAD 键来操纵小孩的上下左右移动，鼠标的左右移动则可以控制枪口的方向。点击鼠标左键，发射镭射激光，当激光打在怪物的身上，则有被打中的效果，不同的怪物被击中后的死亡速度不同，大的怪物需要更多次的射击，打死怪物后，会有计分，显示在屏幕上。同时如果怪物碰到小孩，小孩会失血（有血条显示），血量为零时小孩死亡，游戏结束，点击屏幕则重新开始游戏。

本案例虽然不大，但也集合了一个射击游戏中的大部分要素，包括模型的导入、射击开枪的控制、游戏环节的设计、脚本控制、UI 计分和游戏重启等内容。接下来，我们会详细讲解本案例的具体实现过程。

8.1.1 资源准备

创建一个 Unity 项目 Survival Shooter，导入本书配套资源包。导入成功后可在 Project 窗口的 Assets 根目录下看到 10 个文件夹，如图 8-1 所示。

图 8-1　资源列表

此处选取部分主要文件夹来详细讲解。

（1）Audio：声音、音效文件夹，包含了游戏所需的背景音乐以及开枪声音和被击中音效等。

（2）Fonts：字体文件夹，用于 UI 显示的特殊字体。

（3）GiParamaters：当使用 Baked GI 的时候，会在预计算阶段，离线创建一张 lightmap 纹理贴图，它会以 asset 形式保存到项目中，并且在运行时无法修改。而预计算实时 GI 将光照数据以 Lighting Data Asset（包含更新和创建一系列低分辨率的交互的 Lightmap）形式来保存。此文件内保存着已经设置好的光照参数。

（4）Materials、Models：材质和模型文件夹。

（5）Prefabs：整体环境、粒子效果的预制体。

（6）Textures：所有的贴图文件。

（7）其他文件夹内则包括了一些项目信息等。为了更好地管理场景资源，在 Project 窗口的 Assets 目录下新建如下 3 个子目录：

1）_Scenes：用于存放新建的场景。

2）_Scripts：用于存放新建的脚本文件。

3）_Prefabs：用于存放自定义预制体

8.1.2　加载场景

打开默认的场景 SampleScene，Prefabs 文件夹下拖入预制件 Environment 和 Lights，并把系统自带的 Direction Light 删除。记得拖入的两个新预制件都要 reset，如图 8-2 所示。

我们可以看到游戏环境里的地板是不平的，为了之后游戏的方便，我们创建一个平面（GameObjeet→3D Object→Qaud）并命名为 Floor，reset 并设置 Rotation 为（90,0,0），Scale 为（100,100,1）使平行于地面并覆盖。我们只需要平面的碰撞器特性，不需要看见它，所以删掉 Floor 的 Mesh Renderer 组件。在 Layer 里添加 Floor 属性，如图 8-3、图 8-4 所示。Floor 的 Layer 选择为 Floor（非常重要，不然之后人物不转动）。设置效果如图 8-5 所示。

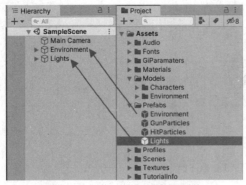

图 8-2　加载环境与灯光预制体

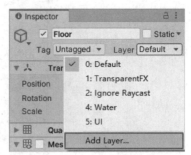

图 8-3　添加层

图 8-4　设置层名称

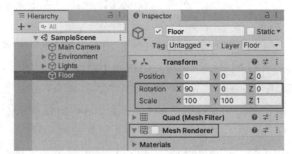

图 8-5　Floor 对象设置

接下来新建空对象（Shift+Ctrl+N）命名为 BackgroundMusic 并 reset，添加 Audio Source 组件，在 Audio Clip 里选择 Background Music，Output 里选择 Music（Project 窗口里 Audio→Mixers→SoundEffects→Player），勾选 Loop 循环，将音量 Volume 设为 0.1，如图 8-6 所示。保存场景（Ctrl+S）。

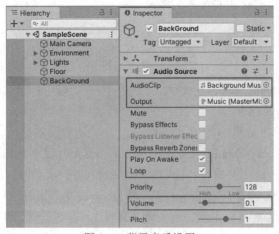

图 8-6　背景音乐设置

8.2　游戏角色

8.2.1　添加游戏主角

将已在游戏包内做好的主角模型 Player（Project 窗口内 Models/Characters/Player）拖入到 Hierarchy 下并 reset，将 Player 的 Tag 设置为 Player（Layer 决定摄像机的射线投射、渲染对象和灯光的特定照射，Tag 是为了可以在脚本内使用GameObject.FindWithTag()语句来快速搜索相关对象。

接下来做一个动画管理器，选定 Assets 新建文件夹_Animators，在 Animators 下新建一个 Animator Controller 命名为 PlayerAC。将新建的 PlayerAC 拖入 Hierarchy 下的 Player，于是 Player 多了一个动画管理器组件。

双击新建的 PlayAC，我们可以看到 Animator 窗口。单击 Models/Characters 下的 Player，将三个动画文件（Idle、Move、Death）一个一个拖入到 Animator，拖入后右击 Idle 选择 Set As Layer Default State 使动画空闲状态为默认动画（点击后所选择的动画变为橙色）。并创建连接关系，如图 8-7 所示。

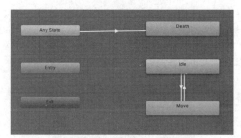

图 8-7　Player 动画控制器设置

在 Animator 编辑器中添加表示是否移动的 Bool 型变量 IsWalking，表示判断角色是否在动。再添加 Trigger 型变量，命名为 Die，判断角色是否死亡（拼写要正确，大小写都对上，不然之后脚本里没法调用）。

点击 Idle→Move 的连接，去掉 Has Exit Time 选项，在 Conditions 里选择 IsWalking 为 true，表示当运动时由空闲动画转为运动动画。同样的，点击 Move→Idle 的连接，去掉 Has Exit Time 选项，设置条件 IsWalking 为 false，表示角色不动了则由运动转为空闲动画，如图 8-8 所示。

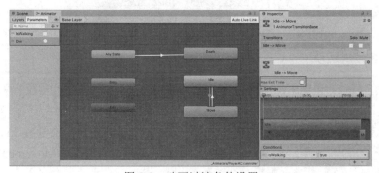

图 8-8　动画过渡条件设置

角色死亡状态是在任何状态下死亡都调用死亡动画，所以单击 Any State→Death 的连接，Conditions 选择 Die。

8.2.2　游戏主角的运动设置

为了主角可运动和被触发，我们给 Player 添加 Rigidbody 和 Capsule Collider 组件。Rigidbody 下我们不希望运动有阻力，所以在 Drag 和 Angular Drag 上都填上 Infinity，表示能立即停止移动。之后在 Constraints 下，将 Freeze Position 的 Y 和 Freeze Rotation 的 X 和 Z 勾选，表示角色只能在水平面 XZ 轴移动，同时固定 X 和 Z 轴的旋转，只能在竖直方向 Y 轴上转动。

Capsule Collider 上我们将中心 Center 设为（0.2,0.6,0），Height 设为 1.2 以符合高度。最后我们为角色添加 Audio Source 组件，Audio Clip 选择为 Player Hurt，Output 选择自定义的 Player（Project 窗口里 Audio→Mixers→SoundEffects→Player），这是资源里自带的自定义声音输出效果。Player On Awake 和 Loop 都取消勾选，如图 8-9 所示。

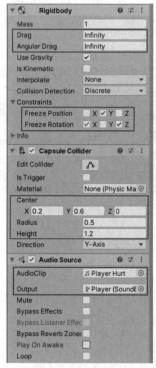

图 8-9　Player 设置

8.2.3　角色控制运动

在本场景中，玩家用 WSAD 键控制角色上下左右方向移动。并使用鼠标的左右移动来控制角色的转向。

（1）在 Assets 中新建文件夹 _Scripts，_Scripts 文件夹里新建子文件夹 Player，用来存放控制 Player 角色的脚本文件。在 Player 文件夹里新建脚本文件 PlayerMovement.cs，并将其绑定到 Player 对象上。

（2）在 PlayerMovement 类中加入如下变量：

```
public float speed = 6f;
    Vector3 movement;
    Animator anim;
    Rigidbody playerRigidbody;
    int floorMask;
    float camRayLength = 100f;
```

其中，变量 speed 表示了玩家的速度（可以调整），movement 表示 Player 对象的移动方向的矢量，anim 表示 Player 对象上的 Animator 组件，playerRigidbody 表示 Player 对象上的刚体组件，floorMask 表示图层蒙版，这样光线就可以投射到地板层上的游戏对象上，camRayLength 表示了光线从相机进入场景的长度。

（3）在函数 Awake 中为地板层创建一个图层蒙版，并初始化变量 anim 和 playerRigidbody。

```
void Awake ()
{
    floorMask = LayerMask.GetMask ("Floor");
    anim = GetComponent <Animator> ();
    playerRigidbody = GetComponent <Rigidbody> ();
}
```

（4）自定义移动方法 Move，并定了两个浮点型变量 h,v 来指代输入的是 X 轴或 Y 轴。

```
void Move (float h, float v)
{
    movement.Set(h, 0f, v);
    movement = movement.normalized * speed * Time.deltaTime;
    playerRigidbody.MovePosition (transform.position + movement);
}
```

首先，根据输入的轴设置运动矢量，然后将运动矢量归一化，使之与每秒的速度成正比，最后调用刚体组件来以他当前位置的增量为移动量。

（5）接下来编写转向的脚本，角色的转向固定在 Y 轴。

```
void Turning ()
 {
    Ray camRay = Camera.main.ScreenPointToRay (Input.mousePosition);
    RaycastHit floorHit;
    if(Physics.Raycast (camRay, out floorHit, camRayLength, floorMask))
    {
        Vector3 playerToMouse = floorHit.point - transform.position;
        playerToMouse.y = 0f;
        Quaternion newRotatation = Quaternion.LookRotation (playerToMouse);
        playerRigidbody.MoveRotation (newRotatation);
    }
}
```

在上面的代码中：

1）创建一条从主相机发出到鼠标所在位置的射线，光线投射到地板上的位置则为角色看向的位置。

2）创建一个四元素记录下偏移矢量。

3）设置玩家的旋转为这个新的旋转。

（6）角色移动时候的动画控制。

```
void Animating (float h, float v)
{
    bool walking = h != 0f || v != 0f;
    anim.SetBool ("IsWalking", walking);
}
```

bool 值 walking，取决于 h 不为 0 或者 v 不为零，即人物在移动，则设置 Move 的动画被执行。

（7）最后，为了保存游戏在不同的平台上的速度一致，将移动控制写在 FixedUpdate 方法内（固定时间每隔 0.02s 执行一次）。

```
void FixedUpdate ()
{
    float h = Input.GetAxis("Horizontal");
    float v = Input.GetAxis("Vertical");
    Move(h, v);
    Turning();
    Animating (h, v);
}
```

在上面的代码中，通过 Input 管理键盘的输入（在前面的章节中有讲解），同时调用移动、转向和动画调用方法。

（8）保存脚本，运行游戏，左手控制 WSAD 键，右手控制鼠标，可以看到角色的移动与自由转向，如图 8-10 所示。

（9）在 Assets 文件夹内新建文件夹_Prefabs，用于存放自定义的预制体。把 Player 拖到 _Prefabs 文件夹中，将游戏主角变为预制体，方便以后使用。

图 8-10　游戏运行效果

8.2.4　摄像机跟随

（1）选定摄像机 Main Camera，将 Position 设为（1,15,-22），Rotation 设为（30,0,0），摄像机的 Background 选择为黑，Projection（镜头模式）选择为 Orthographic（正交模式），Size 设为 4.5，如图 8-11 所示。

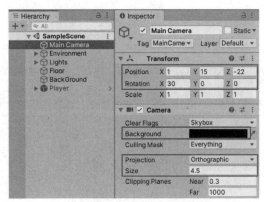

图 8-11　Camera 设置

（2）在 _Scripts 文件夹内新建文件夹 Camera，在 Camera 文件夹内新建脚本文件 c# Scripts，重命名 CameraFollow.cs，并将其绑定到 Main Camera 对象上。在 CameraFollow 类中添加如下代码：

```
public Transform target;
public float smoothing = 5f;
Vector3 offset;
void Start ()
{
    offset = transform.position - target.position;
}
void FixedUpdate ()
{
    Vector3 targetCamPos = target.position + offset;
    transform.position = Vector3.Lerp (transform.position, targetCamPos, smoothing * Time.deltaTime);
}
```

这里的摄像机运动控制和上一章的跟随一致，所以不再赘述。

8.3　敌人的生成与配置

在 Models/ Characters 文件夹内，已有模型 Hellephant、ZomBear 和 Zombunny，分别对应三种敌人模型。Prefabs 文件夹内有预制体 HitParticles，为敌人被击中后的粒子效果。下面，我们来详细介绍敌人的生成与配置。

8.3.1　添加第一个敌人

添加第一个敌人步骤如下：

（1）在 Models/Characters 文件夹里找到第一个敌人的模型（Zombunny），将 Zombunny 拖到 Scene 视图里，最好不要被视图里的 Player 挡住。可以看到 Zombunny 同时出现在了 Hierarchy 下。

（2）再将 Prefabs 文件夹下 HitParticles（敌人攻击时的特效）预制件拖入 Hierarchy 的 Zombunny 下，使该粒子特效成为 Zombunny 的子对象。然后将 Zombunny 的 Layer 设置为

Shootable，这时 Unity 弹出提示框询问是否覆盖所有子对象，点击"Yes，change children"，如图 8-12 所示。

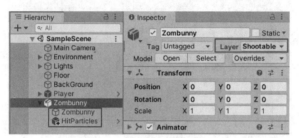

图 8-12　Zombunny 设置 Layer

（3）为 Zombunny 添加 Rigidbody 和 Capsule Collider 组件，和上面 Player 的设置一样，Rigidbody 的阻力为 Infinity，冻结 Position 的 Y 和 Rotation 的 X 和 Z。Capsule Collider 的 Center 设为（0,0.8,0），Height 设为 1.5，注意不要勾选 Is Trigger（子弹将直接穿过 Zombunny 身体且不造成伤害）如图 8-13 所示。

（4）添加碰撞器 Sphere Collider，将 Sphere Collider 的 Center 设置为（0,0.8,0），Radius 设为 0.8。为什么要再设置一个球型碰撞器呢？因为敌人既需要自身与环境互动的碰撞器（Capsule Collider），也有展开手臂攻击 Player 的范围，这个范围要比敌人本身躯体的范围大，所以球型碰撞器是为了探测之后是否进入了对 Player 能造成伤害的范围。这里球形碰撞器的 Is Trigger 选项要选中，如图 8-14 所示。

图 8-13　刚体和胶囊体碰撞的设置

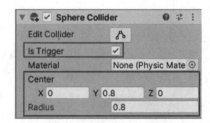

图 8-14　添加球形碰撞器

（5）添加 Audio Source 组件，将 Audio Clip 选择为 ZomBunny Hurt，取消勾选 Play On Awake 和 Loop。

（6）接下来让敌人自动追击玩家。我们为 Zombunny 添加 Nav Mesh Agent 组件，将 Speed 设为 3，Stopping Distance 设为 1.3，Radius 设为 0.3，Height 设为 1.1（比 Zombunny 略低一些）。如图 8-15 所示。

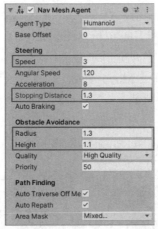

图 8-15　Nav Mesh Agent 配置

（7）点击菜单栏 Window→AI→Navigation，会在 Inspector 旁出现 Navigation 窗口，点击 Navigation 的 Bake 选项，将 Agent Radius 设为 0.75，Agent Height 设为 1.2，Step Height 设为 0.38。展开 Advanced 选项卡，点选 Manual Voxel Size（改变烘焙操作过程中的精确性），将 Voxel Size 设为 0.025，最后点击右下方的 Bake 来烘焙场景，设置如图 8-16 所示。第一次用这个组件时会烘焙得很慢，当右下角的蓝色进度条完成后，界面上的地板会变成蓝色，如图 8-17 所示。导航寻路的内容可以观看微课视频了解。

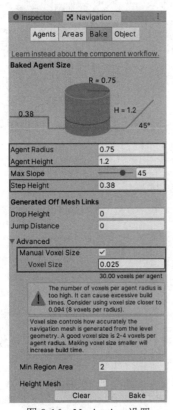

图 8-16　Navigation 设置

导航实现细节

跳跃、搭桥等的实现

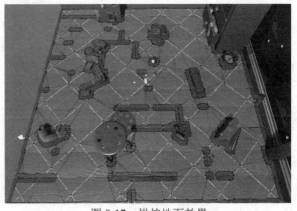

图 8-17　烘焙地面效果

（8）接着为敌人创建动画控制器，点击_Animators 文件夹新建 Animator Controller 命名为 EnemyAC，将 EnemyAC 拖入到 Hierarchy/Zombunny 的 Animator 组件的 Controller 里。双击 EnemyAC 和上面我们为 Player 建动画管理器一样，将 Zombunny 的三个动画（Idle、Move、Death）拖入 Animator 界面，先拖入 Move 动画，使其成为默认动画。再新建两个 Trigger 状态为 PlayerDead 和 Dead，右击 Move，点击 Make Transition 将箭头指向 Death 动画，并单击箭头将触发条件设为"Dead"。在 Any State 建立指向 Idle 动画的箭头，箭头触发条件设为 "PlayerDead"，取消勾选 Has Exit Time，如图 8-18 所示。

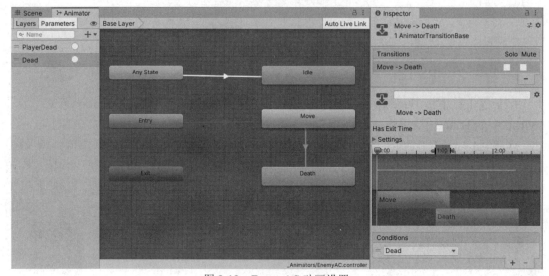

图 8-18　EnemyAC 动画设置

8.3.2　添加运动脚本

（1）给敌人添加运动脚本。在_Scripts 文件夹下新建 Enemy 文件夹，在 Enemy 文件夹中创建脚本文件 EnemyMovement.cs，并挂载到 Zombunny 对象上。

（2）在 EnemyMovement 类中加入如下变量：

```
Transform player;
UnityEngine.AI.NavMeshAgent nav;
```

（3）在函数 Awake 中初始化变量。

```
player = GameObject.FindGameObjectWithTag ("Player").transform;
nav = GetComponent <UnityEngine.AI.NavMeshAgent> ();
```

通过 Player 的标签去寻找游戏主角，获取敌人角色自身的寻路属性。

（4）在函数 Update 中加入寻路功能。

```
nav.SetDestination (player.position);
```

这里的寻路应该还要有条件的限制，如果敌人角色或主角死亡，则寻路停止。我们还没有添加主角和敌人角色的生命控制功能。后面，这里的代码还需进一步完善。

点击运行，控制小孩移动，则可以看到敌人会跟随者小孩移动，如图 8-19 所示。

图 8-19　怪物追逐主角

8.4　设置主角生命值

主角和敌人都有生命值，当敌人触碰到主角时，主角会受到伤害而掉血，当主角开枪射击到敌人时，敌人也会受伤掉血，并且二者都会因为生命值归零而死亡。下面，我们首先来介绍主角的生命值设置。

8.4.1　主角的血条

在屏幕的左下角，会有主角的血条，当主角受到伤害时，血量的丢失会由血条展示。下面我们来通过 UI 系统制作血条。

（1）在 Hierarchy 下新建一个 Canvas（UI→Canvas），并命名为 HUDCanvas，可以看到创建 Canvas 的同时，系统创建了 EventSystem，Unity 所有的 UI 都是 Canvas 的子文件。为了更好地观察操作中的 UI，可以把 Unity 场景调成 2D 模式，点击视图工具栏上的 2D 图标就可以转换成功了。

将 Canvas 的 Canvas 组件的 Render Mode 调整成为 Screen Space-Overlay，这是 UI 与屏幕自动适配的意思。

（2）接着为 Canvas 添加 Canvas Group 组件（Add Component→Layout→Canvas Group），取消勾选 Interactable（是否接受 Input）和 Blocks Raycasts（是否成为与 Raycast 反应的碰撞器），如图 8-20 所示。

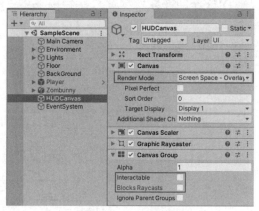

图 8-20　Canvas 设置

（3）右击 HUDCanvas，新建空子对象，将新建的空子对象命名为 HealthUI。点击设置位置的按钮，同时按住 Alt 和 Shift 后选择左下角（将 HealthUI 的位置和轴心都适配为屏幕左下角）。再将 HealthUI 的 Width 改为 60，Height 改为 75，如图 8-21 所示。

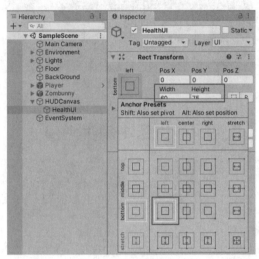

图 8-21　设置屏幕位置

（4）右击 HealthUI，新建 Image（UI→Image）并重命名为 Heart，将 Heart 的 Width 和 Height 都改为 30，Source Image 旁的小圆圈点击后导入名为 Heart 的图片。右击 HealthUI，新建一个滑条（UI→Slider）并重命名为 HealthSlider。单击 HealthSlider 可以看到它下面有三个子对象，删除 Handle Slider Area 和 Background 子对象，因为在这里我们不需要滑条的按钮和滑条背景。将滑条的 Position 改为(95,0,0)，使滑条刚好在红心图片的右边，之后勾选 Interactable（我们将在之后的脚本里控制玩家生命值对应滑条），将 Transition 选为 None（也就是普通模式），Max Value 填为 100，并把 Value 拉到最右边。设置如图 8-22 所示。

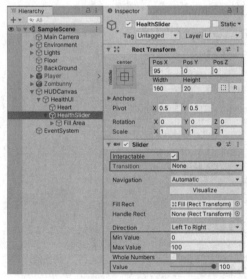

图 8-22　滑条设置

（5）最后适当调整 HealthUI 的位置，设置 Pos X 和 Pos Y 的值为 20，最后血条的效果如图 8-23 所示。

图 8-23　血条显示

8.4.2　主角生命值变化

主角被攻击时，有画面闪烁的效果，并且血条会变化，下面我们来详细讲解实现过程。

（1）在 HealthUI 下新建 Image 并命名为 DamageImage，建好后将 DamageImage 拖入 HUDCanvas 使其成为子文件而不是 HealthUI 的子文件，这样是为了让新建的 DamageImage 也拥有我们之前为 HealthUI 所选择的左下角位置和轴心。拖动完后单击 DamageImage 点击设置位置按钮，按住 Alt 选择最右下角的图标，可以看到白色覆盖了整个屏幕，如图 8-24 所示。再点击它的取色器，将 A 拖为 0 使其透明。这张图片的设置是为了玩家受到攻击屏幕闪红光的效果，如图 8-25 所示。

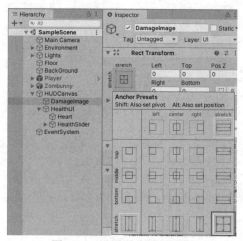

图 8-24　设置图片铺面屏幕

图 8-25　设置图片透明

（2）在_Scripts/Player 文件夹中新建脚本文件 PlayerHealth.cs，并挂载到主角 Player 上。在类 PlayHealth 中加入如下变量：

```
public int startingHealth = 100;
public int currentHealth;
public Slider healthSlider;
```

```
public Image damageImage;
public AudioClip deathClip;
public float flashSpeed = 5f;
public Color flashColour = new Color(1f, 0f, 0f, 0.1f);
Animator anim;
AudioSource playerAudio;
PlayerMovement playerMovement;
bool isDead;
bool damaged;
```

其中，变量 startingHealth 表示初始化生命值为 100，变量 currentHealth 表示了当前生命值，healthSlider 对应滑条组件，damageImage 对应闪烁图片组件，deathClip 对应死亡时的声音片段。变量 flashSpeed 表示图片的闪烁速度，flashColour 表示被伤害时的图片颜色。下面的 anim、playerAudio、playerMovement 则分别对准目标对象 Animator、AudioSource 和 PlayerMovement。布尔型变量 isDead 和 damaged 分别表示是否死亡和受到伤害。

（3）在函数 Awake 中初始化变量。

```
void Awake ()
  {
    anim = GetComponent <Animator> ();
    playerAudio = GetComponent<AudioSource> ();
    playerMovement = GetComponent<PlayerMovement> ();
    currentHealth = startingHealth;
  }
```

（4）当人物被攻击时，生命值减少，并且播放被攻击时的声音，新建函数 TakeDamage 实现功能：

```
public void TakeDamage (int amount)
  {
    damaged = true;
    currentHealth -= amount;
    healthSlider.value = currentHealth;
    playerAudio.Play ();
    if(currentHealth <= 0 && !isDead)
    {
        Death ();
    }
  }
```

（5）当被攻击受到伤害时，当前生命值减少，并体现在滑条上。如果生命值为 0 时，调用 Death 方法：

```
void Death ()
  {
    isDead = true;
    anim.SetTrigger ("Die");
    playerAudio.clip = deathClip;
    playerAudio.Play ();
    playerMovement.enabled = false;
  }
```

Death 方法内设置 isDead 为 true，设置动画状态切换到 Die 状态，并将 Player 挂载的声音组件内的声音片段切换，播放主角死亡时候的声音，并且主角不能再进行移动。

TakeDamage 函数的调用不在 Update 方法内，而是由敌人触碰到 Player 时调用。在后续的敌人攻击设置内再进行使用。

（6）在函数 Update 内实现被伤害时的图片闪烁功能：

```
void Update ()
{
    if(damaged)
    {
        damageImage.color = flashColour;
    }
    else
    {
        damageImage.color = Color.Lerp (damageImage.color, Color.clear, flashSpeed * Time.deltaTime);
    }

        damaged = false;
}
```

被攻击时，damaged 为 true，图片颜色为红色，不再受到攻击时，图片颜色从红色透明以每秒 5 单位的速度平滑转变为透明。

（7）保存脚本文件，将组件拖到对应的变量上，如图 8-26 所示。

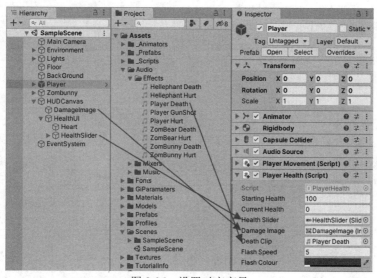

图 8-26 设置对应变量

8.4.3 主角受到伤害

在本游戏中，主角受到伤害是被敌人的碰撞体触碰到，使用主角受到伤害的函数被调用在敌人的攻击脚本中。下面我们来介绍敌人攻击脚本的编写。

（1）在_Scripts/Enemy 文件夹下新建脚本文件 EnemyAttack.cs 文件，并挂载到敌人对象 Zombunny 上。

（2）在 EnemyAttack 类中加入如下变量：

```
public float timeBetweenAttacks = 0.5f;
public int attackDamage = 10;
Animator anim;
GameObject player;
PlayerHealth playerHealth;
bool playerInRange;
float timer;
```

timeBetweenAttacks 这个值可以用来表示攻击间隔，attackDamage 表示单次攻击伤害，下面的变量则表示 Animator 组件、主角生命值对象。playerInRange 表示主角是否碰到了敌人，timer 变量用来表示游戏持续时间。

（3）在函数 Awake 内初始化对象。

```
void Awake ()
{
    player = GameObject.FindGameObjectWithTag("Player");
    playerHealth = player.GetComponent<PlayerHealth> ();
    anim = GetComponent<Animator> ();
}
```

通过标签找到 Player 对象，并初始化 PlayerHealth 对象与 Animator 对象。

（4）添加函数 OnTriggerEnter 和 OnTriggerExit，分别表示 Zombunny 的碰撞器进入和离开。

```
void OnTriggerEnter (Collider other)
{
    if(other.gameObject == player)
    {
        playerInRange = true;
    }
}

void OnTriggerExit (Collider other)
{
    if(other.gameObject == player)
    {
        playerInRange = false;
    }
}
```

碰到敌人碰撞器后，首先需要判断是不是 Player 主角对象，然后设置 playInRange 为 true，离开碰撞器后则为 false。这样，敌人互相之间碰到，并不会进行处理。

（5）添加自定义函数 Attack，表示当进行攻击伤害时，主角的生命值减少。这里 PlayerHealth 里的 TakeDamage 函数被调用。

```
void Attack ()
{
    timer = 0f;
    if(playerHealth.currentHealth > 0)
```

```
    {
        playerHealth.TakeDamage(attackDamage);
    }
}
```

在上面的代码中，主角调用 TakeDamage 函数时，传递了伤害值参数，attackDamage 的值时可以根据不同的敌人进行调整。

（5）在函数 Update 中设置函数 Attack 调用的时机。

```
void Update ()
{
    timer += Time.deltaTime;
    if(timer >= timeBetweenAttacks && playerInRange && enemyHealth.currentHealth > 0)
    {
        Attack ();
    }
    if(playerHealth.currentHealth <= 0)
    {
        anim.SetTrigger ("PlayerDead");
    }
}
```

在上面的代码中，timer 记录游戏持续的时间，当时间大于设置间隔（Update 函数调用太快，避免 Attack 函数调用次数太多）并且敌人碰撞器碰到了 Player 对象和 Player 对象生命值大于 0 的时候 Attack 函数被调用，如果 Player 生命值为 0，则敌人停止动画。

（6）保存脚本，运行游戏测试，则看到敌人可以对玩家造成伤害了。如图 8-27 所示，Player 角色血条在减少。

图 8-27　Player 被攻击时失血

8.5　射杀敌人

接下来，我们来完成 Player 角色对敌人的射击。点击鼠标左键，Player 开枪射击，镭射枪射击到敌人身上时，会对敌人造成伤害，并能最后射杀敌人。

8.5.1 枪的设置

主角手上持有一把枪，在资源栏内有开枪的粒子效果，接下来我们来设置开枪效果。

（1）在 Project/Prefabs 文件夹内找到 GunParticles，单击 GunParticles，点击 Particle System 里的小三点按钮，点击 Copy Component 复制该组件。再点击 Player 对象下的 GunBarrelEnd 子对象，点击右边 Transform（已设置好枪口位置）组件里的小三点按钮，点击 Paste Component Value As New，如图 8-28 所示。粒子效果放置在枪口处，如图 8-29 所示。

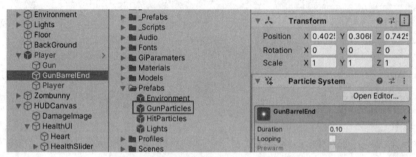

图 8-28　GunBarrelEnd 复制粒子属性

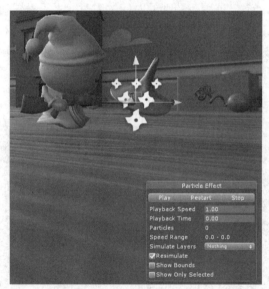

图 8-29　粒子效果的位置

（2）添加子弹轨迹，为 GunBarrelEnd 添加组件 Line Renderer（Add Component→Effects →Line Renderer），将 Project/Materials 文件夹下的 LineRenderMaterial 拖入 Line Renderer 里的 Materials，并将 Width 设为 0.05。最后取消勾选该组件，因为我们只想开枪的时候有轨迹。如图 8-30 所示。

（3）继续为 GunBarrelEnd 添加 Light 组件（Add Component→Rendering→Light），为了有开火发光的效果，将颜色设置为黄色，取消勾选该组件。继续添加 Audio Source 组件，加入 Player Gunshot 音频，取消勾选 Play On Awake 和 Loop，如图 8-31 所示。

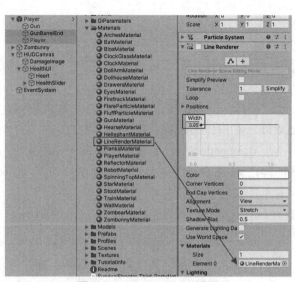

图 8-30　Line Renderer 设置

图 8-31　发光和音频设置

射线的原理与应用

8.5.2　开枪射击脚本

接下来，在_Scripts/Player 文件夹中新建脚本文件 PlayerShooting.cs，挂载到 GunBarrelEnd 对象上（注意不是 Player）实现开枪射击的控制。射线的相关知识可以观看微课视频了解。

（1）在 PlayerShooting 类中添加如下变量：

```
public int damagePerShot = 20;
public float timeBetweenBullets = 0.15f;
public float range = 100f;
float timer;
Ray shootRay = new Ray();
RaycastHit shootHit;
```

```
int shootableMask;
ParticleSystem gunParticles;
LineRenderer gunLine;
AudioSource gunAudio;
Light gunLight;
float effectsDisplayTime = 0.2f;
```

开枪射击同样用到射线，在枪口的子弹发出方向为枪口正前方的射线，当射线碰到敌人时，则表示敌人被击中了。damagePerShot 变量表示每发子弹的伤害值，timeBetweenBullets 变量表示子弹发射最小间隔，range 表示子弹射程。其他属性则表示了游戏持续时间和对应的粒子效果组件、灯光声音组件和粒子效果持续时间。

（2）在 Awake 函数中初始化对象。

```
void Awake ()
{
    shootableMask = LayerMask.GetMask ("Shootable")
    gunParticles = GetComponent<ParticleSystem> ();
    gunLine = GetComponent <LineRenderer> ();
    gunAudio = GetComponent<AudioSource> ();
    gunLight = GetComponent<Light> ();
}
```

将各个组件获取对象。

（3）自定义函数 Shoot，表示开枪后的各种操作。

```
public void Shoot ()
{
    timer = 0f;
    gunAudio.Play ();
    gunLight.enabled = true;
    faceLight.enabled = true;
    gunParticles.Stop ();
    gunParticles.Play ();
    gunLine.enabled = true;
    gunLine.SetPosition (0, transform.position);
    shootRay.origin = transform.position;
    shootRay.direction = transform.forward;
    if(Physics.Raycast (shootRay, out shootHit, range, shootableMask))
    {
        gunLine.SetPosition (1, shootHit.point);
    }
    else
    {
        gunLine.SetPosition (1, shootRay.origin + shootRay.direction * range);
    }
}
```

以上代码表示开枪射击时，不仅会发出射线，粒子效果、灯光效果和开枪声音都会同步进行。

（4）自定义函数 DisableEffects，表示各种效果停止显示。

```
public void DisableEffects ()
{
    gunLine.enabled = false;
    gunLight.enabled = false;
}
```

（5）在函数 Update 中加入调用开枪的时机控制，当点击鼠标左键且没有超过时间间隔时（避免点击鼠标速度过快），Shoot 函数被调用。

```
void Update ()
{
    timer += Time.deltaTime;
    if(Input.GetButton ("Fire1") && timer >= timeBetweenBullets && Time.timeScale != 0)
    {
        Shoot();
    }
    if(timer >= timeBetweenBullets * effectsDisplayTime)
    {
        DisableEffects ();
    }
}
```

（6）如果 Player 死亡，则点击鼠标后不能再射击。所以在 PlayerHealth 类中要添加修改内容。

在 PlayerHealth 类中加入变量 playerShooting，并且在 Death 函数中，调用 DisableEffects 函数。

在类中加入如下代码：

```
PlayerShooting playerShooting;
```

在 Awake 方法中添加对象获取：

```
playerShooting = GetComponentInChildren<PlayerShooting> ();
```

因为 PlayerShooting 挂载在 Player 的子对象枪体上，所以要从子对象上获取。

然后在 Death 函数中添加如下代码：

```
playerShooting.DisableEffects ();
```

（7）保存脚本，运行游戏，可以看到点击鼠标后的开枪效果，如图 8-32 所示。

图 8-32　开枪射击效果

8.5.3　敌人被攻击

当 Player 主角开枪射击打到敌人身上时，敌人应该相应地受到伤害，并减去生命值。接下来，我们来完成敌人被攻击后的功能实现。

（1）在_Scripts/Enemy 文件夹下新建脚本文件 EnemyHealth.cs 文件，并挂载到 Zombunny 上。

（2）在 EnemyHealth 类中加入如下变量：

```
public int startingHealth = 100;
public int currentHealth;
public float sinkSpeed = 2.5f;
public AudioClip deathClip;
Animator anim;
AudioSource enemyAudio;
ParticleSystem hitParticles;
CapsuleCollider capsuleCollider;
bool isDead;
bool isSinking;
```

变量设置和 PlayerHealth 类似，初始生命值也是 100，区别在于敌人生命值为 0 死亡后，会掉下地板消失不见。这里 sinkSpeed 值则为通过地板下沉的速度，因为要能穿过地板，所以还要去掉敌人组件上的碰撞器，这里 capsuleCollider 则对应碰撞器组件。

（3）在 Awake 函数中初始化对象。

```
void Awake ()
{
    anim = GetComponent <Animator> ();
    enemyAudio = GetComponent <AudioSource> ();
    hitParticles = GetComponentInChildren <ParticleSystem> ();
    capsuleCollider = GetComponent <CapsuleCollider> ();
    currentHealth = startingHealth;
}
```

（4）类似 Player 对象，这里也自定义函数 TakeDamage 和 Death，分别实现被攻击和死亡的功能。代码如下所示：

```
public void TakeDamage(int amount, Vector3 hitPoint)
{
    if(isDead)
    return;
    enemyAudio.Play ();
    currentHealth -= amount;
    hitParticles.transform.position = hitPoint;
    hitParticles.Play();
    if(currentHealth <= 0)
    {
        Death ();
    }
}
void Death ()
```

```
{
    isDead = true;
    capsuleCollider.isTrigger = true;
    anim.SetTrigger ("Dead");
    enemyAudio.clip = deathClip;
    enemyAudio.Play ();
}
```

（5）自定义函数 StartSinking，表示敌人死亡的时候，停止寻路，并且不受物理引擎的驱动，在 2 秒后销毁对象。代码如下：

```
public void StartSinking ()
{
    GetComponent <UnityEngine.AI.NavMeshAgent> ().enabled = false;
    GetComponent <Rigidbody> ().isKinematic = true;
    isSinking = true;
    Destroy (gameObject, 2f);
}
```

（6）函数 StartSinking 被调用时处于死亡状态。这里将函数的调用使用动画事件来实现。选中 Project 窗口里的 Zombunny 模型下的 Death 动画，点击 Edit 按钮，如图 8-33 所示。

进入编辑界面后，展开事件 Events 选项，在时间轴上选择一处位置，点击 Add Event 按钮插入事件，在 Function 里输入函数名 StartSinking，设置如图 8-34 所示。

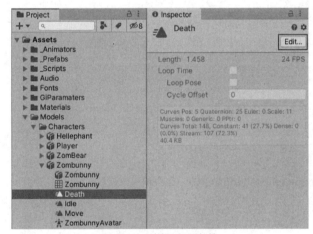

图 8-33　编辑动画事件

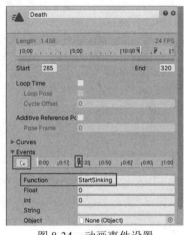

图 8-34　动画事件设置

这里表示在 Death 动画执行过程中接近 0.33 秒的时候，事情被触发，函数 StartSinking 被调用。

（7）在 Update 函数中执行敌人掉落的移动实现。

```
void Update ()
{
    if(isSinking)
    {
        transform.Translate (-Vector3.up * sinkSpeed * Time.deltaTime);
    }
}
```

（8）TakeDamage 函数在敌人被射线攻击到的时候调用，所以需要在 PlayerShooting.cs 里引入 EnemyHealth 对象，在 shoot 方法中加入如下代码：

```
if(Physics.Raycast (shootRay, out shootHit, range, shootableMask))
{
    EnemyHealth enemyHealth = shootHit.collider.GetComponent <EnemyHealth> ();
    if(enemyHealth != null)
    {
        enemyHealth.TakeDamage (damagePerShot, shootHit.point);
    }
        gunLine.SetPosition (1, shootHit.point);
    }
    else
    {
        gunLine.SetPosition (1, shootRay.origin + shootRay.direction * range);
    }
}
```

（9）在 EnemyAttack.cs 脚本中也做细微调整。在类中加入 EnemyHealth 对象，如下：

```
EnemyHealth enemyHealth;
```

在 Awake 函数中获取对象：

```
enemyHealth = GetComponent<EnemyHealth>();
```

只有敌人的生命值不为零的时候才能攻击 Player 对象，在 Update 函数中修改如下：

```
void Update ()
{
    timer += Time.deltaTime;
    if(timer >= timeBetweenAttacks && playerInRange && enemyHealth.currentHealth > 0)
    {
        Attack ();
    }
…
}
```

（10）在敌人的移动脚本 EnemyMovement 中同样做出调整。完整代码如下：

```
public class EnemyMovement : MonoBehaviour
{
    Transform player;
    PlayerHealth playerHealth;
    EnemyHealth enemyHealth;
    UnityEngine.AI.NavMeshAgent nav;
    void Awake ()
    {
        player = GameObject.FindGameObjectWithTag ("Player").transform;
        playerHealth = player.GetComponent <PlayerHealth> ();
        enemyHealth = GetComponent <EnemyHealth> ();
        nav = GetComponent <UnityEngine.AI.NavMeshAgent> ();
    }
    void Update ()
```

```
        {
            if (enemyHealth.currentHealth > 0 && playerHealth.currentHealth > 0)
            {
                nav.SetDestination(player.position);
            }
            else
            {
                nav.enabled = false;
            }
        }
}
```

（11）保存脚本，运行游戏，点击鼠标射击敌人，则可以看到敌人被击中时的粒子效果和死后掉下地板销毁，如图 8-35 所示。

图 8-35　敌人被击中死亡

怪物生成以及攻击的代码实现

8.5.4　更多敌人

敌人应该能不停地出现，并且随机出现不同的敌人。接下来，我们详细讲解如例随机产生不同的敌人。

（1）为了让 Zombunny 更多地生成，我们把 Hierarchy 下的 Zombunny 拖入 Project 窗口下的_Prefabs 文件夹。可以先将模型 Unpack Prefab，与模型解绑，然后再拖入变成预制体，如图 8-36 所示。

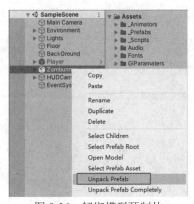

图 8-36　解绑模型预制体

（2）在 Hierarchy 窗口下删除 Zombunny 模型。

（3）打开 Models 下 Characters，我们看到 Zombear 和 Hellephant，这是另外两个敌人。如图 8-37、图 8-38 所示，拖入 Hierarchy 下，按照之前 Zombunny 的操作，加入 Rigidbody、Capsule Collider（注意调整大小和位置）、Sphere Collider（注意调整大小和位置）、Nav Mesh Agent、Audio Source（对应上自己的被伤害音效），以及三个 Enemy 脚本（直接 Copy&Paste Component）。尤其注意，要将 HitParticles 粒子效果拖入对象变成怪物的子对象，并设置 Layer 层为 Shootable。图 8-39 为 Hellephant 的其他设置，Zombear 设置与之相同。

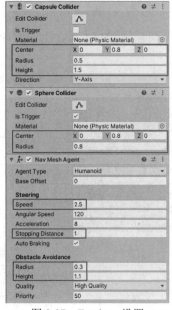

图 8-37　Zombear 设置

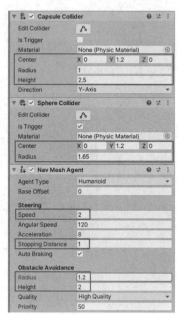

图 8-38　Hellephant 设置

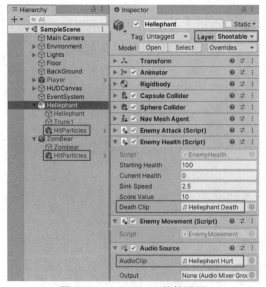

图 8-39　Hellephant 其他设置

（4）在_Animator 文件夹下新建 Animator Override Controller，命名为 HellephantAOC，将 EnemyAC 拖入 Controller，同时将 Hellephant 的 3 个动画拖入，如图 8-40 所示，然后将 HellephantAOC 拖入 Hierarchy 窗口中 Hellephant 的 Animator 的 Controller 里。Zombear 没有单独的动画，可以直接使用 EnemyAC 动画控制器。

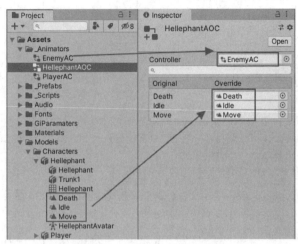

图 8-40　HellephantAOC 设置

　　将设置好的 Hellephant、ZomBear 对象解绑原预制体后，拖入 Project 窗口里的_Prefabs 文件夹，变成新的预制体，并删除 Hierarchy 窗口里的对象。

　　（5）设置三种敌人的出现位置。在 Hierarchy 窗口下新建 3 个空对象，分别命名为 ZombunnySpawnPosition（Position 为（-20.5,0,12.5），Rotation 为（0,130,0），标签颜色为蓝色），ZombearSpawnPosition（Position 为（22.5,0,15），Rotation 为（0,240,0），标签颜色为紫色），HellephantSpawnPosition（Position 为（0,0,32），Rotation 为（0,230,0），标签颜色为黄色），对应相应的三种敌人生成点。如图 8-41 所示，这是其中一个生成点。

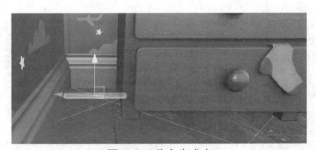

图 8-41　敌人生成点

　　（6）在 Project/_Scripts 文件夹里添加文件夹 Managers，用来存放管理类脚本。新建脚本文件 EnemyManager.cs。在 Hierarchy 窗口里新建空对象，Reset 组件 Transform，重命名为 EnemyManager，挂载 EnemyManager.cs 脚本。

　　（7）在类 EnemyManager 中加入如下变量：

```
public PlayerHealth playerHealth;
public GameObject enemy;
```

```
public float spawnTime = 3f;
public Transform[] spawnPoints;
```

playerHealth 表示主角对象，如果角色死亡，则不再产生新的敌人。Enemy 表示产生的敌人预制体，spawnTime 表示生成敌人的时间间隔，数组 spawnPoints 表示了不同的生成点。

（8）自定义函数 Spawn，产生敌人。

```
void Spawn ()
{
    if(playerHealth.currentHealth <= 0f)
    {
        return;
    }
    int spawnPointIndex = Random.Range (0, spawnPoints.Length);
    Instantiate (enemy, spawnPoints[spawnPointIndex].position, spawnPoints[spawnPointIndex].rotation);
}
```

首先判断玩家角色生命值是否大于零，如果不是，则不用产生任何敌人。然后生成一个随机数作为位置数组的下标来表示不同的生成点，再通过 Instantiate 函数在相应位置生成预制体的对象。

（9）在函数 Start 内使用 InvokeRepeating 函数不间断调用 Spawn 函数。

```
void Start ()
{
    InvokeRepeating ("Spawn", spawnTime, spawnTime);
}
```

这里，每 3 秒产生一个敌人。

选中 EnemyManager，在 Inspector 窗口下的 EnemyManager 脚本配置上，将 Hierarchy 窗口里的 Player 对象拖入 PlayerHealth 属性，再将 Project 窗口下 _Prefabs 文件夹里的 Zombunny 预制体拖入 Enemy，展开 Spawn Points，在 Size 里填入 1，再把 ZombunnySpawnPosition 生成点拖入数组元素对应，如图 8-42 所示。

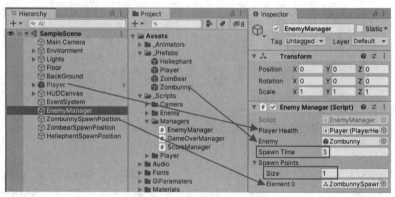

图 8-42　EnemyManager 配置

（10）在 EnemyManager 上再重复添加两次 EnemyManager 脚本，将剩下的 Zombear 和 Hellephant 的位置和预制件拖入，将放入 Hellephant 预制体的脚本组件的 Spawn Time 改为 10，因为这个是大型怪物，所以设置 10 秒出一次，如图 8-43 所示。

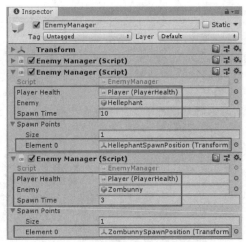

图 8-43　另外两个敌人的配置

（11）运行游戏，则看到大小怪物从角落里陆续走出来，走向玩家主角，如图 8-44 所示。

图 8-44　更多敌人出现

8.6　得分系统

得分，图像 UI 显示的实现

玩家开枪射杀敌人后，应该有得分，并显示在屏幕上。接下来，我们来实现得分系统。

（1）在 Hierarchy 下的 HUDCanvas 下新建 Text（右键→UI→Text），命名为 ScoreText。将 ScoreText 的 Anchor Presets 设为顶端居中（不按 Alt 或者 Shift，仅仅修改锚点位置），如图 8-45 所示。可以看到 ScoreText 上由四个小三角组成的小花移到了 HUDCanvas 的最上端中间。

将 ScoreText 的位置改为（0,-55,0），Width 改为 300，Height 改为 50。文本内容改为"Score：0"，字体改为 LuckiestGuy（点 Font 右边的小圆圈选择），字体大小改为 50，对齐方式改为上下左右居中，字体颜色改为白色。接下来为 ScoreText 添加 Shadow 组件（Add Component→UI→Effects→Shadow），将颜色改为绿色，影响范围改为（2,-2），设置后显示效果如图 8-46 所示。

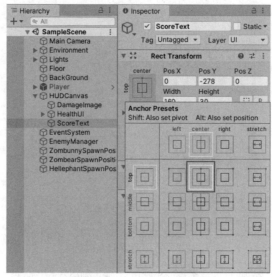

图 8-45　分数显示的锚点

图 8-46　计分的文字显示

（2）在 Project 窗口下的_Scripts/Managers 文件夹内新建脚本文件 ScoreManager.cs，挂载在 ScoreText 对象上。

（3）在类 ScoreManager 中，添加如下变量：

```
public static int score;
Text text;
```

score 变量为全局变量，设置为 static 静态类型，分数数值在游戏运行期间可以一直保存。text 变量对应 ScoreText 对象。

（4）在 Awake 函数内初始化变量，Start 函数内显示分数，代码如下：

```
void Awake ()
{
    text = GetComponent <Text> ();
    score = 0;
}
void Update ()
```

```
{
    text.text = "Score: " + score;
}
```

（5）打开 EnemyHealth 脚本，在敌人死亡时添加分数的变化。在函数 StartSinking 中添加分数变化的代码，如下所示：

```
…
public int scoreValue = 10;
…
public void StartSinking ()
{
    GetComponent <UnityEngine.AI.NavMeshAgent> ().enabled = false;
    GetComponent <Rigidbody> ().isKinematic = true;
    isSinking = true;
    ScoreManager.score += scoreValue;
    Destroy (gameObject, 2f);
}
```

（6）运行游戏，开枪射击敌人，敌人死亡后可以看到分数的变化。

8.7　游戏结束与重启

当玩家主角生命值为零后死亡，则游戏结束，显示游戏结束后的图文。并且结束后如果想再次开始游戏，则游戏重启。接下来，我们来讲解实现过程。

8.7.1　游戏结束图文设置

（1）在 Hierarchy 的 HUDCanvas 下新建 Image，命名为 ScreenFader，打开 Anchor Presets，按着 Alt 选择右下角图标（铺满屏幕），将颜色改为深蓝色，然后将 ScreenFader 的取色器内 A 设置为 0 使其透明，如图 8-47 所示。

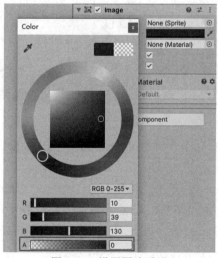

图 8-47　设置图片透明

（2）HUDCanvas 下新建 Text，命名为 GameOverText。打开 Anchor Presets，按着 Alt 点选最中间图标，即居中。Width 改为 320，Height 改为 50。内容改为"Game Over!"，字体大小改为 50，字体选择 LukiestGuy，两种对齐皆选择居中，颜色设置为白色，同时将透明度设为 0。

（3）调整 HUDCanvas 各子对象的顺序（图片文字的显示层级），如图 8-48 所示。

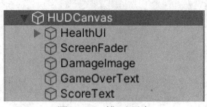

图 8-48 排列顺序

8.7.2 结束画面的动画控制

我们用动画控制来制作游戏结束画面，具体操作如下：

（1）先单击 HUDCanvas 选定，点击 Window/Animation/Animation，打开 Animation 窗口，点击 Create 新建一个后缀为.anim 的动画文件，命名为 GameOverClip.anim，如图 8-49 所示。文件可以存放在 _Animators 中。

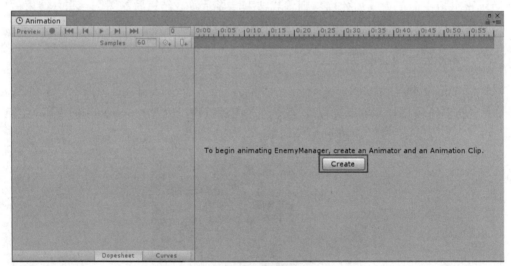

图 8-49 新建 Animation

（2）在 Animation 窗口中，点击 Add Property 按钮，点击 GameOverText/Rect Transform/Scale 后的加号按钮以及 Text/Color 后的加号按钮，如图 8-50 所示。

（3）同样点击 Add Property 按钮，点击 ScoreText/Rect Transform/Scale 后的加号按钮和 ScreenFader/Image/Color 后的加号按钮，添加后的属性如图 8-51 所示。

（4）时间轴现处于 0.00 的位置，展开 GameOverText:Scale 选项，将 Scale.x、Scale.y 和 Scale.z 的值设为 0，如图 8-52 所示。

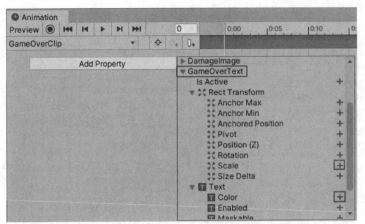

图 8-50　添加动画帧属性

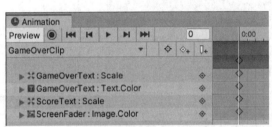

图 8-51　添加的四个属性

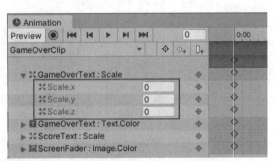

图 8-52　字体大小归 0

（5）选中 GameOverText:Scale，时间轴拖动到 0:20 处，按键盘 K 键，增加动画帧，并调整 Scale.x、Scale.y 和 Scale.z 的值设为 1.2，如图 8-53 所示。

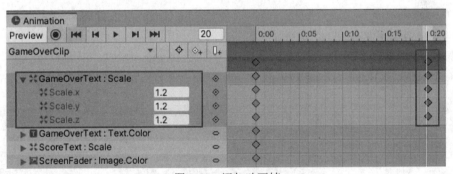

图 8-53　添加动画帧

（6）选中四个动画选项，时间轴拖动到 0:30 处，按键盘 K 键，增加动画帧，将 GameOverText 的大小调整为 1，ScoreText 的大小调整为 0.8，最后将 ScreenFader:Image.Color 属性里的 Color.a 调整为 1，调整后的设置如图 8-54 所示。

（7）点击播放按钮即可观看动画效果。保存动画后，选中 GameOverClip 动画，去掉 Loop Time 勾选，如图 8-55 所示。

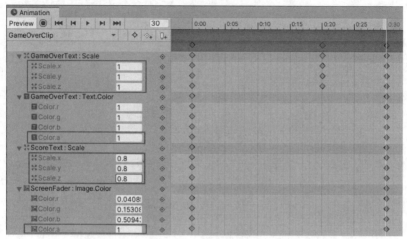

图 8-54　动画帧的设置

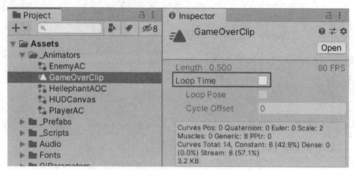

图 8-55　去掉动画循环

（8）创建 GameOverClip 的同时，系统在_Animators 文件夹内创建了 HUDCanvas，这是搭配这个动画的动画管理器，打开动画控制器 HUDCanvas（与组件同名），它已经把 GameOverclip 动画作为它的默认动画了。这里要调整一下，新建一个空的 stage 并设置为默认，之后从空 stage 连线到 GameOverClip，新建动画参数 Trigger 命名为 GameOver，点击连线设置触发条件为 GameOver，并取消勾选 Has Exit Time。设置结果如图 8-56 所示。

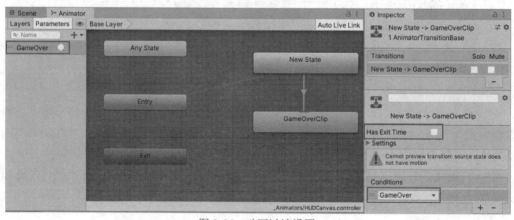

图 8-56　动画过渡设置

8.7.3　游戏结束的脚本

（1）在 Project 窗口中的 _Scripts/Managers 文件夹里新建脚本文件 GameOverManager.cs。并挂载在 Hierarchy 窗口中的 HUDCanvas 对象上。

（2）在 GameOverManager 类中添加对象，并实现制作动画的控制。代码如下：

```
public class GameOverManager : MonoBehaviour
{
    public PlayerHealth playerHealth;
    Animator anim;
    void Awake ()
    {
        anim = GetComponent <Animator> ();
    }
    void Update ()
    {
        if(playerHealth.currentHealth <= 0)
        {
            anim.SetTrigger ("GameOver");
        }
    }
}
```

这里引入玩家生命值对象，将 Hierarchy 窗口中的 Player 对象拖入 PlayerHealth 对应项，如果主角玩家的生命值为 0，则播放制作的游戏结束动画，画面变暗，游戏结束字体出现，如图 8-57 所示。

图 8-57　游戏结束

8.7.4　游戏的重启

玩家死亡后，可以自动重启游戏。具体实现过程如下：

（1）打开 PlayerHealth.cs 脚本，添加自定义函数 RestartLevel：

```
public void RestartLevel ()
{
```

```
    SceneManager.LoadScene (0);
}
```

直接重新加载当前场景，实现游戏的重启。

（2）玩家死亡后不是马上重启游戏，而是有一定的时间间隔，我们可以通过协程延后时间调用函数，或者通过动画事件来处理。这里我们使用动画事件。

点击玩家死亡动画 Death（Project 窗口中 Models→Characters→Player→Death），点击 Edit 按钮，如图 8-58 所示。

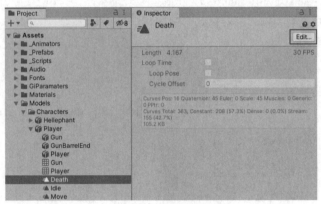

图 8-58　编辑动画

（3）打开动画编辑界面后，展开 Events 选项，选中动画时间轴 1:00 的位置，点击增加事件按钮，添加事件，在 Function 后填入函数名称：RestartLevel，如图 8-59 所示，表示在执行死亡动画 1 秒后，触发事件，调用 RestartLevel 函数，重启游戏。

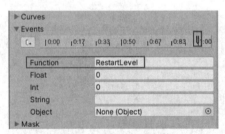

图 8-59　设置动画事件

（4）运行游戏，玩家死亡游戏结束，1 秒后游戏重启。如果想要使用别的游戏重启方法，可以参考第 6 章的游戏重启模式。

8.8　小结

本游戏的所有功能都已实现，后续如果想要扩展游戏，则可以增加关卡，新增场景模型和小怪物模型，小怪物在设计动画时，可以增加更有攻击性的动作。也可以增加主角玩家的行为动作，比如添加跳跃动作。在本项目中，我们没有讲解光照等内容的设置，读者可以自行增加设置，让游戏的视觉效果更好。

参考文献

[1] 马遥，陈虹松，林凡超. Unity 3D 完全自学教程[M]. 北京：电子工业出版社，2019.

[2] Unity Technologies. Unity 官方案例精解[M]. 北京：中国铁道出版社，2015.

[3] 李在贤. Unity 5 权威讲解[M]. 孔雪玲，译. 北京：人民邮电出版社，2016.

[4] Unity Technologies. Unity 5.x 从入门到精通[M]. 北京：中国铁道出版社，2015.

[5] 史明，刘杨. Unity 5.X/2017 标准教程[M]. 北京：人民邮电出版社，2018.